国家自然科学基金资助项目
批准号：51178389

# 基于循环经济下的西北农村学校建筑节能减排优化模式研究

陈洋著

中国建筑工业出版社

**图书在版编目（CIP）数据**

基于循环经济下的西北农村学校建筑节能减排优化模式研究 / 陈洋著．—北京：中国建筑工业出版社，2017.10

ISBN 978-7-112-21344-3

Ⅰ．①基… Ⅱ．①陈… Ⅲ．①农村学校—中小学—教育建筑—节能—优化模式—研究—西北地区 Ⅳ．①TU244.2

中国版本图书馆CIP数据核字（2017）第249080号

本书是国家自然科学基金资助项目的科研成果。书中基于对西北五省区各气候区典型农村学校的实地调研，总结了西北不同气候区农村学校的现状问题，以及不同气候和地理资源带给当地建筑环境的影响；通过国内外相关方面研究现状的探讨，总结了国内外优秀案例的先进经验；基于现状调研分析了建筑空间形式等对校园建筑室内舒适度的影响；引入循环经济理论，借助软件模拟分析，从总体布局、建筑朝向、空间组合、单体平面形式、体形系数、围护结构构造等方面提出适于西北五省区不同气候区的农村学校节能减排优化模式，并提出校园循环经济体与生态科技展示策略；列举了陕西省榆林市横山县第六小学及咸阳渭城办中心幼儿园两个设计案例。本书可为农村中小学校绿色校园规划设计及建设提供有益的参考。

责任编辑：王玉容
责任校对：芦欣甜　李美娜

**基于循环经济下的西北农村学校建筑节能减排优化模式研究**

陈　洋　著

*

中国建筑工业出版社出版、发行（北京海淀三里河路9号）
各地新华书店、建筑书店经销
北京京点图文设计有限公司制版
廊坊市海涛印刷有限公司印刷

*

开本：787×1092毫米　1/16　印张：12½　插页：2　字数：263千字
2018年1月第一版　2018年1月第一次印刷
定价：38.00元

ISBN 978-7-112-21344-3
（31018）

**版权所有　翻印必究**
如有印装质量问题，可寄本社退换
（邮政编码 100037）

# 前　言

我国农村人口约占全国的66%，大力发展农村基础教育是推进教育均衡发展和提高全民素质的关键。校园建筑及环境是实施教育的载体。随着全球能源、资源和环境危机的加剧，发展绿色建筑、推行节能减排成为我国的战略国策。西北地区生态环境脆弱、资源匮乏、经济欠发达、基础教育设施落后，农村学校数量大，比例高，占该地区学校总数的80%以上。然而，该地区农村学校能耗大，污染重，建筑环境舒适度差，不仅与国家推行的节能减排、绿色建筑理念相悖，而且直接影响到学生的身心健康和教学效果。因此，探索该地区农村学校建筑节能优化模式具有重要意义。

本书是国家自然科学基金项目的研究成果。由于该课题涉及范围较广，因此成立了由老师和硕士组成的课题组进行系统研究，最后由项目负责人陈洋汇总、梳理、修改研究成果，形成本专著。参加研究与撰写本书的主要课题组成员有许凡、李梦颖、王添、肖磊、马新辰、王佳、张钰曌、朱新苗、侯哲文、肖菁羽、雷荣亮、杨梓伦等10余人，另外在整理与出版的过程中得到了郑嘉、秦晴、郭文婷等同学的协助。

# 目　录

## 第一章　基础调研

## 第二章　分析研究

## 第三章 设计实践

# 第一章　基础调研

依据西北五省区气候区的划分，选取不同气候区的农村典型学校进行现状调研，从总平面布局、建筑特点（包括走廊形式、体形系数、功能布局、平面形式）、舒适度（温度、湿度、光环境）、围护结构等方面总结现状问题。此外，通过国内外文献资料的理论调查，分析优秀案例及研究现状，总结先进设计理念和经验。

# 第一节　西北五省区气候区划分及调研学校选取

## 一、西北五省区气候区划分

根据文献资料，中国可划分为五个气候区，其中西北地区包含了亚热带季风性气候、温带季风性气候、温带大陆性气候及高原气候和高山气候这四种，并可细化分为七个气候分区，即中温带大陆性季风气候、高原大陆性季风气候、大陆性干旱气候、暖温带干旱荒漠性气候、山地暖温带温润季风气候、暖温带半湿润半干旱气候、半湿润向半干旱过渡性气候、亚热带大陆季风气候。中国建筑热工设计分区为五个，西北地区包含夏热冬冷地区、寒冷地区和严寒地区三个。结合气候分区及建筑热工设计分区，西北地区五个省区可分为 15 个气候区（见表 1-1-1、表 1-1-2）。

西北五省区地域分类及调研县市、学校概况表　　表 1-1-1

| 省区 | 建筑热工分区 | 气候区划 | 气候特征 | 省域农村学校数量（所） | 代表县市及调研学校数量（所） | 区域位置 |
|---|---|---|---|---|---|---|
| 陕西省 | 严寒地区 | 陕北干旱寒冷区 | 1. 日照充沛，全年日照时数2700h，位于中国太阳能资源三类地区；<br>2. 气候干燥，全年降雨量400mm，位于中国干旱地带；<br>3. 全年大风，平均风速6m/s，位于风功率密度等级4区，春季有风沙；<br>4. 冬季严寒，夏季凉爽，最热月平均气温22.1℃，最冷月平均气温-7.6℃ | 10129 | 榆林市（8） | 见表1-1-2（a） |
| | 寒冷地区 | 渭北高原半干旱温凉区 | 1. 日照充沛，全年日照时数2500h，位于中国太阳能资源三类地区；<br>2. 气候干燥，全年降雨量500mm，位于中国较干旱地带；<br>3. 春季风沙较大，全年平均风速3m/s；<br>4. 冬季严寒，夏季较凉爽，最热月平均气温23.2℃，最冷月平均气温-5.3℃ | | 铜川市（68）、延安市（4） | |
| | 寒冷地区 | 渭河平原半干旱温暖区 | 1. 日照较充沛，全年日照时数2100h，位于中国太阳能资源三类地区；<br>2. 冬冷夏热，最热月平均气温24.9℃，最冷月平均气温-1.8℃ | | 西安市（14）、咸阳市（11）、宝鸡市凤翔县（1） | |
| | 寒冷地区 | 秦岭山地半湿润温和区 | 1. 气候湿润，全年降雨量900mm，位于中国潮湿地带；<br>2. 全年大风，平均风速10m/s，位于风功率密度等级7区；<br>3. 长冬无夏，春秋相连，最热月平均气温19℃，最冷月平均气温-4.7℃ | | 宝鸡市太白县（2） | |
| | 夏热冬冷地区 | 陕南湿润温暖区 | 1. 气候湿润，全年降雨量1100mm，位于中国潮湿地带；<br>2. 四季分明，气候温和，最热月平均气温23.7℃，最冷月平均气温1.8℃ | | 安康市（1）、汉中市（14） | |

续表

| 省区 | 建筑热工分区 | 气候区划 | 气候特征 | 省域农村学校数量（所） | 代表县市及调研学校数量（所） | 区域位置 |
|---|---|---|---|---|---|---|
| 甘肃省 | 严寒地区 | 西部干旱严寒区 | 1. 日照充沛，全年日照时数3200h，位于中国太阳能资源一类地区；<br>2. 气候干燥，全年降雨量300mm，位于中国干旱地带；<br>3. 全年大风，平均风速6.4m/s，位于风功率密度等级5区，春季有风沙；<br>4. 夏季干热而短促，冬季寒冷而漫长，最热月平均气温22.2℃，最冷月平均气温–9.9℃ | 10585 | 酒泉市（4） | 见表1-1-2（b） |
| | 寒冷地区 | 陇东南半湿润寒冷区 | 1. 日照较充沛，全年日照时数2100h，位于中国太阳能资源三类地区；<br>2. 冬冷夏热，最热月平均气温25.1℃，最冷月平均气温–1.2℃ | | 兰州市（1）、平凉市静宁县（10） | |
| | 寒冷地区 | 陇西南湿润寒冷区 | 1. 气候湿润，全年降雨量750mm；<br>2. 四季分明，气候温和，最热月平均气温21.2℃，最冷月平均气温–0.4℃ | | 陇南市（2） | |
| 宁夏回族自治区 | 寒冷地区 | 北部寒冷引黄灌区 | 1.日照充足，全年日照时数3100h，位于中国太阳能资源二类地区；<br>2.水资源缺乏，全年降雨量200mm，位于中国极干旱地带；<br>3.冬季严寒，夏季凉爽，最热月平均气温22℃，最冷月平均气温–5℃ | 2391 | 银川市永宁县（16） | 见表1-1-2（c） |
| | 寒冷地区 | 中部寒冷干旱区 | 1.日照充足，全年日照时数2500h，位于中国太阳能资源三类地区；<br>2.水资源缺乏，全年降雨量300mm，位于中国干旱地带；<br>3.全年风速大，平均风速3.5m/s | | 吴忠市同心县（5） | |
| | 寒冷地区 | 南部寒冷山区 | 1.日照充足，全年日照时数2200h，位于中国太阳能资源三类地区；<br>2. 春低温少雨，夏短暂多雹，秋阴涝霜旱，冬严寒绵长，1月份最低，极值气温为–25.7℃；7月份最高，极值气温为31.4℃；<br>3. 全年风速大，平均风速4.5m/s，位于风功率密度等级2区 | | 固原市隆德县（8） | |
| 青海省 | 严寒地区 | 海东地区北部高原亚寒带干旱气候区 | 1. 日照充沛，全年日照时数2400h，位于中国太阳能资源三类地区；<br>2. 气候干燥，全年降雨量300mm，位于中国干旱地带；<br>3. 冬季严寒，夏季凉爽，最热月极值气温30.3℃，最冷月极值气温–26.9℃ | 1300 | 互助土族自治县（4） | 见表1-1-2（d） |
| | 寒冷地区 | 海东地区东部高原温带干旱气候区 | 1. 日照充沛，全年日照时数3000h，位于中国太阳能资源二类地区；<br>2. 气候干燥，全年降雨量400mm，位于中国干旱地带；<br>3. 夏无酷暑，冬无严寒，最热月平均气温25℃，最冷月平均气温–7℃ | | 民和县（13）、化隆县（4）、循环县（2） | |
| 新疆维吾尔自治区 | 严寒地区 | 北疆温带大陆性干旱、半干旱气候区 | 1.日照充足，全年日照时数2800h，位于中国太阳能资源三类地区；<br>2.降水少，全年降雨量200mm，位于中国极干旱地带；<br>3.风能资源丰富，平均风速7m/s，位于风功率密度等级6区；<br>4.温差大，寒暑变化剧烈，冬季严寒，夏季凉爽，最热月平均气温25.7℃；最冷月平均气温–15.2℃ | 1525 | 乌鲁木齐（6）、吐鲁番（9） | 见表1-1-2（e） |
| | 寒冷地区 | 南疆暖温带大陆性干旱气候区 | 1 太阳辐射强，日照时间长，光能丰富，全年日照时数3300h，位于中国太阳能资源一类地区；<br>2.干燥，全年降雨量100mm，位于中国极干旱地带；<br>3.多风，平均风速5m/s，位于风功率密度等级2区；<br>4.高温，昼夜温差大，夏热冬冷，最热月平均气温32.2℃ | | | |

各省气候区划及调研县市分布　　表 1-1-2

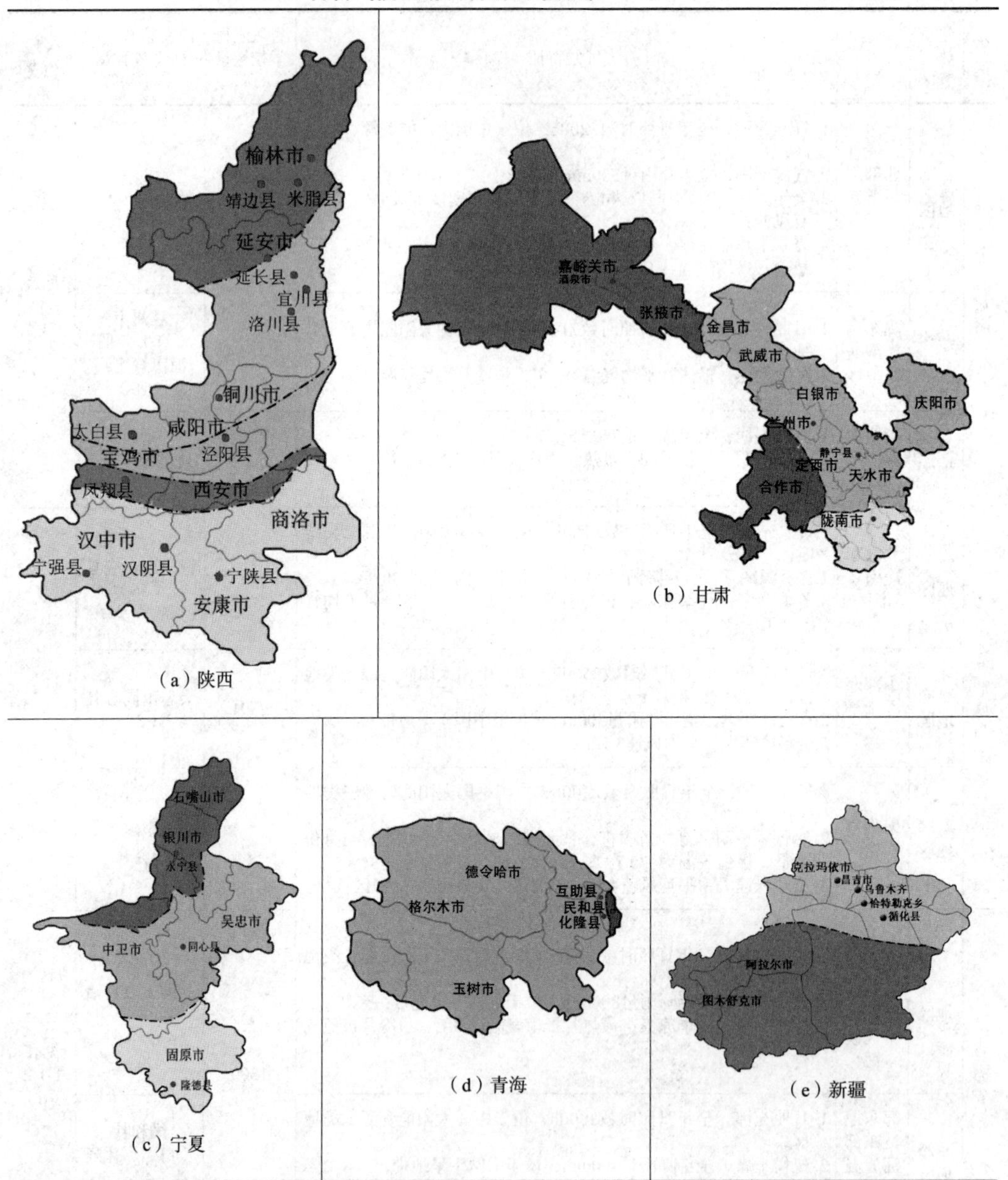


（a）陕西

（b）甘肃

（c）宁夏

（d）青海

（e）新疆

## 二、调研学校选取及调研分类

调研学校是根据不同省区及其气候区划，确定典型县市进行选取的，在西北五省区共选取 了 207 所学校进行调研。其中完全中学（初中和高中）8 所，初级中学（初中）33 所，高级中学（高中）7 所，中心小学 43 所，完全小学 65 所，初级小学（1 ~ 4 年级）9 所，教学点（1 ~ 2 年级）25 个，九年制学校 11 所，幼儿园 6 所（表 1-1-3 ~表 1-1-7）。

1. 调研学校选取

1）陕西省（123 所）

陕西省调研学校一览表　　表 1-1-3

| 省区 | 气候区划 | 学校所在地区 | 学校名称 | 学校类型 | 建设类型 | 使用能源 |
|---|---|---|---|---|---|---|
| 陕西省 | 陕北干旱寒冷区（8所） | 榆林市榆阳区鱼河峁镇 | 鱼河峁中学 | 初中 | 新 | 煤 |
| | | 榆林市榆阳区牛家梁镇 | 牛家梁中学 | 初中 | 新 | 煤 |
| | | 榆林市榆阳区孟家湾镇 | 孟家湾小学 | 小 | 混 | 煤 |
| | | 榆林市榆阳区 | 第七中学 | 初中 | 新 | 煤 |
| | | 榆林市开发区 | 榆林中学 | 高中 | 传 | 煤 |
| | | 榆林市靖边县海则滩乡 | 海则滩九年制学校 | 九 | 传 | 煤 |
| | | 榆林市靖边县 | 靖边中学 | 高中 | 新 | 煤 |
| | | 榆林市米脂县 | 米脂中学 | 高中 | 新 | 煤 |
| | 渭北高原半干旱温凉区（72所） | 延安市延长县张家滩镇 | 张家滩小学 | 小 | 混 | 煤 |
| | | 延安市延长县七里村镇 | 七里村红军小学 | 小 | 传 | 煤 |
| | | 延安市洛川县 | 洛川中学 | 高中 | 新 | 煤 |
| | | 延安市宜川县 | 城关小学 | 完小 | 新 | 煤 |
| | | 铜川市印台区红土镇 | 红土中心小学 | 小 | 新 | 煤 |
| | | 铜川市印台区红土镇 | 肖家堡中小学 | 九 | 混 | 煤 |
| | | 铜川市印台区红土镇 | 苏东第一幼儿园 | 幼 | 混 | 煤 |
| | | 铜川市印台区红土镇 | 北神沟小学 | 点 | 传 | 煤 |
| | | 铜川市印台区红土镇 | 甘草塬小学 | 点 | 传 | 煤 |
| | | 铜川市印台区阿庄镇 | 丰邑小学 | 初小 | 传 | 煤 |
| | | 铜川市印台区阿庄镇 | 西沟岭小学 | 初小 | 传 | 煤 |
| | | 铜川市印台区阿庄镇 | 小庄小学 | 初小 | 传 | 煤 |
| | | 铜川市印台区阿庄镇 | 下庄小学 | 初小 | 传 | 煤 |
| | | 铜川市印台区阿庄镇 | 中心小学 | 小 | 新 | 煤 |
| | | 铜川市印台区阿庄镇 | 沟条塔小学 | 点 | 传 | 煤 |
| | | 铜川市印台区阿庄镇 | 湫洼小学 | 完小 | 混 | 煤 |
| | | 铜川市印台区阿庄镇 | 塬圪塔小学 | 点 | 传 | 煤 |
| | | 铜川市印台区阿庄镇 | 阿庄中学 | 初中 | 混 | 煤 |
| | | 铜川市印台区陈炉镇 | 双碑小学 | 完小 | 传 | 煤 |
| | | 铜川市印台区陈炉镇 | 枣村小学 | 点 | 传 | 煤 |
| | | 铜川市印台区陈炉镇 | 立地坡小学 | 点 | 传 | 煤 |
| | | 铜川市印台区陈炉镇 | 上店小学 | 点 | 传 | 煤 |
| | | 铜川市印台区陈炉镇 | 育寨小学 | 完小 | 混 | 煤 |
| | | 铜川市印台区陈炉镇 | 陈炉中学 | 初中 | 混 | 煤 |

续表

| 省区 | 气候区划 | 学校所在地区 | 学校名称 | 学校类型 | 建设类型 | 使用能源 |
|---|---|---|---|---|---|---|
| 陕西省 | 渭北高原半干旱温凉区（72所） | 铜川市印台区陈炉镇 | 中心小学 | 小 | 新 | 煤 |
| | | 铜川市印台区高楼河乡 | 栗园小学 | 点 | 传 | 煤 |
| | | 铜川市印台区高楼河乡 | 四兴小学 | 点 | 传 | 煤 |
| | | 铜川市印台区高楼河乡 | 第二幼儿园 | 幼 | 传 | 煤 |
| | | 铜川市印台区高楼河乡 | 东坡中小学 | 九 | 混 | 煤 |
| | | 铜川市印台区高楼河乡 | 水利小学 | 点 | 传 | 煤 |
| | | 铜川市印台区高楼河乡 | 高楼河中心小学 | 小 | 新 | 煤 |
| | | 铜川市印台区高楼河乡 | 高楼河中学 | 初中 | 混 | 煤 |
| | | 铜川市印台区高楼河乡 | 培育希望小学 | 点 | 传 | 煤 |
| | | 铜川市印台区城关镇 | 宜阳小学 | 完小 | 混 | 煤 |
| | | 铜川市印台区广阳镇 | 西固幼儿园 | 幼 | 新 | 煤 |
| | | 铜川市印台区广阳镇 | 徐家沟小学 | 完小 | 传 | 煤 |
| | | 铜川市印台区广阳镇 | 井家塬小学 | 点 | 传 | 煤 |
| | | 铜川市印台区广阳镇 | 西固小学 | 完小 | 混 | 煤 |
| | | 铜川市印台区广阳镇 | 鸭口中小学 | 九 | 混 | 煤 |
| | | 铜川市印台区玉华镇 | 玉华小学 | 点 | 传 | 煤 |
| | | 铜川市印台区玉华镇 | 玉华第二中小学 | 九 | 混 | 煤 |
| | | 铜川市印台区金锁关镇 | 陈家山小学 | 点 | 传 | 煤 |
| | | 铜川市印台区金锁关镇 | 南湾小学 | 点 | 传 | 煤 |
| | | 铜川市印台区金锁关镇 | 纸坊小学 | 初小 | 传 | 煤 |
| | | 铜川市印台区金锁关镇 | 蒲家山小学 | 点 | 传 | 煤 |
| | | 铜川市印台区金锁关镇 | 烈桥小学 | 点 | 传 | 煤 |
| | | 铜川市印台区金锁关镇 | 冯家渠小学 | 点 | 传 | 煤 |
| | | 铜川市印台区金锁关镇 | 崔家沟子弟学校 | 九 | 混 | 煤 |
| | | 铜川市印台区金锁关镇 | 崾岘小学 | 点 | 传 | 煤 |
| | | 铜川市印台区金锁关镇 | 中心小学 | 小 | 新 | 煤 |
| | | 铜川市印台区金锁关镇 | 柳树台小学 | 点 | 传 | 煤 |
| | | 铜川市印台区金锁关镇 | 袁家山小学 | 完小 | 混 | 煤 |
| | | 铜川市印台区金锁关镇 | 金锁中学 | 初中 | 混 | 煤 |
| | | 铜川市印台区印台乡 | 中心小学 | 小 | 混 | 煤 |
| | | 铜川市印台区印台乡 | 刘村小学 | 点 | 传 | 煤 |
| | | 铜川市印台区印台乡 | 前齐小学 | 完小 | 传 | 煤 |
| | | 铜川市印台区印台乡 | 济阳小学 | 初小 | 传 | 煤 |
| | | 铜川市印台区印台乡 | 印台小学 | 小 | 传 | 煤 |
| | | 铜川市印台区印台乡 | 前源小学 | 点 | 传 | 煤 |
| | | 铜川市印台区印台乡 | 桥子小学 | 初小 | 传 | 煤 |
| | | 铜川市印台区印台乡 | 枣庙小学 | 完小 | 传 | 煤 |

续表

| 省区 | 气候区划 | 学校所在地区 | 学校名称 | 学校类型 | 建设类型 | 使用能源 |
|---|---|---|---|---|---|---|
| 陕西省 | 渭北高原半干旱温凉区（72所） | 铜川市印台区印台乡 | 频阳逸夫小学 | 完小 | 混 | 煤 |
| | | 铜川市印台区印台乡 | 泰山中学 | 初中 | 新 | 煤 |
| | | 铜川市印台区印台乡 | 顺河小学 | 初小 | 传 | 煤 |
| | | 铜川市印台区印台乡 | 柳湾小学 | 点 | 传 | 煤 |
| | | 铜川市印台区印台乡 | 桥子小学 | 初小 | 传 | 煤 |
| | | 铜川市印台区印台乡 | 东源小学 | 点 | 传 | 煤 |
| | | 铜川市印台区印台乡 | 寇村小学 | 点 | 传 | 煤 |
| | | 铜川市印台区王石凹镇 | 李家塔小学 | 完小 | 混 | 煤 |
| | | 铜川市印台区王石凹镇 | 王石凹幼儿园 | 幼 | 传 | 煤 |
| | | 铜川市印台区王石凹镇 | 王石凹中小学 | 九 | 混 | 煤 |
| | | 铜川市印台区王石凹镇 | 王石凹小学 | 点 | 传 | 煤 |
| | 渭河平原半干旱温暖区（26所） | 西安市临潼区代王街道 | 代王中学 | 初中 | 混 | 煤 |
| | | 西安市临潼区韩裕乡 | 韩裕中心小学 | 小 | 新 | 煤 |
| | | 西安周至县马召镇 | 桃李坪幼儿园 | 幼 | 混 | 煤 |
| | | 西安市周至县马召镇 | 金盆小学 | 完小 | 传 | 煤 |
| | | 西安周至县竹峪乡 | 竹峪中心小学 | 小 | 混 | 煤 |
| | | 西安周至县九峰乡 | 丹阳小学 | 小 | 混 | 煤 |
| | | 西安市蓝田县 | 焦岱高中 | 高中 | 混 | 煤 |
| | | 西安市蓝田县九间房乡 | 九间房乡小学 | 小 | 混 | 煤 |
| | | 西安市蓝田县曳湖镇 | 后李坪小学 | 小 | 传 | 媒 |
| | | 西安市蓝田县玉山镇 | 玉山镇中心小学 | 小 | 新 | 煤 |
| | | 西安市户县太平乡 | 紫峰小学 | 小 | 传 | 媒 |
| | | 西安市长安区郭杜镇 | 香积寺中学 | 初中 | 混 | 煤 |
| | | 西安市长安区郭杜镇 | 周家庄小学 | 小 | 混 | 煤 |
| | | 西安市雁塔区 | 新华小学 | 完小 | 传 | 煤 |
| | | 宝鸡市凤翔县范家寨乡 | 范家寨中学 | 初中 | 混 | 煤、沼气 |
| | | 咸阳市杨凌区西大寨乡 | 西大寨中学 | 初中 | 混 | 煤、沼气 |
| | | 咸阳市淳化县南村乡 | 南村小学 | 小 | 传 | 煤 |
| | | 咸阳市泾阳县泾干镇 | 泾干镇中心小学 | 小 | 混 | 煤 |
| | | 咸阳市泾阳县云阳镇 | 火庙小学 | 完小 | 传 | 煤 |
| | | 咸阳市泾阳县云阳镇 | 罗家小学 | 完小 | 新 | 煤 |
| | | 咸阳市泾阳县云阳镇 | 董家小学 | 完小 | 混 | 煤 |
| | | 咸阳市泾阳县云阳镇 | 兴隆小学 | 完小 | 新 | 煤 |
| | | 咸阳市泾阳县泾干镇 | 泾干镇中学 | 初中 | 混 | 煤 |
| | | 咸阳市泾阳县云阳镇 | 黄家小学 | 完小 | 传 | 煤 |
| | | 咸阳市泾阳县云阳镇 | 三里小学 | 完小 | 传 | 煤 |
| | | 咸阳市泾阳县云阳镇 | 张屯小学 | 完小 | 传 | 煤 |

续表

| 省区 | 气候区划 | 学校所在地区 | 学校名称 | 学校类型 | 建设类型 | 使用能源 |
| --- | --- | --- | --- | --- | --- | --- |
| 陕西省 | 秦岭山地半湿润温和区（2所） | 宝鸡市太白县咀头镇 | 黄凤山希望小学 | 完小 | 新 | 煤 |
| | | 宝鸡市太白县王家堎镇 | 王家堎镇中心小学 | 完小 | 新 | 煤 |
| | 陕南湿润温暖区（15所） | 安康市宁陕县 | 宁陕中学 | 中 | 新 | 煤 |
| | | 汉中市汉阴县 | 汉阴初级中学 | 初中 | 传 | 煤 |
| | | 汉中市洋县洋州镇 | 朱鹮湖小学 | 完小 | 传 | 煤 |
| | | 汉中市洋县洋州镇 | 周家坎小学 | 小 | 传 | 煤 |
| | | 汉中市洋县华阳镇 | 华阳中心小学 | 小 | 混 | 煤 |
| | | 汉中市洋县溢水镇 | 溢水镇中心小学 | 小 | 传 | 煤 |
| | | 汉中市宁强县青木川镇 | 青木川镇学校 | 九 | 新 | 煤 |
| | | 汉中市宁强县毛坝河镇 | 毛坝河中学 | 初中 | 新 | 煤 |
| | | 汉中市宁强县 | 八庙河小学 | 完小 | 传 | 煤 |
| | | 汉中市宁强县胡家坝镇 | 胡家坝中心小学 | 小 | 新 | 煤 |
| | | 汉中市宁强县毛坝河镇 | 毛坝河中心小学 | 小 | 新 | 煤 |
| | | 汉中市宁强县七里坝镇 | 天津高级中学 | 高中 | 新 | 煤 |
| | | 汉中市宁强县 | 南街小学 | 小 | 新 | 煤 |
| | | 汉中市宁强县 | 第一初级中学 | 初中 | 新 | 煤 |
| | | 汉中市宁强县 | 三道河小学 | 完小 | 混 | 煤 |

备注：1. 学校类型分为：完全中学（初中和高中）、初级中学（初中）、高级中学（高中）、中心小学、完全小学、初级小学（1~4年级）、教学点（1~2年级）、九年制学校、幼儿园，在表中省略称为：中、初中、高中、小、完小、初小、点、九、幼。

2. 建设类型分为：传统型学校（建于20世纪80年代初至90年代初，多年来校园未扩建及新建建筑）、混合型学校（建于20世纪90年代，校园不断加建）、新建型学校（建于2000年以后，一次性投入新学校），在表中省略称为：传、混、新。

## 2）甘肃省（17所）

**甘肃省调研学校一览表** **表 1-1-4**

| 省区 | 气候区划 | 学校名称 | 学校所在地区 | 学校类型 | 建设类型 | 使用能源 |
| --- | --- | --- | --- | --- | --- | --- |
| 甘肃省 | 陇东南半湿润寒冷区（11所） | 平凉市静宁县三合乡 | 仁岔小学 | 完小 | 传 | 煤 |
| | | 平凉市静宁县三合乡 | 重星小学 | 完小 | 混 | 煤 |
| | | 平凉市静宁县三合乡 | 新堡小学 | 完小 | 新 | 煤 |
| | | 平凉市静宁县三合乡 | 陈安小学 | 完小 | 传 | 煤 |
| | | 平凉市静宁县三合乡 | 段渠小学 | 完小 | 新 | 煤 |
| | | 平凉市静宁县三合乡 | 三合乡中心小学 | 小 | 新 | 煤、太阳能 |
| | | 平凉市静宁县三合乡 | 王湾小学 | 完小 | 混 | 煤 |
| | | 平凉市静宁县三合乡 | 古岔小学 | 完小 | 传 | 煤 |
| | | 平凉市静宁县三合乡 | 张安小学 | 完小 | 传 | 煤 |
| | | 平凉市静宁县三合乡 | 北集小学 | 完小 | 传 | 煤 |
| | | 兰州市阿干镇 | 第三十三中 | 初中 | 混 | 煤、太阳能 |

续表

| 省区 | 气候区划 | 学校名称 | 学校所在地区 | 学校类型 | 建设类型 | 使用能源 |
|---|---|---|---|---|---|---|
| 甘肃省 | 西部干旱严寒区（4所） | 酒泉市肃州区西峰乡 | 西峰中学 | 中 | 混 | 地热、风能 |
| | | 酒泉市肃州区 | 酒泉四中 | 九 | 新 | 煤、天然气 |
| | | 酒泉市玉门市赤金镇 | 赤金中学 | 中 | 传 | 煤 |
| | | 酒泉市玉门市 | 玉门高级中学 | 高中 | 新 | 煤 |
| | 陇西南湿润寒冷区（2所） | 陇南市武都区 | 城关中学 | 中 | 混 | 煤 |
| | | 陇南市东江镇 | 武都二中 | 中 | 新 | 煤 |

3）宁夏回族自治区（29所）

**宁夏回族自治区调研学校一览表**　　表 1-1-5

| 省区 | 气候区划 | 学校名称 | 学校所在地区 | 学校类型 | 建设类型 | 使用能源 |
|---|---|---|---|---|---|---|
| 宁夏回族自治区 | 北部寒冷引黄灌区（16所） | 银川市永宁县李俊镇 | 李俊中心小学 | 小 | 混 | 煤 |
| | | 银川市永宁县李俊镇 | 王团回民小学 | 完小 | 混 | 煤 |
| | | 银川市永宁县李俊镇 | 李庄小学 | 完小 | 混 | 煤 |
| | | 银川市永宁县李俊镇 | 任存小学 | 完小 | 混 | 煤 |
| | | 银川市永宁县望远镇 | 望远中小学 | 九 | 混 | 煤 |
| | | 银川市永宁县望远镇 | 上河逸夫小学 | 完小 | 传 | 煤 |
| | | 银川市永宁县望远镇 | 通桥小学 | 完小 | 混 | 煤 |
| | | 银川市永宁县望远镇 | 望远幼儿园 | 幼 | 混 | 煤 |
| | | 银川市永宁县望远镇 | 政权小学 | 完小 | 传 | 煤 |
| | | 银川市永宁县胜利乡 | 逸夫小学 | 小 | 传 | 煤 |
| | | 银川市永宁县胜利乡 | 胜利中心小学 | 小 | 传 | 煤 |
| | | 银川市永宁县望洪镇 | 宋澄小学 | 完小 | 传 | 煤 |
| | | 银川市永宁县望洪镇 | 望洪中学 | 初中 | 混 | 煤 |
| | | 银川市永宁县望洪镇 | 新华中心小学 | 小 | 混 | 煤 |
| | | 银川市永宁县望洪镇 | 旺全小学 | 完小 | 混 | 煤 |
| | | 银川市永宁县望洪镇 | 姚家桥小学 | 完小 | 混 | 煤 |
| | 中部寒冷干旱区（5所） | 吴忠市同心县豫海镇 | 第六实验小学 | 完小 | 混 | 太阳能、煤 |
| | | 吴忠市同心县李堡镇 | 李堡中学 | 初中 | 混 | 煤 |
| | | 吴忠市同心县丁家塘镇 | 丁家塘中心小学 | 小 | 混 | 太阳能、煤 |
| | | 吴忠市同心县李堡镇 | 李堡小学 | 小 | 混 | 煤 |
| | | 吴忠市同心县丁家塘镇 | 丁家塘回民小学 | 完小 | 混 | 太阳能、煤 |
| | 南部寒冷山区（8所） | 固原市隆德县陈靳乡 | 陈靳中心小学 | 小 | 混 | 煤 |
| | | 固原市隆德县沙塘镇 | 沙塘中心小学 | 小 | 混 | 太阳能、煤 |

续表

| 省区 | 气候区划 | 学校名称 | 学校所在地区 | 学校类型 | 建设类型 | 使用能源 |
|---|---|---|---|---|---|---|
| 宁夏回族自治区 | 南部寒冷山区（8所） | 固原市隆德县神林乡 | 神林中心小学 | 小 | 混 | 太阳能、煤 |
| | | 固原市隆德县联财镇 | 联财中学 | 初中 | 混 | 太阳能、煤 |
| | | 固原市隆德县陈靳乡 | 陈靳中学 | 初中 | 传 | 煤 |
| | | 固原市隆德县沙塘镇 | 沙塘中学 | 初中 | 混 | 煤 |
| | | 固原市隆德县温堡乡 | 温堡中学 | 中 | 新 | 煤 |
| | | 固原市隆德县神林乡 | 神林中学 | 初中 | 混 | 煤 |

4）青海省（23所）

**青海省调研学校一览表** **表 1-1-6**

| 省区 | 气候区划 | 学校所在地区 | 学校名称 | 学校类型 | 建设类型 | 使用能源 |
|---|---|---|---|---|---|---|
| 青海省 | 海东地区东部高原温带干旱气候区（19所） | 海东市民和县新民乡 | 新民中学 | 初中 | 混 | 煤 |
| | | 海东市民和县峡门镇 | 孙家庄小学 | 完小 | 传 | 煤 |
| | | 海东市民和县峡门镇 | 铁家庄小学 | 完小 | 传 | 煤 |
| | | 海东市民和县峡门镇 | 阳坡小学 | 完小 | 传 | 煤 |
| | | 海东市民和县峡门镇 | 赵家山小学 | 完小 | 传 | 煤 |
| | | 海东市民和县峡门镇 | 中心小学 | 小 | 传 | 煤 |
| | | 海东市民和县峡门镇 | 巴子沟小学 | 完小 | 传 | 煤 |
| | | 海东市民和县峡门镇 | 峡门学校 | 完小 | 混 | 煤 |
| | | 海东市民和县峡门镇 | 腰路金城小学 | 完小 | 传 | 煤 |
| | | 海东市民和县峡门镇 | 甘池小学 | 完小 | 传 | 煤 |
| | | 海东市民和县川口镇 | 川垣学校 | 完小 | 新 | 煤 |
| | | 海东市民和县川口镇 | 川口小学 | 完小 | 传 | 煤 |
| | | 海东市民和县松树乡 | 松树乡中心小学 | 小 | 混 | 煤 |
| | | 海东市化隆县巴燕镇 | 巴燕初级中学 | 初中 | 混 | 煤 |
| | | 海东市化隆县巴燕镇 | 华隆二中 | 初中 | 混 | 煤 |
| | | 海东市化隆县巴燕镇 | 华隆第二小学 | 完小 | 混 | 煤 |
| | | 海东市化隆县巴燕镇 | 华隆第一中学 | 初中 | 混 | 煤 |
| | | 海东市循环县文都乡 | 藏文中学 | 初中 | 混 | 煤 |
| | | 海东市循环县文都乡 | 文都中心小学 | 小 | 混 | 煤 |
| | 海东地区北部高原亚寒带干旱气候区（4所） | 海东市互助县威远镇 | 班家湾小学 | 完小 | 传 | 煤 |
| | | 海东市互助县威远镇 | 互助第一中学 | 初中 | 新 | 煤 |
| | | 海东市互助县威远镇 | 安定小学 | 完小 | 传 | 煤 |
| | | 海东市互助县威远镇 | 逸夫中学 | 初中 | 混 | 煤 |

5）新疆维吾尔自治区（15 所）

**新疆维吾尔自治区调研学校一览表**　　**表 1-1-7**

| 省份 | 气候区划 | 学校名称 | 学校所在地区 | 学校类型 | 建设类型 | 使用能源 |
| --- | --- | --- | --- | --- | --- | --- |
| 新疆维吾尔自治区 | 北疆温带大陆性干旱半干旱气候区（6所） | 乌鲁木齐市 | 第六十八中学 | 中 | 新 | 煤 |
| | | 乌鲁木齐市昌吉州昌吉市 | 第一小学 | 完小 | 传 | 煤 |
| | | 乌鲁木齐市昌吉州昌吉市榆树沟镇 | 榆树沟镇中心小学 | 小 | 新 | 煤 |
| | | 乌鲁木齐市昌吉州昌吉市 | 第七中学 | 中 | 新 | 煤 |
| | | 乌鲁木齐市昌吉州昌吉市 | 华阳外国语学校 | 初中 | 新 | 煤 |
| | | 乌鲁木齐市昌吉州昌吉市二六工镇 | 中心小学 | 小 | 新 | 煤 |
| | 南疆暖温带大陆性干旱气候区（9所） | 吐鲁番市恰特勒克乡 | 恰特勒克乡初级中学 | 初中 | 新 | 煤 |
| | | 吐鲁番市恰特卡勒乡 | 拜什巴拉小学 | 小 | 混 | 煤、天然气 |
| | | 吐鲁番市恰特卡勒乡 | 霍什坎尔孜学校 | 九 | 混 | 煤 |
| | | 吐鲁番市恰特卡勒乡 | 恰特卡勒中学 | 初中 | 混 | 煤 |
| | | 吐鲁番市恰特卡勒乡 | 吐依洪小学 | 完小 | 混 | 煤 |
| | | 吐鲁番市恰特卡勒乡 | 原种场小学 | 完小 | 混 | 煤 |
| | | 吐鲁番市恰特卡勒乡 | 阿吉坎而孜小学 | 完小 | 混 | 煤 |
| | | 吐鲁番市恰特卡勒乡 | 庄孜小学 | 完小 | 混 | 煤 |
| | | 吐鲁番市恰特卡勒乡 | 琼坎儿孜小学 | 完小 | 混 | 煤 |

2. 调研分类

结合文献资料及实地考察，根据学校基本概况将实地调研程度分为三种：重点调研（全面详尽了解）、普通调研（部分详尽了解）和了解调研（一般性了解）。

1）重点调研

重点调研学校的选取条件为：

（1）气候条件

气候是影响建筑空间形式及其舒适度和能耗的最重要的因素之一，不同气候区对建筑舒适度和能耗造成的影响不同，故在每个典型气候区选择重点调研的学校。

（2）学校规模

通过各地教育局了解当地学校的基本情况，选择学校规模和班级规模均较为常见的学校。

学校规模：小学选择人数在 200 ~ 300 左右，中学选择人数在 500 ~ 600 左右，保证各个年龄段的学生都在调研范围之内。

班级规模：每班人数在 30 ~ 50 左右。若当地大型学校较为普遍，也可作为样本选择。

（3）建筑形式

对西北地区 11 个典型气候区普遍调研的所有学校进行归纳、分类，选择所占比例最大、数量最多、最常见的建筑形式进行重点调研。尽可能包含所有建筑形式。

2）普通调研

普通调研学校选取的条件为：在平面布局、建筑舒适度或建筑能耗等某一方面具有代表性。

3）了解调研

除去重点和普通调研之外，了解调研，主要调研学校的建筑年代、建筑形式及用能等情况。

## 三、调研内容和方法

1. 调研内容

1）学校基本概况

包括学校类型、建校时间、改扩建时间、占地面积和建筑面积、教职工人数、学生人数、文献和图纸资料等。

2）自然环境特征

包括地形地貌、建筑热工分区、年平均气温（℃）、年降水量（mm）、年日照时（h）、盛行风向、采暖期等。

3）总平面规划布局

包括功能布局、交通流线、对当地气候及地理环境的回应等。

4）建筑特点

将建筑特点分为平面布局的走廊形式、体形系数、功能布局和平面形式四个方面（表1-1-8）。其中，走廊形式包括有走廊的封闭式南外廊、封闭式北外廊、开敞式南外廊、开敞式北外廊、中廊式、双廊式及无走廊的平房。体形系数是指建筑物与室外大气接触的外表面积与其所包围的体积的比值；功能布局根据建筑单体内使用功能和辅助功能的空间位置，划分为辅助功能位于建筑端部、位于建筑内部、位于建筑端部和内部这三种类型；平面形式根据西北地区农村中小学常见的形式，分为一字形、“L、I、E”形、天井形和不规则形四种形式。

建筑特点表　　表1-1-8

| 走廊形式 | | | | | | | 体形系数 | 功能布局 | | | 平面形式 | | | |
|---|---|---|---|---|---|---|---|---|---|---|---|---|---|---|
| 封闭式南外廊 | 开敞式南外廊 | 封闭式北外廊 | 开敞式北外廊 | 中廊式 | 双廊式 | 无走廊的平房 | 建筑表面积/建筑体积（见调研报告） | 辅助功能位于端部 | 辅助功能位于内部 | 辅助功能位于端部和内部 | 一字形 | “L、I、E”形 | 天井形 | 不规则形 |

5）围护结构状况

围护结构的构造做法包括屋面、外墙、门窗及地面等。

6）建筑舒适度状况

建筑舒适度包括室内外照度、室内外温度、室内外湿度（表 1-1-9）。

**舒适度状况表**　　表 1-1-9

| 照度 | | 温度 | | | | 湿度 | |
|---|---|---|---|---|---|---|---|
| 室外平均照度 | 室内平均照度 | 室外平均温度 | 室内平均温度 | 室内最高温度 | 室内最低温度 | 室外平均湿度 | 室内平均湿度 |

7）建筑能耗状况

包括采暖、照明及炊事用能三方面。建筑能耗调研是通过将全部标准用煤量按发电效率折算为等效电。可以看出，建筑各种用途的电耗指标及其比例，换算方法如下：

天然气每立方米燃烧热值为 8000 大卡至 8500 大卡，煤每千克燃烧热值为 7000 大卡。1 大卡 =4.1868 千焦（kJ），所以每立方米天然气燃烧热值为 33494.4 ~ 35587.8kJ，每千克煤的燃烧值是 7080kJ，而 1 度电 =1kW × h=3.6 × $10^6$J=3.6 × $10^3$kJ。

即：1$m^3$ 燃烧天然气热值相当于 9.3 ~ 9.88 度电产生的热能；

1kg 煤燃烧相当于 1.97 度电产生的热能；

1kg 柴燃烧相当于 0.33 度电产生的热能。

将能耗总量除以建筑面积得到单位面积的采暖能耗，这样可将不同建筑面积的学校能耗使用状况进行比较（表 1-1-10）。

**能耗状况表**　　表 1-1-10

| 采暖能耗 | | | | 照明能耗 | | |
|---|---|---|---|---|---|---|
| 采暖方式 | 单位建筑面积能耗 | 单位学生人数能耗 | 能耗总量 | 单位建筑面积能耗 | 单位学生人数能耗 | 能耗总量 |

2. 调研方法

1）调研时间

每年进行 2 次实地调研，分别于学期中的最热时段及最冷时段，即夏季 6 月中下旬以及冬季 1 月中下旬，调研为期一周左右时间。

2）调研方式

（1）测绘

通过测距仪等测量工具对学校总平面、主要建筑的平面、立面、剖面等进行测绘。

（2）舒适度测试

通过仪器对学校主要建筑进行温湿度、室内光环境测试。

其中教室室内光环境数据采集方法：在教学楼一层选取一间较为居中的教室，对其光环境数据进行 5 次采集，分别于 8 点、10 点、12 点、15 点、17 点；选点高度为距教室地面 80cm 左右的课桌高度。采集分别选取教室室内北面、南面以及中部等 11 个点，并且记录该采集时间的室外光照强度（图 1-1-1）。

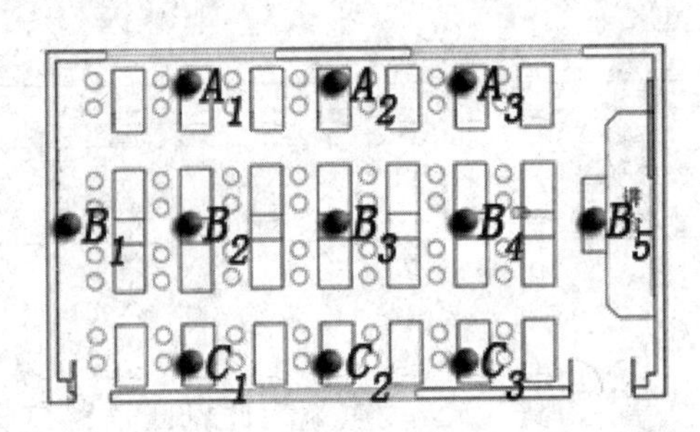


图 1-1-1　教室光环境数据采集图（来源：作者自绘）

（3）访谈问卷调研

通过访谈问卷调研，记录学校基本概况，统计师生对环境及舒适度的满意度。

# 第二节　西北五省区调研学校现状分析

## 一、西北五省区调研市县及学校

1. 陕西省

按照气候分区与建筑热工分区，陕西省可以分为陕北干旱寒冷区、渭北高原半干旱温凉区、渭河平原半干旱温暖区、秦岭山地半湿润温和区与陕南湿润温暖区五个区域，本项目对陕西地区123所学校建筑进行调研，并对其中12所进行了重点调研，17所进行了普通调研（表1-2-1）。

陕西省调研县市及学校一览表　　表1-2-1

| 气候分区 | 调研县市 | 重点调研学校名称 | 普通调研学校名称 |
|---|---|---|---|
| 陕北干旱寒冷区 | 靖边县 | 海则滩九年制学校、靖边中学 | |
| | 米脂县 | 米脂中学 | |
| | 榆林市 | | 榆林中学、榆林第七中学、榆林牛家梁小学、榆林孟家湾小学、榆林鱼家卯小学 |
| 渭北高原半干旱温凉区 | 延长县 | 延长张家滩中心小学 | 延长县七里村红军小学 |
| | 洛川县 | 洛川中学 | |
| | 宜川县 | 城关小学 | |
| | 铜川市 | | 玉华镇第二小学、高楼河乡中心小学 |
| 渭河平原半干旱温暖区 | 长安区 | 香积寺中学 | |
| | 户县 | 紫峰小学 | |
| | 蓝田县 | 焦岱高中、九间房乡小学 | |
| | 凤翔县 | 范家寨中学 | |
| | 杨凌区 | 杨凌西大寨中学 | |
| | 淳化县 | | 南村小学 |
| | 泾阳县 | | 泾干镇中学 |
| 秦岭山地半湿润温和区 | 太白县 | 黄凤山希望小学、王家堎镇中心小学 | |
| 陕南湿润温暖区 | 宁陕县 | 宁陕小学 | |
| | 汉阴县 | 汉阴初级中学 | |
| | 洋县 | 洋县朱鹮湖小学 | 华阳县中心小学、溢水镇中心小学 |
| | 宁强县 | 青木川镇学校 | 宁强县天津高级中学、宁强县第一初级中学、宁强县南街小学、毛坝河镇初级中学、毛坝河镇八庙河中学 |

2. 甘肃省

按照气候分区与建筑热工分区，甘肃省可以分为陇东南半湿润寒冷区、西部干旱严寒区和陇西南湿润寒冷区三个区域。本项目对这三个地区的17所学校建筑进行调研，并对其中2所进行了重点调研，10所进行了普通调研（表1-2-2）。

甘肃省调研学校一览表 表1-2-2

| 气候分区 | 调研县市 | 重点调研学校名称 | 普通调研学校名称 |
|---|---|---|---|
| 陇东南半湿润寒冷区 | 静宁县 | 三合乡中心小学 | 北集小学、重星小学、张安小学、任岔小学、王湾小学 |
| 西部干旱严寒区 | 酒泉市 | 西峰乡中学 | 酒泉四中、玉门高级中学 |
| 陇西南湿润寒冷区 | 陇南市 | | 城关中学、武都二中 |

3. 宁夏回族自治区[1]

按照气候分区与建筑热工分区，宁夏回族自治区可以分为北部寒冷引黄灌区、中部寒冷干旱区和南部寒冷山区三个区域。本项目对宁夏地区的29所学校建筑进行调研，并对其中3所进行了重点调研，3所进行了普通调研（表1-2-3）。

宁夏回族自治区调研县市及学校一览表 表1-2-3

| 气候分区 | 调研县市 | 重点调研学校名称 | 普通调研学校名称 |
|---|---|---|---|
| 北部寒冷引黄灌区 | 永宁县 | 李俊中心小学 | 胜利乡逸夫小学 |
| 中部寒冷干旱区 | 同心县 | 丁家塘中心小学 | 同心县实验小学 |
| 南部寒冷山区 | 隆德县 | 沙塘中心小学 | 温堡中学 |

4. 青海省

按照气候分区与建筑热工分区，青海省可以分为海东地区东部高原温带干旱气候区和海东地区北部高原亚寒带干旱气候区两个典型气候区。本项目对这两个区域的23所学校建筑进行了调研，并对其中2所进行了重点调研，7所进行了普通调研（表1-2-4）。

青海省调研县市及学校一览表 表1-2-4

| 气候分区 | 调研县市 | 重点调研学校名称 | 普通调研学校名称 |
|---|---|---|---|
| 海东地区北部高原亚寒带干旱气候区 | 互助县 | 班家湾小学 | 互助县第一中学、互助县逸夫小学 |
| 海东地区东部高原温带干旱气候区 | 民和县 | 峡门镇中心小学 | 新民中学、川口小学、铁家庄学校、金城学校 |

5. 新疆维吾尔自治区[2]

按照气候分区与建筑热工分区，新疆维吾尔自治区可以分为北疆温带大陆性干旱、

[1] 宁夏回族自治区本书以下可简称宁夏。

[2] 新疆维吾尔自治区本书以下可简称新疆。

半干旱气候区和南疆暖温带大陆性干旱气候区两个典型气候区。但因南疆地区治安环境较差，从调研的安全性考虑，当地教育部门不建议学生去实地调研，故本次未对南疆学校进行实地考察，仅对北疆地区的 15 所学校建筑进行了调研，并对其中 2 所学校进行了重点调研，4 所学校进行了普通调研（表 1-2-5）。

**新疆维吾尔自治区调研县市及学校一览表**　　表 1-2-5

| 气候分区 | 调研县市 | 重点调研学校名称 | 普通调研学校名称 |
|---|---|---|---|
| 北疆温带大陆性干旱半干旱气候区 | 吐鲁番 | 恰特勒克乡初级中学 | 恰特卡勒乡拜什巴拉小学、恰特卡勒乡阔什坎儿孜小学、恰特卡勒阿吉坎儿孜小学 |
| | 乌鲁木齐 | 昌吉市榆树沟镇中心小学 | 昌吉市七中 |

## 二、西北五省区调研学校案例分析

本部分以重点调研学校陕西省渭北高原半干旱温凉区张家滩小学以及宁夏回族自治区北部寒冷引黄灌区李俊中心小学为例，来示例调研学校现状分析总结，其余学校略。

例 1　陕西省渭北高原半干旱温凉区张家滩小学

渭北高原属寒冷地区，年平均温度 10.4℃，年降水量 400 ~ 600mm，年日照时数 2504.6h，盛行西北风。

张家滩小学建于 20 世纪 90 年代，属于撤点并校后的当地中心小学。现有学生 353 人，6 个教学班，建筑面积 870m$^2$，属于六年制完小。

1. 调研内容

1）自然环境特征

地理位置位于陕西省陕北地区的延长县，属于黄土高原地区。气候分区属于寒冷地区，冬季寒冷，温度低，降水较少。光能资源丰富，日照条件良好（表 1-2-6）。

**张家滩小学气候地理特征**　　表 1-2-6

| 典型气候区 | 地形地貌 | 热工分区 | 年平均气温（℃） | 年降水量（mm） | 年日照时数（h） | 盛行风向 | 采暖期（d） |
|---|---|---|---|---|---|---|---|
| 渭北高原半干旱温凉区 | 黄土高原 | 寒冷地区 | 10.4 | 400~600 | 2504.6 | 西北风 | 130 |

2）校园总体布局及分析

校园布局因地形建设，整体西北高、东南低。位于西北坡地的学生宿舍、教室、教师宿办[1]为早期建校时的旧窑洞，共 106 孔，三排并联而成。东北侧为教学楼、实验楼，建于 2000 年左右。校园总体布局见图 1-2-1。

校园空间分析：由于校内建筑建设于不同时期，至今未进行校园规划，所以校园

[1] 宿办——宿舍和办公。

功能分区不清晰，生活服务区不集中，学生宿舍、教师办公、教师宿舍及家属生活区混在一起（图 1-2-2、图 1-2-3）。

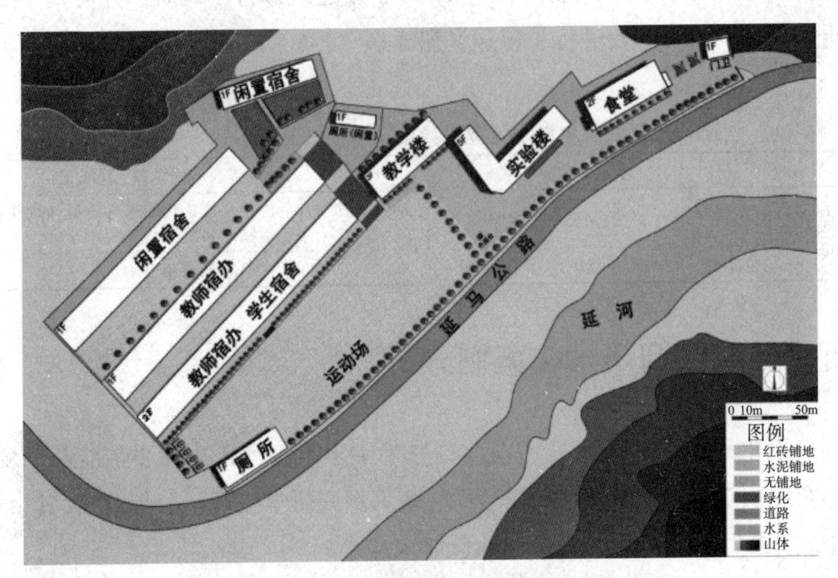


图 1-2-1　张家滩小学现状总平面图

图 1-2-2　张家滩小学现状照片（从左至右依次为：教学楼，实验楼，学生宿舍、教师宿办窑洞）

校园交通流线：校门附近有空地及缓冲区，可满足家长接送学生的需求。但是校内交通流线混乱，没有正规的车行道，步行道标识不明。校内教师机动车辆常停于学生宿舍与教师宿办前，占用部分活动场地（图 1-2-4）。

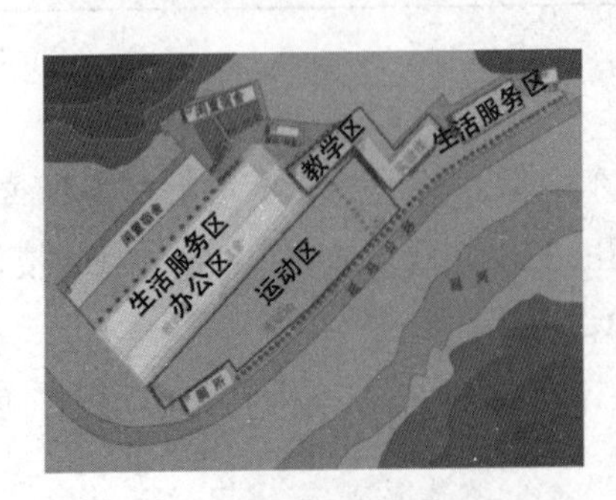


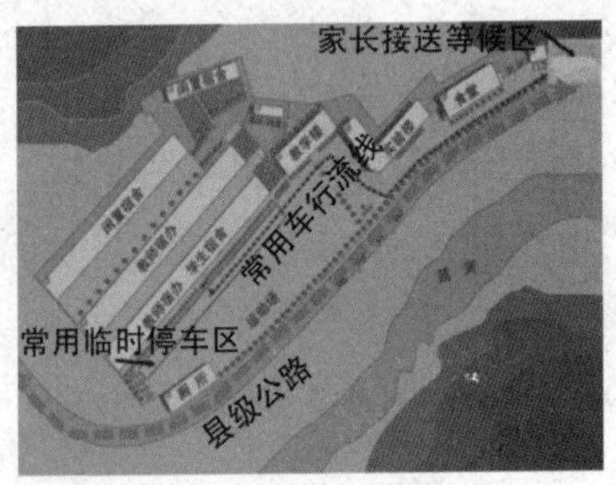


图 1-2-3　张家滩小学功能分区图　　图 1-2-4　张家滩小学道路分析图

3）建筑特点与围护结构状况

教学楼为 3 层，每层 6 间教室，中部设置楼梯，每边各有 3 间教室。办公楼为平房，共 9 间。宿舍楼为 2 层，每层 8 间宿舍，中部设置楼梯，每边各有 4 个房间，采用陕北特有的窑洞形式。建筑以南北朝向为主，南向设门窗，北靠厚厚的土层。平面多采用 10m × 6m 的布局尺寸，具有进深大、开间小的布局特点（表 1-2-7 ~表 1-2-9）。

**张家滩小学建筑特点**　　表 1-2-7

| 建筑类型 | 体形系数 | 走廊形式 | | | | | | 功能布局 | | | 平面形式 | | | |
|---|---|---|---|---|---|---|---|---|---|---|---|---|---|---|
| | | 封闭南外廊 | 开敞南外廊 | 封闭北外廊 | 开敞北外廊 | 中廊 | 双廊 | 辅助功能位于端部 | 辅助功能位于内部 | 辅助功能位于端部和内部 | 一字形 | L、I、E形 | 天井形 | 不规则形 |
| 教学楼 | 0.39 | | ○ | | | | | | ○ | | ○ | | | |
| 办公楼 | 0.41 | | ○ | | | | | | | | ○ | | | |
| 宿舍楼 | 0.38 | ○ | | | | | | | ○ | | ○ | | | |

注：办公楼为一层平房，均为办公室，无辅助用房。

**张家滩小学建筑围护结构状况**　　表 1-2-8

| 屋顶 | | | | 外墙（mm） | | | | | 门窗 | | | | | 地面 | | |
|---|---|---|---|---|---|---|---|---|---|---|---|---|---|---|---|---|
| 平屋顶有保温 | 平屋顶无保温 | 坡屋顶有保温 | 坡屋顶无保温 | 240砖墙 | 240砖墙加保温 | 370砖墙 | 200砌块加保温 | 新型保温墙体 | 单层木框单玻 | 单层钢框单玻 | 单层塑钢单玻 | 单层塑钢双玻 | 双层塑钢双玻 | 砖石地面 | 混凝土地面 | 瓷砖地面 |
| | ○ | | | ○ | | | | | | | ○ | | | ○ | | |

**张家滩小学建筑平、立面图**　　表 1-2-9

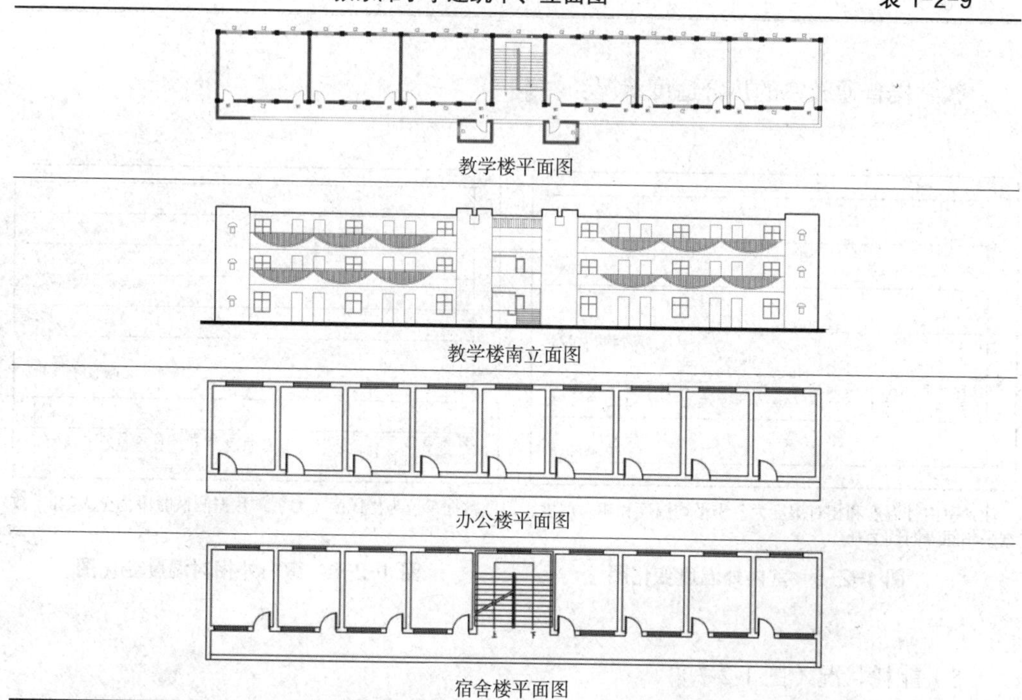

教学楼平面图

教学楼南立面图

办公楼平面图

宿舍楼平面图

注：教学楼、办公楼、宿舍楼均为南北朝向。

4）舒适度状况

（1）光舒适度状况（表 1-2-10）

张家滩小学教学楼光舒适度状况 表 1-2-10

| 时间 | 室外照度（lx） | | 教室采集点的室内照度（lx） | | | | | | | | | | |
|---|---|---|---|---|---|---|---|---|---|---|---|---|---|
| | 北侧 | 南侧 | $A_1$ | $A_2$ | $A_3$ | $B_1$ | $B_2$ | $B_3$ | $B_4$ | $B_5$ | $C_1$ | $C_2$ | $C_3$ |
| 8:00 | 19730 | >20000 | 1250 | 150 | 1240 | 960 | 1120 | 450 | 1150 | 1170 | 550 | 700 | 550 |
| 10:00 | >20000 | >20000 | 1460 | 270 | 1470 | 1090 | 1290 | 580 | 1290 | 1330 | 680 | 800 | 640 |
| 12:00 | >20000 | >20000 | 1650 | 590 | 1660 | 1190 | 1480 | 770 | 1510 | 1570 | 790 | 920 | 770 |
| 15:00 | >20000 | >20000 | 1720 | 620 | 1240 | 1020 | 1520 | 700 | 1750 | 1440 | 660 | 840 | 690 |
| 17:00 | 19640 | >20000 | 1040 | 270 | 990 | 970 | 1140 | 500 | 1040 | 1020 | 390 | 690 | 440 |

注：1.采光调研数据只统计教学楼状况，均在自然光状态下采集，照度单位为lx。
2.根据《中小学校设计规范》（GB50099-2011）有关要求，普通教室室内照度不得低于300lx。
3.教室采集点示意图见图1-1-10。

（2）热舒适度状况（表 1-2-11、图 1-2-5、图 1-2-6）

张家滩小学建筑热舒适度状况 表 1-2-11

| 建筑类型 | 室外平均温度 | 室内平均温度 | 室内最低温度 | 室内最高温度 | 室内平均湿度 |
|---|---|---|---|---|---|
| 教学楼 | -2℃ | 5~6℃ | 0.3℃ | 7.2℃ | 47% |
| 办公楼 | -2℃ | 6~8℃ | 1.3℃ | 6.5℃ | 43% |
| 宿舍楼 | -9℃ | 7~11℃ | 4℃ | 15℃ | 51% |

教学楼普通教室的热舒适度状况：

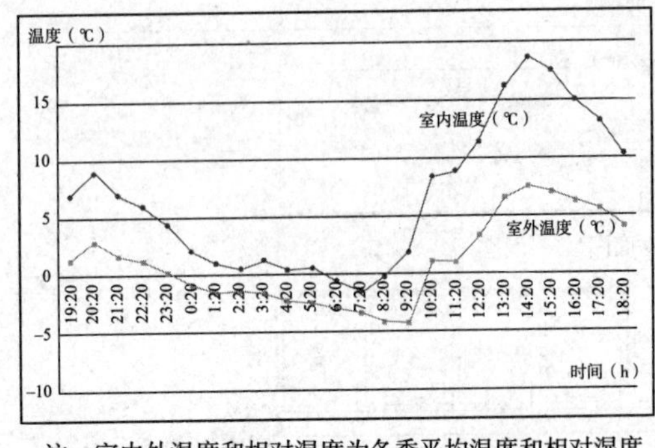


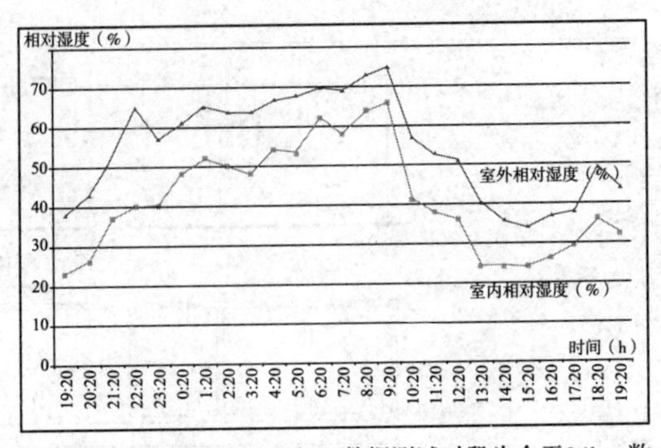


注：室内外温度和相对湿度为冬季平均温度和相对湿度，温度数据单位为摄氏度（℃），数据测试时段为全天24h，数据采集间隔时间为1h。

图 1-2-5 室内外温度变化图

图 1-2-6 室内外相对湿度变化图

5）能耗状况（图 1-2-7）

该学校地处陕北，煤储量、产量都很丰富，用煤较便捷，故以传统能源煤作为主要能源。该学校能耗主要用于采暖、照明、住宿学生的炊事及少量教学电器（表 1-2-12）。

张家滩小学建筑能耗状况　　表 1-2-12

| 用能类型 | 采暖用能 | 照明用能 | 其他用能 |
|---|---|---|---|
| 传统 | 煤105t/年 | 0.98万度电/年 | 煤23t/年 |

注：本表统计了学校主要建筑（包括教学楼、办公楼以及宿舍楼、食堂等生活服务用房）一年内的用能状况。“其他用能”包括教学用能和炊事用煤量。

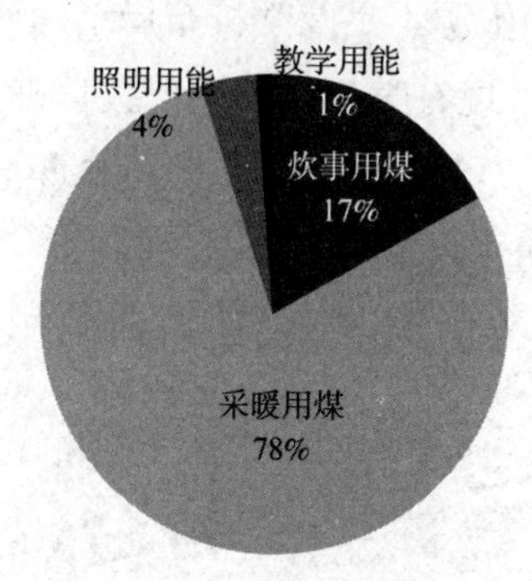


图 1-2-7　张家滩小学用能比例

2. 现状及问题总结

<table>
<tr><th>气候分区</th><th colspan="2">建筑特点</th><th>舒适度问题</th><th>能耗问题</th></tr>
<tr><td rowspan="3">渭北高原半干旱温凉区</td><td>教学楼</td><td>①走廊形式：带有开敞式南外廊的一字形平面<br>②体形系数：0.39<br>③功能布局：辅助功能位于内部<br>④平面形式：一字形</td><td>①照度：教室室内照度分布不够均匀，全阴天状态下最低照度达不到教室采光标准的最低值。<br>②温度：冬季教室室内平均温度仅在5~6℃左右，最低时仅0.3℃，最高也仅为7.2℃，室内舒适度很差。<br>③湿度：教学楼室内相对湿度变化较大，中午13点20分最低为23%左右，低于冬季室内适宜的最低相对湿度30%，室内空气略显干燥</td><td rowspan="3">①采暖能耗最大，占能耗总量的78%，主要集中在宿舍楼；<br>②炊事用能占能耗总量的17%；<br>③照明用能占能耗总量的4%</td></tr>
<tr><td>办公楼</td><td colspan="2">①走廊形式：带有开敞式南外廊的一字形平面<br>②体形系数：0.41<br>③平面形式：一字形</td></tr>
<tr><td>宿舍楼</td><td colspan="2">①走廊形式：封闭南外廊<br>②体形系数：0.38<br>③功能布局：辅助功能位于内部<br>④走廊形式：一字形</td></tr>
</table>

例 2　宁夏回族自治区北部寒冷引黄灌区李俊中心小学

宁夏北部位于引黄灌溉区，属于寒冷地区，日照强烈，年平均气温较高，降水少，沙尘暴等气象灾害时有发生。

李俊中心小学建于 2000 年，为非寄宿制中心小学。建筑面积 2940m$^2$，人数规模约 1036 人。

1. 调研内容

1）气候地理特征

李俊中心小学位于宁夏北部的永宁县，属于引黄灌溉区（表 1-2-13）。

李俊中心小学气候地理特征　　表 1-2-13

| 典型气候区 | 地形地貌 | 建筑热工分区 | 年平均气温（℃） | 年降水量（mm） | 年日照时数（h） | 盛行风向 | 采暖期（d） |
|---|---|---|---|---|---|---|---|
| 北部寒冷引黄灌区 | 平原 | 寒冷地区 | 9.9 | 200 | 3112 | 偏西风 | 150 |

2）校园总体布局及分析

李俊中心小学位于宁夏回族自治区银川市永宁县李俊镇镇区偏北。该校原为李俊九年一贯制学校，2008 年由于生源不足及学校布局结构调整撤去初中部分，现仅为镇中心小学，服务半径 10000m。现有学生 621 人，教学班 12 个。校园内教工宿舍、学生宿舍、后勤用房建设时间久，综合教学楼建于 2005 年之后。学校周围为居民区和农田，处于镇中心地带（图 1-2-8、图 1-2-9）。

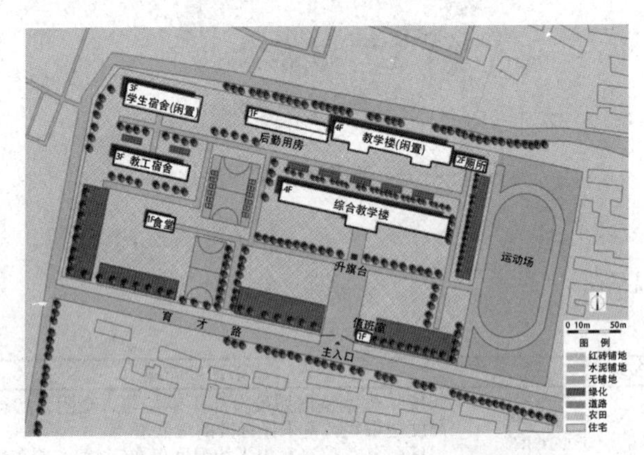


图 1-2-8　李俊中心小学总平面图

（a）综合教学楼外观

（b）校园运动场外观

（c）校园礼仪广场外观

（d）闲置教学楼外观

图 1-2-9　李俊中心小学校园环境与主要建筑外观

校园空间分析：校园内师生学习、活动的空间集中于综合教学楼及周围，主要为综合教学楼以南区域。运动区分为两个，一个是校园东侧的运动场，另一个是综合教学楼西侧的篮球场及乒乓球场，两者相距较远，学生使用不便（图 1-2-10）。学校中仅一栋综合教学楼在用，满足学校日常教学的需要。

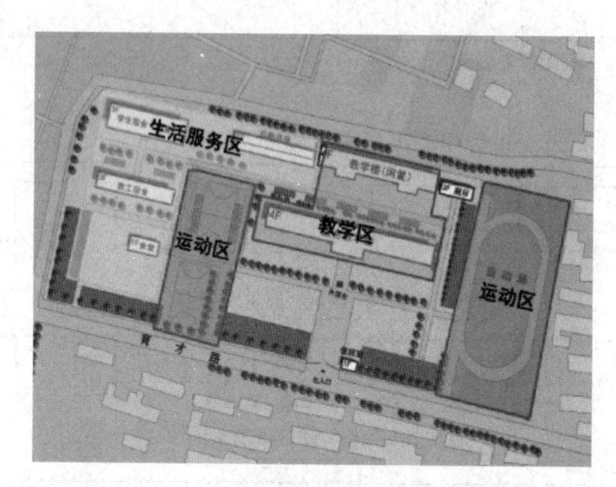


图 1-2-10　李俊中心小学功能分区图

校园交通流线：通过抽样调查，学生活动同张家滩小学十分相似，教学方式是传统的讲课方式，教师办公在教学楼二层，除上课外较少与学生沟通；六年级教室为教学楼二层，课间活动时接近 70% 的同学在教室内度过，见图 1-2-11。

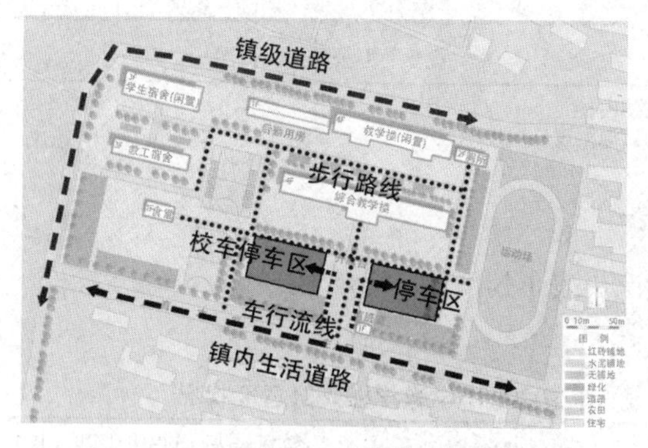


图 1-2-11　李俊中心小学道路分析图

3）建筑特点与围护结构状况

教学、办公楼为 4 层。因为教学、办公楼较长，东西两端设置四间教室，中部设置楼梯间，每层中部设置 5 间办公室，端部的大教室常作为多功能教室或会议室使用。建筑以南北朝向为主，辅助功能空间位于建筑内部，单体形式为“一字形”，体形系数较大（表 1-2-14、表 1-2-15）。

**李俊中心小学建筑特点** 表 1-2-14

| 建筑特点 | 体形系数 | 走廊形式 | | | | | | 功能布局 | | | 平面形式 | | | |
|---|---|---|---|---|---|---|---|---|---|---|---|---|---|---|
| | | 封闭南外廊 | 开敞南外廊 | 封闭北外廊 | 开敞北外廊 | 中廊 | 双廊 | 辅助功能位于端部 | 辅助功能位于内部 | 辅助功能位于端部和内部 | 一字形 | L、I、E形 | 天井形 | 不规则形 |
| 教学楼 | 0.45 | | ○ | | | | | | ○ | | ○ | | | |
| 办公楼 | 0.45 | | ○ | | | | | | ○ | | ○ | | | |

注：因该校为非寄宿制学校，故无宿舍楼。

**李俊中心小学平、立面图** 表 1-2-15

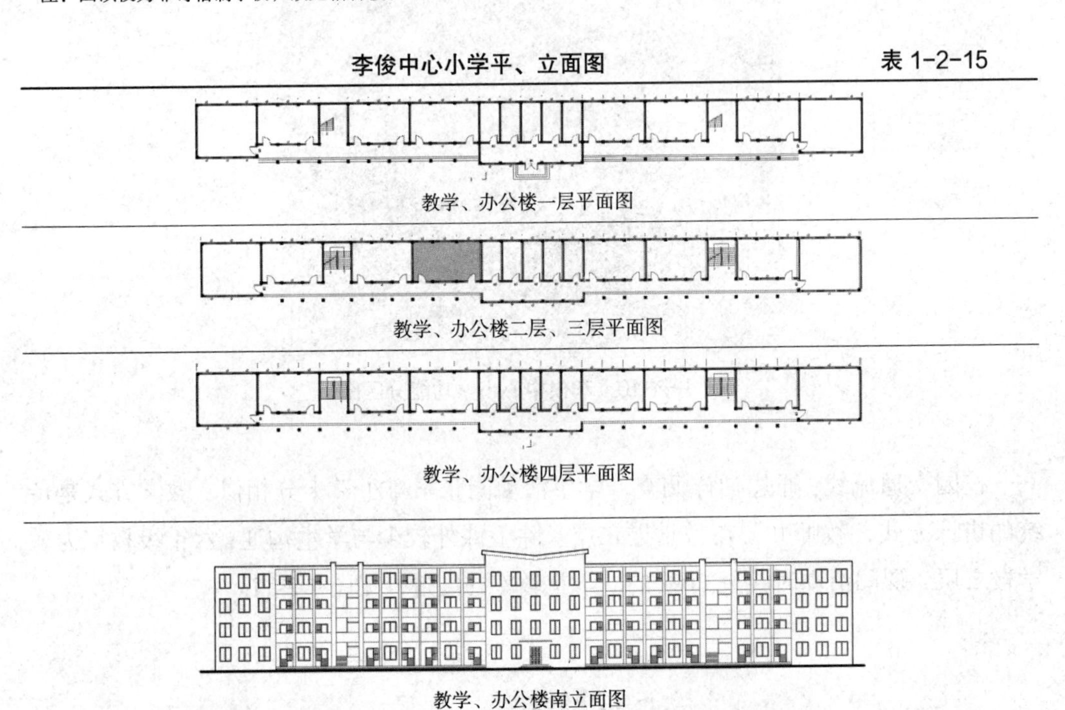

教学、办公楼一层平面图

教学、办公楼二层、三层平面图

教学、办公楼四层平面图

教学、办公楼南立面图

注：1.教学、办公楼为南北朝向；
2.灰色标记的房间为测试温湿度、照度的教室。

4）舒适度状况

（1）光舒适度状况（表 1-2-16）

**李俊中心小学教学楼光舒适度状况** 表 1-2-16

| 时间 | 室外照度（lx） | | 教室采集点的室内照度（lx） | | | | | | | | | | |
|---|---|---|---|---|---|---|---|---|---|---|---|---|---|
| | 北侧 | 南侧 | $A_1$ | $A_2$ | $A_3$ | $B_1$ | $B_2$ | $B_3$ | $B_4$ | $B_5$ | $C_1$ | $C_2$ | $C_3$ |
| 8:00 | >20000 | >20000 | 610 | 820 | 620 | 960 | 1180 | 530 | 1230 | 1240 | 1270 | 400 | 1270 |
| 10:00 | >20000 | >20000 | 800 | 940 | 790 | 1120 | 1310 | 600 | 1340 | 1370 | 1510 | 420 | 1500 |
| 12:00 | >20000 | >20000 | 870 | 1100 | 900 | 1300 | 1530 | 930 | 1710 | 1670 | 1690 | 630 | 1720 |
| 15:00 | >20000 | >20000 | 740 | 860 | 720 | 1070 | 1590 | 790 | 1780 | 1490 | 1840 | 620 | 1320 |
| 17:00 | >20000 | >20000 | 460 | 720 | 500 | 980 | 1170 | 590 | 1090 | 1070 | 1120 | 410 | 1050 |

注：1.采光调研数据只统计教学楼状况，均在自然光状态下采集，照度单位为勒克斯（lx）。
2.根据《中小学校设计规范》（GB50099-2011）有关要求，普通教室室内照度不得低于300lx。
3.教室采集点示意图见图1-1-1。

（2）热舒适度状况（表 1-2-17）

李俊中心小学建筑热舒适度状况　　表 1-2-17

| 建筑类型 | 室外平均温度（℃） | 室内平均温度（℃） | 室内最低温度（℃） | 室内最高温度（℃） | 室内平均相对湿度 |
|---|---|---|---|---|---|
| 教学楼 | 4.2 | 16 | 13 | 18 | 57% |
| 办公楼 | 4.2 | 17 | 15 | 19 | 66% |

教学楼普通教室的热舒适度状况：

（a）温度（图 1-2-12）

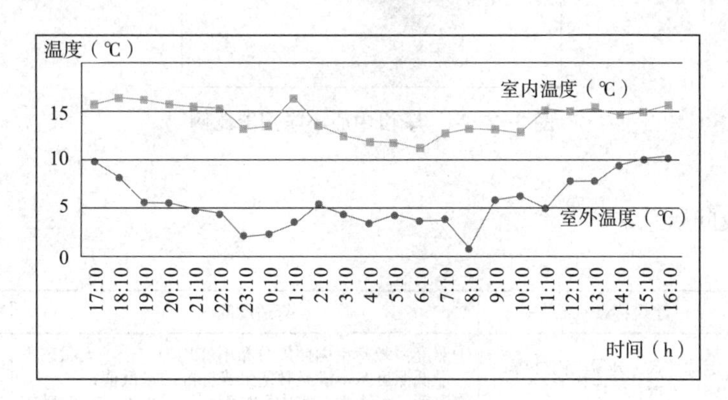


图 1-2-12　室内外温度变化图

（b）湿度（图 1-2-13）

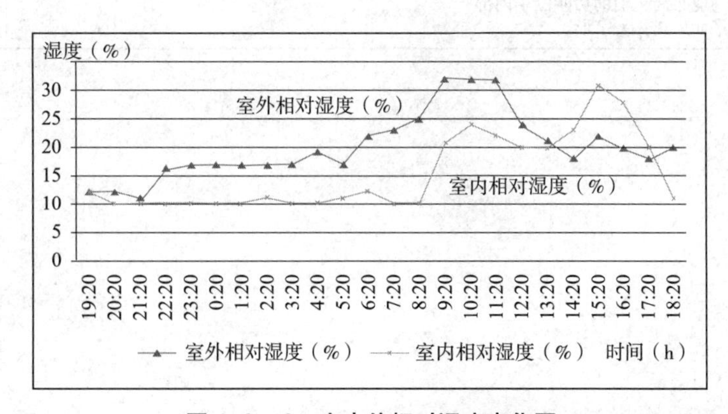


图 1-2-13　室内外相对湿度变化图

注：室内外温度和湿度为冬季平均温度和湿度，温度数据单位为摄氏度（℃），数据测试时段为全天24小时，数据采集间隔时间为1h。

5）能耗状况

学校的能源使用方式以传统能源煤为主。该校能耗主要用于采暖、照明及少量教学电器（表 1-2-18、图 1-2-14）。

**李俊中心小学建筑能耗状况　　表 1-2-18**

| 用能类型 | 采暖用能（年） | 照明用能（年） | 其他用能（年） |
|---|---|---|---|
| 煤 | 煤90t | 2.36万度电 | 23t |

注：本表统计了学校主要建筑（包括教学楼、办公楼）一年内的用能状况。“其他用能”包括教学用能等。

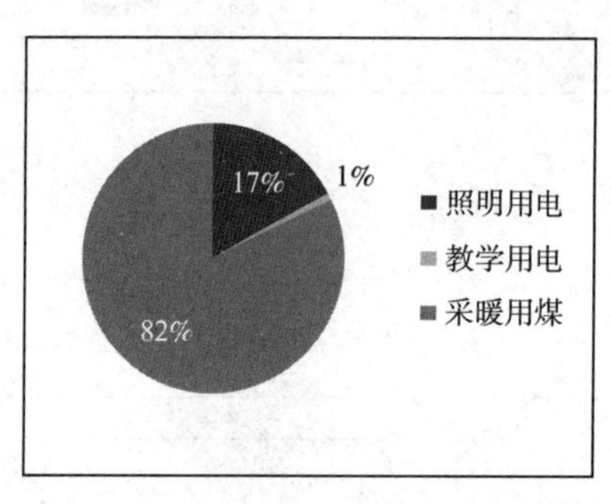


**图 1-2-14　李俊中心小学用能比例**

## 2. 现状及问题总结

<table>
<tr><th>气候分区</th><th colspan="2">建筑特点</th><th>舒适度问题</th><th>能耗问题</th></tr>
<tr><td rowspan="2">北部寒冷引黄灌区</td><td>教学楼</td><td>①走廊形式：开敞式南外廊；<br>②体形系数：0.45；<br>③功能布局：辅助功能位于内部；<br>④平面形式：一字形</td><td>①照度：教室室内照度分布不够均匀，全阴天状态下最低照度基本满足教室采光标准的最低值；<br>②温度：冬季教室室内平均温度为16℃左右，波动较小，建筑的热舒适度基本满足最低要求；<br>③湿度：室内相对湿度变化较大，白天显著增高，湿度条件基本满足要求</td><td rowspan="2">①采暖能耗最大，占能耗总量的80%，带来了室内良好的舒适度；<br>②照明用电仅占到总能耗使用的1%</td></tr>
<tr><td>办公楼</td><td colspan="2">①走廊形式：开敞式南外廊；<br>②体形系数：0.45；<br>③功能布局：辅助功能位于内部；<br>④平面形式：一字形</td></tr>
</table>

# 第三节　西北五省区气候及地理资源与建筑环境

## 一、西北五省区气候及当地建筑的应对

### （一）陕西省

陕西省位于我国东南湿润地区到西北干旱地区的过渡带，属于大陆性气候。由于受复杂地形的影响，南北气候差异较大。陕北黄土高原属温带半干旱地区，年平均气温较低。关中地区属于暖温带半湿润地区，四季分明，秋季阴雨连绵，夏季炎热多雨，间有“伏旱”，每年夏天都会出现超高温天气。陕南地区年平均气温较高，属亚热带气候，冬天较暖，夏秋两季多连阴雨甚至大暴雨，每年的十月份以后降水递减，天气晴好，雨雪稀少。

全省分为5个气候亚带11个气候区（图1-3-1）[1]。5个气候亚带（Ⅰ～Ⅴ）分别是：陕北干旱寒冷气候亚带、渭北高原半干旱温凉气候亚带、渭河平原半干旱温暖气候亚带、秦岭山地半湿润气候亚带和陕南湿润温暖气候亚带。5个气候亚带可概括为4个气候区，分别是：陕北干旱寒冷区、关中半干旱温凉温暖区、秦岭山地半湿润温和区、陕南湿润温暖区（见表1-3-1）。11个气候区（A～K）分别是：陕北干旱寒冷气候区、延安半干旱凉温气候区、黄土高原顶部半干旱温凉气候区、黄土高原北部关山山地半干旱温凉气候区、渭河平原半干旱温暖气候区、秦岭高山湿润寒冷气候区、秦岭山地半湿润温和气候区、洛南镇安半湿润温和气候区、山阳半湿润温和气候区、汉江河谷湿润温暖气候区和陕南山地湿润温和气候区。

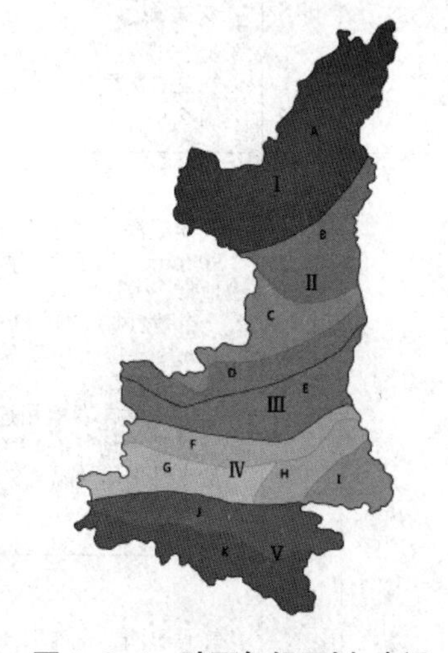

**图1-3-1　陕西气候区划 来源：《用主成分分析区划陕西气候》**
Ⅰ~Ⅴ——气候亚带；A~K——气候区

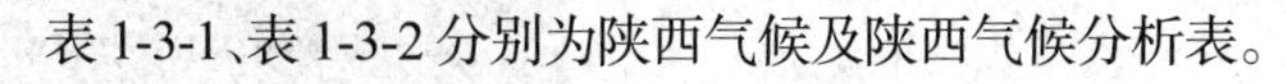
表1-3-1、表1-3-2分别为陕西气候及陕西气候分析表。

**陕西气候**　　　　**表1-3-1**

| 气候区划 | 全年平均温度 | 全年平均风速 | 全年日照时数 | 全年平均降雨量 |
|---|---|---|---|---|
| 陕北干旱寒冷区 | 8℃ | 6m/s | 2700h | 400mm |
| 关中半干旱温凉温暖区 | 11.5℃ | 1.8m/s | 2100h | 600mm |
| 秦岭山地半湿润温和区 | 8℃ | 10m/s | 1600h | 900mm |
| 陕南湿润温和区 | 13℃ | 1.5m/s | 1800h | 1000mm |

[1] 缪启龙.用主成分分析区划陕西气候[J].干旱地区农业研究，1987，4：51-60.

**陕西气候分析** **表 1-3-2**

| 建筑热工分区 | 气候区划 | 气候特征 | 气候对学校建筑的要求 | 代表地区 | 当地建筑对气候的应对 |
|---|---|---|---|---|---|
| 严寒地区 | 陕北干旱寒冷区 | 1. 日照充沛，全年日照时数2700h，位于中国太阳能资源三类地区；<br>2. 气候干燥，全年降雨量400mm，位于中国干旱地带；<br>3. 全年大风，平均风速6m/s，位于风功率密度等级4区，春季有风沙；<br>4. 冬季严寒，夏季凉爽，最热月平均气温22.1℃，最冷月平均气温-7.6℃ | 1. 建筑单体设计充分利用太阳能；<br>2. 规划及单体设计注意雨水收集循环利用；<br>3. 校园规划冬季注意防风，有效利用风能，单体设计春季注意防沙；<br>4. 建筑冬季注意保温 | 靖边 | 1. 太阳能发电。2.平屋顶。3.双层玻璃。4.布局紧凑；仅南向开窗；层数低，不超过两层；为减小体形系数，平面形式多为长方形；墙体厚度370mm |
| 寒冷地区 | 关中半干旱温凉温和区 | 1. 日照充沛，全年日照时数2500h，位于中国太阳能资源三类地区；<br>2. 气候干燥，全年降雨量500mm，位于中国较干旱地带；<br>3. 春季风沙较大，全年平均风速3m/s；<br>4. 冬季严寒，夏季较凉爽，最热月平均气温23.2℃，最冷月平均气温-5.3℃ | 1. 建筑单体设计充分利用太阳能；<br>2. 规划及单体设计注意雨水收集循环利用系统；<br>3. 校园规划冬季注意防风，单体设计春季注意防沙；<br>4. 建筑冬季注意保温 | 洛川 | 基于特有的黄土土质，夯土窑洞式建筑随处可见，其具有冬暖夏凉、节能节地等优点，被当地人们广泛采用 |
| 夏热冬冷地区 | 秦岭山地半湿润温和区 | 1. 气候湿润，全年降雨量900mm，位于中国潮湿地带；<br>2. 全年大风，平均风速10m/s，位于风功率密度等级7区；<br>3. 长冬无夏，春秋相连，最热月平均气温19℃，最冷月平均气温-4.7℃ | 1. 建筑单体设计宜采用坡屋顶，充分收集雨水；<br>2. 校园规划冬季注意防风，充分利用风能；<br>3. 建筑冬季注意保温 | 太白 | 1.双坡屋顶；2.少开窗；<br>3.夯土墙体，厚度至少370mm |
| | 陕南湿润温和区 | 1. 气候湿润，全年降雨量1100mm，位于中国潮湿地带；<br>2. 四季分明，气候温和，最热月平均气温23.7℃，最冷月平均气温1.8℃ | 1. 建筑单体设计宜采用坡屋顶，充分收集雨水；<br>2. 建筑冬季注意保温，夏季注意通风防热 | 宁强 | 1.双坡屋顶，屋面地坪高；<br>2.冷摊瓦屋顶通风，夯土墙保温 |

## （二）甘肃省

甘肃省深居西北内陆，海洋温湿气流不易到达，成雨机会少，大部分地区气候干燥，属于大陆性很强的温带季风气候。冬季寒冷漫长，春夏界限不分明，夏季短促，气温高，秋季降温快。省内年平均气温在 0 ~ 16℃之间，各地海拔不同，气温差别较大，日照充足，日温差大。全省各地年降水量在 36.6 ~ 734.9mm，大致从东南向西北递减，乌鞘岭以西降水明显减少，陇南山区和祁连山东段降水偏多。

全省分为 6 个气候区，9 个气候副区（图 1-3-2）[1]。6 个气候区（Ⅰ~Ⅵ）分别是：河西干旱区、中部半干旱区、陇东南半湿润区、陇西南秦岭湿润区、祁连山地半干旱寒冷区和甘南高原湿润寒冷区。9 个气候副区（$\mathrm{I}_1$ ~ $\mathrm{I}_3$、$\mathrm{II}_1$ ~ $\mathrm{II}_2$、$\mathrm{III}_1$ ~ $\mathrm{III}_2$、$\mathrm{VI}_1$ ~ $\mathrm{VI}_2$）分别是：北山干旱温冷区、走廊干旱温凉区、绿洲盆地干旱温冷区、北部半干旱温和区、南部半干旱温凉区、陇东南半湿润温和区、白龙江半湿润温暖区、高原外围半湿润寒冷区、高原湿润寒冷区。本省调研缺中部半干旱区和甘南高原湿润寒冷区。六个气候区中的祁连山地半干旱寒冷区气候严寒，年均气温 -4℃ 以下，不宜居住，为无人区（表 1-3-3、表 1-3-4）。

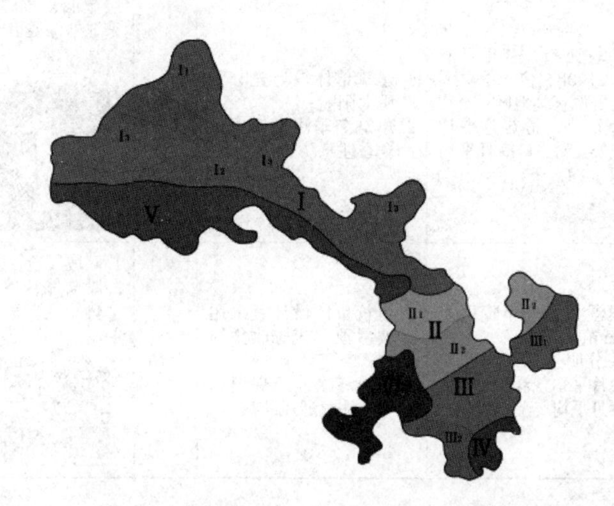


**图 1-3-2 甘肃气候区划**

来源：《甘肃省气候主成分分析和区划》[1]

**甘肃气候** 表 1-3-3

| 气候区划 | 全年平均温度（℃） | 全年平均风速（m/s） | 全年日照时数（h） | 全年平均降雨量（mm） |
|---|---|---|---|---|
| 河西干旱区 | 6 | 6.4 | 3200 | 300 |
| 中部半干旱区 | 10 | 2.5 | 2600 | 350 |
| 陇东南半湿润区 | 11 | 2 | 2100 | 550 |
| 陇西南秦岭湿润区 | 12 | 1 | 1400 | 750 |
| 祁连山地半干旱寒冷区 | -4 | 3 | 1600 | 400 |
| 甘南高原湿润寒冷区 | 5 | 3.5 | 3300 | 600 |

❶ 郭铌 . 甘肃省气候主成分分析和区划 [J]. 甘肃气象，1993，2：16-19.

甘肃气候分析　　表 1-3-4

| 建筑热工分区 | 气候区划 | 气候特征 | 气候对学校建筑的要求 | 调研地点 | 当地建筑对气候的应对 |
|---|---|---|---|---|---|
| 严寒地区 | 河西干旱区 | 1. 日照充沛，全年日照时数3200h，位于中国太阳能资源一类地区；<br>2. 气候干燥，全年降雨量300mm，位于中国干旱地带；<br>3. 全年大风，平均风速6.4m/s，位于风功率密度等级5区，春季有风沙；<br>4. 夏季干热而短促，冬季寒冷而漫长，最热月平均气温22.2℃，最冷月平均气温-9.9℃ | 1. 建筑单体设计充分利用太阳能；<br>2. 规划及单体设计注意雨水收集循环利用；<br>3. 校园规划冬季注意防风，有效利用风能，单体设计春季注意防沙；<br>4. 建筑冬季注意保温 | 酒泉 | 1. 太阳能发电；<br>2. 平屋顶；<br>3. 双层玻璃；<br>4. 仅南向开窗；层数低，不超过两层；为减小体形系数，平面形式多为方形；墙体厚度370mm |
| 寒冷地区 | 陇东南半湿润区 | 1. 日照较充沛，全年日照时数2100h，位于中国太阳能资源三类地区；<br>2. 冬冷夏热，最热月平均气温25.1℃，最冷月平均气温-1.2℃ | 1. 建筑单体设计充分利用太阳能；<br>2. 建筑冬季注意保温，夏季注意防热 | 平凉 | 层数低，布局紧凑，建筑围护结构采取外保温措施 |
| 寒冷地区 | 陇西南秦岭湿润区 | 1. 气候湿润，全年降雨量750mm；<br>2. 四季分明，气候温和，最热月平均气温21.2℃，最冷月平均气温-0.4℃ | 1. 建筑单体设计宜采用坡屋顶，充分收集雨水；<br>2. 建筑冬季注意保温，夏季注意通风防热 | 陇南 | 1. 双坡屋顶，建筑地坪高；<br>2. 厚墙体，坡屋顶空气间层保温隔热 |

## （三）青海省

青海省属于高原大陆性气候，具有气温低、昼夜温差大、降雨少而集中、日照长、太阳辐射强等特点。冬季严寒而漫长，夏季凉爽而短促。各地区气候有明显差异，东部湟水谷地，年平均气温在 2～9℃，无霜期为 100～200 天，年降雨量为 250～550mm，主要集中于 7～9 月。柴达木盆地年平均温度 2～5℃，年降雨量近 200mm，日照长达 3000h 以上。东北部高山区和青南高原温度低，除祁连山、阿尔金山和江河源头以西的山地外，年降雨量一般在 100～500mm。青海地处中纬度地带，太阳辐射强度大，光照时间长，年总辐射量可达 690.8～753.6KJ/cm$^2$，直接辐射量占总辐射量的 60% 以上，年绝对值超过 418.68KJ/cm$^2$，仅次于西藏，位居中国第二。青海省气象灾害较多，主要为干旱、冰雹、霜冻、雪灾和大风。

全省分为 3 个气候带，9 个气候区（图 1-3-3）[1]。3 个气候带（Ⅰ～Ⅲ）分别是：高原温带、

[1] 严进瑞 . 青海省气候区划 [J]. 青海气象，1997，3：19-23.

高原亚寒带和高原寒带。9 个气候区（Ⅰ$_{A}$ ~ Ⅰ$_{D}$、Ⅱ$_{A}$ ~ Ⅱ$_{C}$、Ⅲ$_{B}$ ~ Ⅲ$_{C}$）分别是：东部山地和南部谷地高原温带半湿润气候区、河湟谷地及海南台地高原温带半干旱气候区、柴达木盆地边缘高原温带干旱气候区、柴达木盆地内部高原温带极干旱气候区、祁连山及青南地区东南部高原亚寒带半湿润气候区、青海湖北部及青南地区中部高原亚寒带半干旱气候区、青南高原可可西里高原亚寒带干旱气候区、祁连山西段高原寒带半干旱气候区和祁连山西段及青南地区西部高原寒带干旱气候区。其中调研地点集中在高原温带干旱气候区和高原亚寒带干旱气候区。高原寒带区气候严寒，年均气温 -3℃以下，不宜居住，为无人区（图 1-3-3、表 1-3-5、表 1-3-6）。

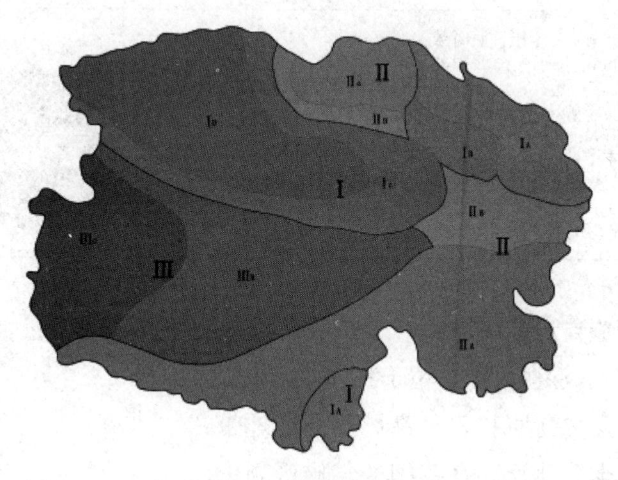


**图 1-3-3　青海气候区划**

来源：《青海省气候区划》

**青海气候**　　表 1-3-5

| 气候区划 | 全年平均温度（℃） | 全年平均风速（m/s） | 全年日照时数（h） | 全年平均降雨量（mm） |
| --- | --- | --- | --- | --- |
| 高原温带半湿润气候区 | 8.2 | 1.3 | 2400 | 550 |
| 高原温带半干旱气候区 | 7.8 | 1.6 | 2400 | 400 |
| 高原温带干旱气候区 | 7.6 | 1.7 | 2400 | 300 |
| 高原温带极干旱气候区 | 7.5 | 1.8 | 2400 | 200 |
| 高原亚寒带半湿润气候区 | 2.5 | 1.0 | 3000 | 500 |
| 高原亚寒带半干旱气候区 | 1.5 | 1.2 | 3000 | 450 |
| 高原亚寒带干旱气候区 | 0.8 | 1.5 | 3000 | 350 |
| 高原寒带半干旱气候区 | -3 | 6 | 3200 | 350 |
| 高原寒带干旱气候区 | -3 | 6 | 3200 | 250 |

青海气候分析　　表 1-3-6

| 建筑热工分区 | 气候区划 | 气候特征 | 气候对学校建筑的要求 | 调研地点 | 当地建筑对气候的应对 |
|---|---|---|---|---|---|
| 严寒地区 | 高原温带干旱气候区 | 1. 日照充沛，全年日照时数2400h，位于中国太阳能资源三类地区；<br>2. 气候干燥，全年降雨量300mm，位于中国干旱地带；<br>3. 冬季严寒，夏季凉爽，最热月极值气温30.3℃，最冷月极值气温-26.9℃ | 1. 建筑单体设计充分利用太阳能；<br>2. 规划及单体设计注意雨水收集循环利用；<br>3. 建筑冬季注意保温 | 互助土族自治县 | 1. 围合式，防晒；<br>2. 平屋顶；<br>3. 层数低，夯土墙体 |
| 寒冷地区 | 高原亚寒带干旱气候区 | 1. 日照充沛，全年日照时数3000h，位于中国太阳能资源二类地区；<br>2. 气候干燥，全年降雨量400mm，位于中国干旱地带；<br>3. 夏无酷暑，冬无严寒，最热月平均气温25℃，最冷月平均气温-7℃ | 1. 建筑单体设计充分利用太阳能；<br>2. 规划及单体设计注意雨水收集循环利用；<br>3. 建筑冬季注意保温 | 民和回族土族自治县 | 4.开窗小，层数低，夯土墙体 |

## （四）宁夏回族自治区

宁夏回族自治区深居内陆，位于我国西北东部，处于黄土高原、蒙古高原和青藏高原的交汇地带，大陆性气候特征十分典型。在我国的气候区划中，固原市南部属中温带半湿润区，原州区以北至盐池、同心一带属中温带半干旱区，引黄灌区属中温带干旱区。宁夏的基本气候特点是：干旱少雨，风大沙多，日照充足，蒸发强烈；冬寒长，春暖快，夏热短，秋凉早；气温的年较差、日较差大，无霜期短而多变，干旱、冰雹、大风、沙尘暴、霜冻、局地暴雨洪涝等灾害性天气比较频繁（表 1-3-7、表 1-3-8）。全省气候区划见图 1-3-4。

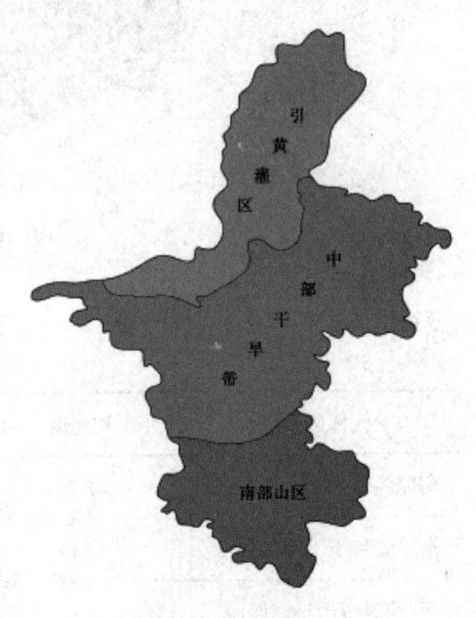


图 1-3-4　宁夏气候区划、
来源：中国天气网

宁夏气候　　表 1-3-7

| 气候区划 | 全年平均温度（℃） | 全年平均风速（m/s） | 全年日照时数（h） | 全年平均降雨量（mm） |
|---|---|---|---|---|
| 北部引黄灌区 | 8.5 | 2 | 3100 | 200 |
| 中部干旱区 | 9 | 3.5 | 2500 | 300 |
| 南部山区 | 6.5 | 4.5 | 2200 | 500 |

**宁夏气候分析** 　　表 1-3-8

| 建筑热工分区 | 气候区划 | 气候特征 | 气候对学校建筑的要求 | 调研地点 | 当地建筑对气候的应对 |
|---|---|---|---|---|---|
| 寒冷地区 | 北部引黄灌区 | 1. 日照充足，全年日照时数3100h，位于中国太阳能资源二类地区；<br>2. 水资源缺乏，全年降雨量200mm，位于中国极干旱地带；<br>3. 冬季严寒，夏季凉爽，最热月平均气温22℃，最冷月平均气温-5℃ | 1. 建筑单体设计充分利用太阳能；<br>2. 规划及单体设计注意雨水收集循环利用；<br>3. 建筑冬季注意保温 | 永宁 | 无  |
| 寒冷地区 | 中部干旱区 | 1. 日照充足，全年日照时数2500h，位于中国太阳能资源三类地区；<br>2. 水资源缺乏，全年降雨量300mm，位于中国干旱地带；<br>3. 全年风速大，平均风速3.5m/s | 1. 建筑单体设计充分利用太阳能；<br>2. 规划及单体设计注意雨水收集循环利用；<br>3. 校园规划冬季注意防风，有效利用风能 | 同心 | 1. 围合式，外墙不开窗<br>2. 部分平屋顶  |
| 寒冷地区 | 南部山区 | 1. 日照充足，全年日照时数2200h，位于中国太阳能资源三类地区；<br>2. 春低温少雨，夏短暂多雹，秋阴涝霜旱，冬严寒绵长；1月份气温最低，极值为－25.7度；7月份气温最高，极值为31.4度；<br>3. 全年风速大，平均风速4.5m/s，位于风功率密度等级2区 | 1. 建筑单体设计充分利用太阳能；<br>2. 建筑冬季注意保温；<br>3. 校园规划，冬季注意防风，有效利用风能 | 隆德 | 开窗小，层数低，厚墙体  |

## （五）新疆维吾尔自治区

新疆维吾尔自治区远离海洋，深居内陆，四周有高山阻隔，海洋气流不易到达，形成明显的温带大陆性气候。气温温差较大，日照时间充足，降水量少，气候干燥。新疆年平均降水量为150mm左右，但各地降水量相差很大，南疆的气温高于北疆，北疆的降水量高于南疆。最冷月（1月）平均气温在准噶尔盆地，为零下20℃以下。该盆地北缘的富蕴县绝对最低气温曾达到零下50.15℃，是全国最冷的地区之一。最热月（7月）在号称“火洲”的吐鲁番平均气温为33℃以上，绝对最高气温曾达至49.6℃，居全国之冠。由于新疆大部分地区春夏和秋冬之交日温差极大，故历来有“早穿皮袄午穿纱，围着火炉吃西瓜”之说（表1-3-9、表1-3-10）。全省气候区划见图1-3-5。调研地点集中在北疆的乌鲁木齐和吐鲁番地区。

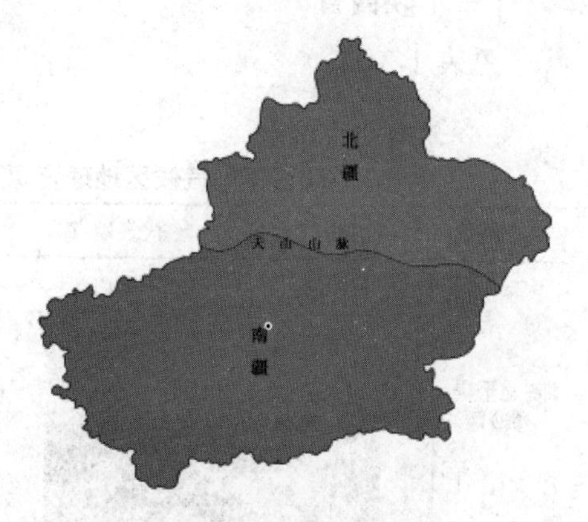


**图 1-3-5　新疆气候区划**

**新疆气候** 表 1-3-9

| 气候区划 | 全年平均温度 | 全年平均风速 | 全年日照时数 | 全年平均降雨量 |
|---|---|---|---|---|
| 北疆温带大陆性干旱半干旱气候区 | 5℃ | 7m/s | 2800h | 200mm |
| 南疆暖温带大陆性干旱气候区 | 10.5℃ | 5m/s | 3300h | 100mm |

**新疆气候分析** 表 1-3-10

| 建筑热工分区 | 气候区划 | 气候特征 | 气候对学校建筑的要求 | 调研地点 | 当地建筑对气候的应对 |
|---|---|---|---|---|---|
| 严寒地区 | 北疆温带大陆性干旱半干旱气候区 | 1. 日照充足，全年日照时数2800h，位于中国太阳能资源三类地区；<br>2. 降水少，全年降雨量200mm，位于中国极干旱地带；<br>3. 风能资源丰富，平均风速7m/s，位于风功率密度等级6区；<br>4. 温差大，寒暑变化剧烈，冬季严寒，夏季凉爽，最热月平均气温25.7℃，最冷月平均气温-15.2℃ | 1. 建筑单体设计注意防晒，充分利用太阳能；<br>2. 规划及单体设计注意雨水收集循环利用；<br>3. 校园规划，冬季注意防风，充分利用风能；<br>4. 建筑冬季注意保温 | 乌鲁木齐 | 1. 外墙不开窗；<br>2. 平屋顶；<br>3. 建造方式有土坯砌筑、木骨泥墙、烘焙砖砌等，均与木材、芦苇、干草等材料配合，生土为主要建筑材料 |
| | | 1. 太阳辐射强，日照时间长，光能丰富，全年日照时数3300h，位于中国太阳能资源一类地区；<br>2. 干燥，全年降雨量100mm，位于中国极干旱地带；<br>3. 多风，平均风速5m/s，位于风功率密度等级2区；<br>4. 高温，昼夜温差大，夏热冬冷，最热月平均气温32.2℃ | 1. 建筑单体设计注意防晒，充分利用太阳能；<br>2. 规划及单体设计注意雨水收集循环利用系统；<br>3. 校园规划，冬季注意防风，有效利用风能；<br>4. 建筑夏季注意防热 | 吐鲁番 | 1. 外墙不开窗；<br>2. 平屋顶；<br>3. 半地下的黄黏土生土建筑，苇席、泥土和草泥做屋顶面层 |

# 二、西北五省区地理资源及校园可利用资源能源的方式

## （一）陕西省

见表 1-3-11：

**陕西不同气候区地理资源及校园可利用资源能源方式** 表 1-3-11

| 气候区划 | 地貌区划 | 代表地点 | 资源/能源 | 校园可利用资源/能源方式 |
|---|---|---|---|---|
| 陕北干旱寒冷区 | 风沙滩 | 靖边 | 1. 丰富的天然气和石油资源；<br>2. 丰富的太阳能资源；<br>3. 陕西省风力资源最好的优势地带；<br>4. 畜牧业发达 | 太阳房、太阳能板展示；风力发电；雨水循环利用，生态水池；沼气池 |

续表

| 气候区划 | 地貌区划 | 代表地点 | 资源/能源 | 校园可利用资源/能源方式 |
|---|---|---|---|---|
| 关中半干旱温凉温暖区 | 黄土台塬  | 洛川 | 1. 丰富的太阳能资源；<br>2. 土壤蓄水性好、通透性强、水肥供需协调，与生产优质苹果的生态环境完全吻合，出产优质的苹果；<br>3. 丰富的土地资源，小麦种植广泛 | 太阳房、太阳能板展示；沼气能利用；苹果园种植；小麦种植 |
| 秦岭山地半湿润温和区 | 山区  | 太白 | 1. 优越的风能；<br>2. 丰富的地热资源；<br>3. 林业丰富 | 风力发电；地热能利用；绿色种植；沼气池 |
| 陕南湿润温暖区 | 山区  | 宁强 | 1. 水资源丰富；<br>2. 林业丰富 | 水力发电；绿色种植；沼气池 |

## （二）甘肃省

见表 1-3-12：

甘肃不同气候区地理资源及校园可利用资源能源方式　　表 1-3-12

| 气候区划 | 地貌区划 | 代表地点 | 资源/能源 | 校园可利用资源/能源方式 |
|---|---|---|---|---|
| 河西干旱区 | 沟谷小盆地  | 酒泉 | 1. 丰富的太阳能资源；<br>2. 甘肃省风力资源最好的优势地带 | 太阳房、太阳能板展示；风力发电；雨水循环利用，生态水池；沼气池 |
| 陇东南半湿润区 | 山地  | 平凉 | 1. 水资源丰富；<br>2. 林业丰富 | 水力发电；绿色种植；沼气池 |
| 陇西南秦岭湿润区 | 丘陵宽谷  | 陇南 | 1. 水资源丰富；<br>2. 林业丰富 | 太阳房、太阳能板展示；雨水循环利用，生态水池；沼气池 |

## （三）青海省

见表 1-3-13：

青海不同气候区地理资源及校园可利用资源能源方式　表 1-3-13

| 气候区划 | 地貌区划 | 代表地点 | 资源/能源 | 校园可利用资源/能源方式 |
|---|---|---|---|---|
| 高原温带干旱气候区 | 高山滩地  | 互助土族自治县 | 1. 丰富的太阳能资源；<br>2. 丰富的土地资源 | 太阳房、太阳能板展示；风力发电；雨水循环利用，生态水池；沼气池 |
| 高原亚寒带干旱气候区 | 高原沟壑  | 民和回族、土族自治县 | 1.丰富的太阳能资源；<br>2.畜牧业较发达 | 苹果园种植；沼气池 |

## （四）宁夏回族自治区

见表 1-3-14：

宁夏不同气候区地理资源及校园可利用资源能源方式　表 1-3-14

| 气候区划 | 地貌区划 | 代表地点 | 资源/能源 | 校园可利用资源/能源方式 |
|---|---|---|---|---|
| 北部引黄灌区 | 洪积扇地  | 永宁 | 丰富的太阳能资源 | 太阳房、太阳能板展示；雨水循环利用，生态水池；沼气池 |
| 中部干旱区 | 山区  | 同心 | 1. 丰富的太阳能资源；<br>2. 畜牧业发达 | 太阳房、太阳能板展示；雨水循环利用，生态水池；沼气池 |
| 南部山区 | 黄土丘陵沟壑  | 隆德 | 1. 丰富的太阳能资源；<br>2. 宁夏自治区风力资源最好的优势地带 | 太阳房、太阳能板展示；风力发电；雨水循环利用，生态水池；沼气池 |

### （五）新疆维吾尔自治区

见表 1-3-15：

新疆不同气候区地理资源及校园可利用资源能源方式 表 1-3-15

| 气候区划 | 地貌区划 | 代表地点 | 资源/能源 | 校园可利用资源/能源方式 |
|---|---|---|---|---|
| 北疆温带大陆性干旱半干旱气候区 | 丘陵平原  | 乌鲁木齐 | 1. 丰富的太阳能资源；<br>2. 风力资源最好的优势地带；<br>3. 畜牧业发达 | 太阳房、太阳能板展示；风力发电；雨水循环利用，生态水池；沼气池 |
| | 盆地  | 吐鲁番 | 1. 丰富的太阳能资源；<br>2. 风力资源最好的优势地带；<br>3. 盛产瓜果 | 太阳房、太阳能板展示；风力发电；雨水循环利用，生态水池；沼气能利用；果园种植；沼气池 |

## 三、西北五省区农村校园基于当地气候、能源资源的生态技术应用现状

根据调研，西北五省区应用生态技术措施的农村学校极少，且应用的生态技术措施种类不多，仅有太阳能集热墙及旱厕—沼气系统等几种（表 1-3-16）。

西北五省区校园生态技术应用现状 表 1-3-16

| 校园绿色技术 | 学校名称 | 建筑热工分区 | 调研照片 |
|---|---|---|---|
| 太阳能集热墙供暖 | 三合乡中心小学 | 寒冷地区 |  |
| | 沙塘中心小学 | 寒冷地区 |  |

续表

| 校园绿色技术 | 学校名称 | 建筑热工分区 | 调研照片 |
| --- | --- | --- | --- |
| 太阳能集热墙供暖 | 丁家塘中心小学 | 寒冷地区 |  |
| 旱厕—沼气—炊事 | 杨凌西大寨中学 | 寒冷地区 |  |

# 第四节　研究现状

基于文献资料和实际调查，日本、欧美等教育发达国家和地区对中小学校建筑的设计研究更为广泛深入，针对先进教育理念和教学模式开展相应建筑空间环境的研究，以及在利用地域资源和营建技术进行节能环保的研究方面走在前列，其设计方法和思路值得借鉴学习。

## 一、农村中小学校

### （一）国外研究

1. 以教育理念为视角

1）将社区生活纳入乡土课程

该教育理念的重点放在校内外学术教育氛围的营造及学生应用潜力的发展上，将个人和社会整体化，将学校及支撑的社区形成微观社会模型。乡土课程能在课堂和社区发展之间搭建起桥梁。乡土课程中纳入能够在课堂中使用的社区资源，学生学习从教室拓展到了社区，内容可以涵盖生态学、经济学、公民参与、道德、社区美好生活等内容。其教育意义不仅有利于学生建立社区公民感和责任感，而且培养了学生在思考、创新、计划、领导和管理项目方面的能力。

校内的建筑群就像社区的邻里街坊，学校特殊的公共活动教室除了一般教学教室之外，还包括礼堂、图书馆、体育馆、综合教室、天文台、教堂等，就像社区中的公共建筑。教室按照年级划分，聚落成为邻里区；邻里区则聚拢形成整体的学校社区，如同真正的社区一般。

2）启发互动式教学方式，开放式教学空间

鼓励学生直接参与，形成自发性学习的氛围，这是现代教育理念回归的主题。其基本理论是儿童都有求知的天性，并且具有在喜欢的环境中自我激发、自我学习的本能。这种教育理念需要的空间必须能够容纳广泛的社交活动——正式的、非正式的、室内的、户外的、大型的及小型的等。在美国，这样的空间大都是为社区用途而规划的，这在今日的校园设计中仍是一个重要的主题。由此相关的学习场所最显著的要属大厅、中庭、凉亭之类的开放空间。

日本学校空间形式的设计手法非常丰富，有合院式、村落式、曲折形、一字形、封闭式的布局方式。从 1972 年开始，日本从欧美引进开放式空间的规划和设计，超脱传统“盒子群”、“装蛋箱式”的空间格局，打破过去 9m×7m 整齐划一的传统教学空间，开始偏重以教学群的概念来贯穿。如用小校小班的人性化规划取代了庞大的小学教室群，形成多元化的教室班群，缩小操场的空间，形成多样化的室外娱乐空间、室外交流空间、室外学习空间。又如以三个班、四个班或五个班为一个班群，或在一个教室里设置多功能空间；或拆除班级隔墙，替以隔板、低柜、屏风等灵活多样的教学空间设计，期望达到以往教学无法满足的要求。

2. 以地域环境为视角（气候、地理地貌、营造技术等）

1）以当地地理地貌、气候特征为前提

位于加拿大温哥华的帕特考建筑事务所致力于“探索建筑潜力”的研究，即“探索建筑设计中，将重心放在地理地貌、环境气候与建筑设计的关键细节和环境上”。其内容包括“气候、选址、建筑构造、地域文化”，将太平洋海岸地区的自然风光、生态状况和气候要素都在建筑的采光、布局、空间设计上展现。如将坐落于平坦低洼地势中的学校建筑由东向西长条形布局，坐北朝南，南侧空出大片活动场地，场地由南侧小溪天然围护，也躲过冬季在山谷间呼啸的寒风。

2）使用当地传统营造技术

用适合当地气候特征和人文习俗的营造方法建造学校。位于非洲西部的内陆高原属热带草原气候，北部接近撒哈拉沙漠，按照当地人的营造方式采用黏土夯筑而成，校园空间为开敞式外廊，教学楼一字排开，中间有可通大面积穿堂风的交通空间。

印度北部靠近青藏高原地区属高原气候，气候干燥寒冷，紫外线辐射强烈，风大，温差很大。当地人采用当地普遍的石材为建筑材料，将学校建筑围绕内庭院布局，形成一个可遮风的合院式封闭场所。同时，利用当地取之不尽的石材和夯土砌筑外墙，具有很好的保温性能（图 1-4-1）。

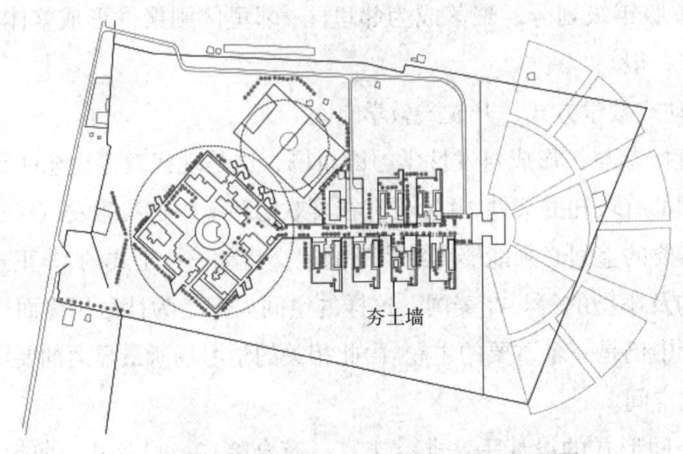


**图 1-4-1　印度德鲁克白莲花小学总平面图**

（图片来源：作者根据资料自行绘制）

### （二）国内研究

1. 以教育理念为视角

我国学校建筑规划设计自20世纪80年代实施改革开放以后，“科教兴国”被列为重点发展战略之一，在1982～1986年相继颁发了《中等师范学校及城市一般中小学面积定额》、《中小学建筑设计规范》等相关法规。

1）新校园运动

1999年9月21日，我国台湾地区发生了一场百年难遇的大地震，摧毁了数百所校舍，且大部分地处偏远地区；重建后的小学塑造了新气象，形成所谓“新校园运动”。这场百年大震，震出了各种各样问题，如何使下一代能在最短时间内恢复上课，在安心无忧无惧的环境下成长，安全坚固并具有环境及教育意义的校园重建成为当务之急。“九二一”重建学校在“为下一代盖好一所好学校”的理念下，其建筑规划与设计反映了教育改革的理念与精神，包括人文教育、开放教育、小班教学、小区终身学校、开放校园、绿色校园等核心精神。

“新校园运动”之后，由邱茂林、黄建兴编写的《小学・设计・教育》，通过10余所小学设计，从不同的角度与条件来思考农村小学设计，包括教育理念、空间涵构、生态环境、参与式设计、历史建筑及使用管理等，为农村小学建筑设计提供了宝贵的经验和思路。

2）素质教育

（1）基础教育

20世纪90年代后全国普九工作的进行，使我国基础教育在整体上有了质的飞跃。西安建筑科技大学李志民教授等长期从事学校建筑设计的研究，致力于我国素质教育改革对学校建筑设计的影响及要求的研究，完成国家自然科学基金项目“适应素质教育的中小学建筑环境及空间模式研究”，发表了《适应素质教育的新型中小学建筑形态探讨》的系列论文，并于2000年与张宗尧教授编著了《中小学校建筑设计》，比较全面地论述了我国中小学建筑设计的原理、方法与步骤，并对学校建筑的形象及发展进行了探索，提出了满足新的教学体系的新型学校建筑空间环境的规划设计方法。但农村学校设计研究才刚刚起步。

（2）从交往行为的角度

东南大学周南的博士论文《空间与行为互动下的小学建筑计划》（1998年）由儿童行为发展与校园空间建构的理论架构，建立二者互动模型，并实施于真实项目设计当中，探讨校园空间的内涵。姜辉的硕士论文《一座农村小学交往环境的整体营造——谈江浦区行知小学规划及教学楼设计》（2003年），研究了农村小学中交往活动的内容、特点、重要性及交往活动与交往环境的关系，提出交往环境整体营造的内涵，并以行知小学为例总结了建筑设计中的原则和方法。

2. 以地域特色为视角

1）以当地地理地貌、气候特征为前提

相比城市学校而言，农村村落多依山傍水，农村中小学校可充分利用地形地貌规划布局其建筑群体，通过借助山体或水体来解决防风、通风、遮阳及降温等问题。湖南大学曾礼的硕士论文《夏热冬冷地区可持续中小学校园建筑规划与设计研究》指出气候区、地形因素、基地环境对建筑布局的影响，在“校园选址”一节提出可持续校园选址要求：一是满足安全，二是保护资源，三是方便快捷。西安建筑科技大学董国明硕士论文《寒冷地区农村中小学校绿色建筑设计研究》从地形地貌、气候环境、建筑朝向、日照、通风等阐述场地与规划设计的重要性。

西藏阿里苹果小学坐落于海拔4800m塔尔庆乡，当地属二类风区，年平均风速在每秒3.2m以上，风力达8级以上，年大风日数在149天左右，年降水量非常少，年平均气温0℃，日平均温度变化幅度极大，可以用“早穿棉袄午穿纱”来形容。因而该小学以建筑群体组成地形化的挡风体，不仅隐于基地，还将神山冈仁波齐峰的天然景色引入学校的每个院落中（图1-4-2）。

**图1-4-2　西藏阿里苹果小学**

2）采用当地乡土营建技术

国内一些设计团队长期致力于乡土营建研究与设计。台湾建筑师谢英俊自“九二一”台湾大地震后开启自己独特的援助重建工作，其方式是就地取材，组织和指导部落内的失业人员自己动手盖房，最终建起了品质不错、节省成本的房子，并提出“永续建筑，协力造房”的建筑理念。四川汶川地震后，其事务所在灾区学校重建中用切实行动再次诠释这样的设计理念。

同样汶川灾后重建行动中，台湾事务所及主要建筑师包括吕钦文、徐岩奇、蔡元良、吴金镛、周子艾、王立甫等，对四川石棉县民族中学的设计，其场地南向视野较为开阔，学校坐北朝南。宿舍置于北端，与市区较近，方便厨房餐饮等民生补给。通过斜屋面铺小青瓦、白粉墙刷晴雨漆、墙裙砌自然石材板岩、腰身贴砖色面砖，与周围自然环境协调一致。

清华大学建筑学院李晓东教授设计并已建成多所希望工程小学。他的学校项目大多在偏远的乡村，以调整解决当地实际问题和使用需要为前提，将建筑理念完好实现。福建平和下石村“桥上小学”解决了溪岸两侧土楼村寨之间缺失公共社区的问题，激活了古老村寨的生命脉络。另一个是坐落于云南丽江的玉湖完小，建筑吸收并打破传统的纳西四合院建筑布局，创造性地以一端的一棵古老的枫树为中心，采用“Z”形布局，并将院落一分为二。其一为学校内院，被两个教室单体和农田所界定，另一个公共院落则是由其中的一个教室单体、社区中心和洛克[1]故居的外墙共同围合而成。

昆明理工大学李莉萍副教授致力于云南省山地农村学校的建筑研究，根据大量调查走访，得出顺应山势、组团式布局的外廊建筑更适合山地及当地气候。此外，其团队编制的《云南省农村中小学校舍建筑设计参考图册》（2004年）提供了农村寄宿制中小学的教学楼、实验楼、学生宿舍等建筑设计方案作为设计参考资料，将地域实用技术设计规范化，为指导和规范农村中小学建设做了积极而有效的工作。

## 二、绿色学校

### （一）国外研究

1.“环境教育”理念的发展

1972年6月，在瑞典斯德哥尔摩召开的联合国首次人类环境会议通过了具有重大历史意义的《人类环境宣言》，第一次正式确定了“环境教育”的概念，是环境教育发展史上的一座里程碑。20世纪90年代至今，可持续发展战略理念已被广泛接受。

1992年，联合国环境与发展大会达成关于环境与发展的《里约宣言》，并制定了全球范围内可持续发展的行动计划《21世纪议程》，第一次描述了可持续发展教育。以这次大会为标志，环境教育向着内涵更为丰富的可持续发展教育迈进，并为校园建设与发展提供了科学的理论依据，也为学校走向生态化明确了具体目标，从而使生态校园的理论与实践进一步趋向成熟。

1994年，欧洲环境教育基金会（FEEE）首先提出了一项全欧的“Eco-schools”计划，通过学生参与的途径来提高学生对环境保护的意识和知识。即在校园中开展环境教育活动，包括校园建设、校园设施、课程设置、课内外师生教育、学校管理等各个方面。目前，参与到“Eco-schools”项目的国家有59个，共有学校约46000所。这个组织将有创意、有变革的生态理念或想法实施在学生的日常生活和社区当中。

理论研究方面，1959年，美国由密歇根大学的建筑研究实验室主持研究德尔“学校环境研究”；20世纪70年代初，G.F.麦威克著有《学校学习环境中的感知因素》；1979年赫伯特.J.沃尔伯格主编出版了《教育环境及其影响》；20世纪80年代末美国评价发展中心出版了《学校气氛》。

20世纪30年代，日本的细谷俊夫出版了《教育环境学》。90年代，日本建筑学会经文部省委托，开展了“关于考虑环境的学校设施应有状况的调查研究”，接受该委托后，建筑学会立刻组建了“绿色学校小委员会”，对学校建筑方面的相关事项开展周详的调研。三年后，该学会提出了《绿色学校》报告书。该报告归纳总结了建设、改造绿色

[1] 著名的美籍奥地利植物学家和国家地理杂志记者。

学校的基本想法与基本方案，并在可导入学校设施的各项技术性方法方面列举了实例。

2. 绿色学校节能措施

1）总体布局（与周围环境的融合）

（1）顺应地势，土方平衡。从校园周边环境入手，顺应地势。日本小学建筑空间形式首先是从校园周边环境入手，建筑布局顺应地势要求，尽量减少土方量，以节约建设成本。同时，建筑要尽量融入周围环境，尽量不去改变原有肌理。位于日本广岛的“大花生”幼儿园，保留原始地形地貌，使建筑掩映于自然花园中（图 1-4-3）。

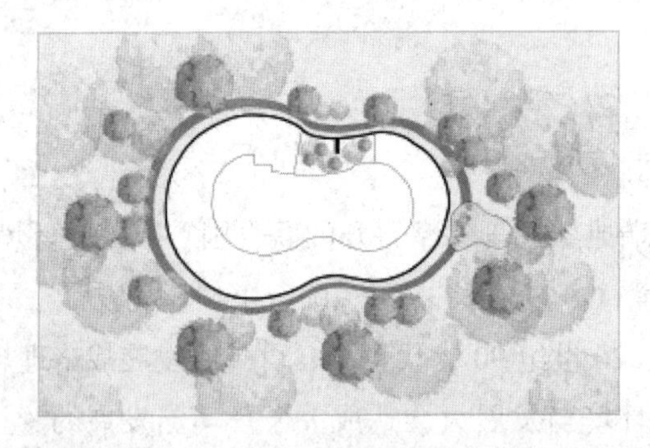

图 1-4-3 日本广岛“大花生”幼儿园平面图

（2）防风与自然通风。国外优秀中小学校都非常重视通过布局高效利用自然风。丹麦欧登塞生态幼儿园室内活动中庭呈南北轴布置，保证自然通风，增加室内外空气对流。印度白莲花小学采用全封闭式整体布局，用坚固的石材院墙挡住旷野中呼啸的寒风。

2）清洁能源的利用

（1）太阳能利用

学校设计需要室内引入充足的阳光。目前，全世界利用太阳能的技术已经非常普遍。

日本依据 1996 年报告书《绿色学校》，从 20 世纪 90 年代末起，“绿色学校试验模范事业”在文部省、通产省共同实施。其中各都、道、府、县、市、镇、乡是其实施主体。公立学校为实验对象。1996 年，18 所示范学校被选定，进行太阳光发电型应用。次年，20 所示范学校被选定，进行太阳光发电型或综合型方面的应用。而美国中小学校对太阳能利用非常普遍。

太阳能利用技术及实例总结如下：

①太阳能集热

（a）Solar-wall。美国中西部湿润性大陆气候具有两极性气温，冬季极其严寒，夏季酷热难耐，且常常伴随潮湿，其东南部城市降雨量可达 810mm。该地区学校在顶层采用 Solar-wall 蓄热供热装置，最大限度利用太阳能资源，如美国明尼苏达州 WMEP

跨学区市中心学校，顶层墙面上就采用这种采暖系统。

（b）阳光间。1962 年，英国建造乔治街学校的直接得热太阳房。该学校的节能策略是利用太阳能直接得热系统为学校建筑供暖，内走廊外侧采用大面积可保温玻璃窗，形成预热的空气间。曾在长达一年半的时间里对该建筑物的采暖情况进行连续检测，记录资料表明，365 天里，大致 70% 的热量是从太阳能集热器获得，22% 是从灯光获得，8% 从人体获得。而之前安装的辅助采暖设备一直没用过。

（c）地板采暖。分三种方式：一是采用屋顶太阳能热水：屋顶的热水存储灌，通过太阳能加热循环系统，将热水输送到地板下的管道内，形成供热地暖；二是通过地板辐射，地面采用可蓄热的混凝土板，一般同阳光间结合，使太阳直射地面，在冬季蓄热散热供暖，在夏季可以吸收多余热量，如美国新泽西州柳树学校（The Willow School，图 1-4-4）阳光间的地板就采用这种采暖系统；三是前两者结合使用，共同采暖。

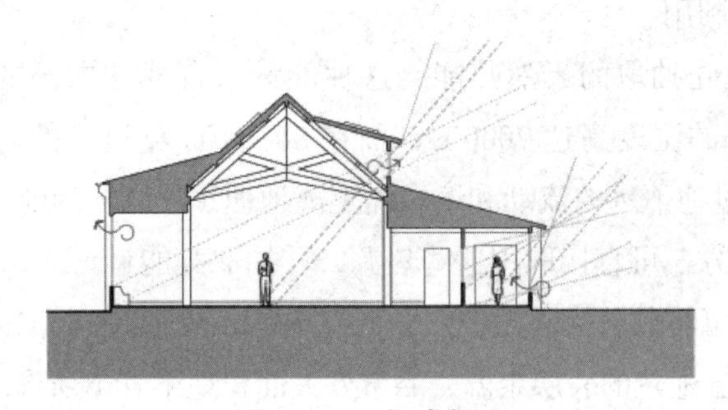

图 1-4-4　阳光间

②太阳能热水器。凡阳光较充沛的地方都适用太阳能供给热水。屋顶有热水存储罐，通过该系统贮水箱循环，提供热量存储。

③光电太阳能板。PV 是指太阳光电（photovoltaic），PV Panel 是指太阳能光伏板。光伏板与高窗合二为一，兼具采光、通风、发电和供热的功能。功率为 50kW 的光伏系统一年可以创造出近 14000kWh 的能量。在欧美，很多学校采用大面积的光电板、光伏板与电灯亮度衰减的检测系统配套使用。

④自然采光。借助天窗、侧窗、垂直窗、光导照明等将阳光引入室内，并配合可调节百叶窗、光线监测器更人性化地调节自然光线。自然采光的方式主要有以下两种：

（a）利用各类窗直接采光。光照最佳的朝向开大窗，充分引入自然光。根据窗户与太阳方位角的变化关系，结合气候特征研究自然采光的高效率性，改善室内光照。

（b）利用装置反射光线。一种是在建筑物外部设置反射板，通过角度计算，将阳光反射进室内；另一种是导光管日光照明系统（Tubular Daylighting System，以下简称“光导照明”），其基本原理是通过采光罩高效采集室外自然光线，并导入系统内重新分配，再经过特殊制作的导光管传输后，由底部的漫射装置把自然光均匀高效地照射到任何需要光线的地方，从黎明到黄昏，甚至阴天，导光管日光照明系统导入室内的光线仍然很充足，且不刺眼（图 1-4-5）。

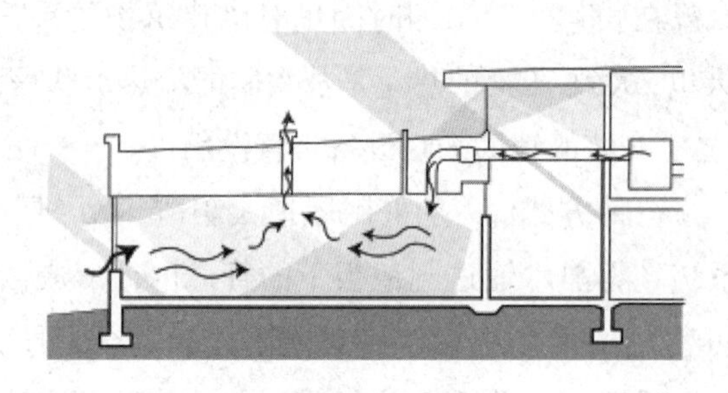

图 1-4-5　导光管日光照明系统

（2）地热能的利用

地热能是由地壳抽取的天然热能，这种能量来自地球内部的熔岩，并以热力形式存在。地球内部的温度高达 7000℃，而在 80 ~ 100 英里[1]的深度处，温度会降至 650 ~ 1200℃。透过地下水的流动和熔岩涌至离地面 1 ~ 5km 的地壳，热力得以被转送至较接近地面的地方，可直接取用这些热源，并抽取其能量。

按照地热温度可将其分为高温地热和低温地热，两者以 150℃为分界点。大部分中小学校仅仅使用低温地热的表层余温，靠室外大面积地下管道所形成的地热田来进行加热和冷却。1998 年，美国能源部公布的一份《Geothermal Heat Pumps Score High Marks in Schools》报告指出，全球有近 500 所中小学校安装地源热泵（简称“GHP”）用以供暖和制冷，其中约 100 所在美国。GHP 为中小学校带来许多方面的收益，如设备地点自如、智能化调控、节能、低成本、减少设备空间、使用安全等。美国佐治亚州伍德沃德中学，所有设施的加热和冷却都是通过院子下的地热田对管道的温度影响而完成。内布拉斯加州林肯市的四所小学校采用 GHP 系统供暖和空调，其成本 144000 美元（1996 ~ 1997），远低于采用传统设备系统。至 2016 年,仅四所小学的供暖空调费用将节省近 400 万美元。

（3）风能的利用

风能是取之不尽的清洁能源。中小学校一般将风能与光伏组件结合利用。英国豪戴尔学校坐落于废弃的飞机场内，在场地周边架设一台 20kW 风能发电机，与校园内 3.5kW 的光伏板共同组成“风光互补”的供电模式。

3）水资源循环利用

对水资源的回收再利用技术主要有两种方式：一是将收集的雨水存储到专门的水箱，用以补给地下含水层，并为灌溉、清洁及厕所提供中水；二是蓄水在“雨水花园”

[1] 1 英里 =1.609344 公里。

（rain-garden），该花园种植具有收集雨水能力的植物，通过点源生物滞留系统收集现场的雨水，在最大限度地渗透、过滤、补给地下水和蒸发的同时，最大限度地减少排放。

4）围护结构保温隔热技术

（1）屋面

①常规保温隔热屋顶。保温材料是建筑节能最基本的条件，各国都很重视保温材料的研发与推广。在一些热带气候国家，如位于非洲内陆的赞比亚，屋顶不必考虑保温，但要有隔热的功效。其屋顶材料用茅草、金属盒瓦楞亚克力板，不仅隔热而且便于施工。

在寒冷地区，屋顶的保温隔热非常关键。除了在屋面结构上铺设轻质高效的玻璃棉、岩棉等保温材料外，还结合教室内的顶棚增加保温材料，一般铺玻璃棉或矿物棉毡、垫，或在此空间中直接吹入松散的保温棉。另一种做法是直接吊装由玻璃棉或岩棉等保温材料和装饰贴面复合而成的顶棚板。

②覆土种植屋面。德国的种植屋面起步较早，其相关技术和产品已日趋成熟，积累了丰富的实践经验和先进技术。园林绿化研究、发展与建设组织（FLL）于1975年成立，该机构设立的规范之一《绿色屋顶设计、安装及后期保养指南》是当今种植屋面领域最权威的一项技术指南。因而，欧洲学校的屋面种植系统基本以此为技术支柱。其构造层由下至上大致分为八部分：结构层、隔汽层、防水层、耐根穿刺防水层、排（蓄）水层、过滤层、种植土层、植被层。

日本由于土地资源紧缺，政府出台了多部鼓励与强制的相关政策，使得种植屋面新技术、新材料的研发和使用得到了发展。在原有技术的基础上，开发了人工轻量土栽培技术，并通过大量的试验与检测进行验证，解决了传统的种植屋面荷载大、养护难、防水造价高等问题，为学校建筑种植屋面的发展提供了有力的技术支持，更丰富了种植屋面的形式，塑造了多样的学校生活空间。其构造层由下至上大致分为七部分：结构层、防水层、耐根穿刺防水层、排（蓄）水层、过滤层、种植土层、植被层。

除了寒冷、严寒等气候区外，地中海气候区进行的夏季节能评估表明，种植屋面比平屋面有更好的隔热性能[1]。

（2）外墙和外窗

①外墙自保温特性。美国俄勒冈州达尔斯中学南面采用褪色的混凝土墙，不仅耐用，维修少，而且具有保温效果。

②双层幕墙。也称热通道幕墙、呼吸式幕墙，由内外两层立面构造组成，形成室内外之间的缓冲层，提升外墙的保温隔热性能。伦敦贝克斯利商学院采用双层幕墙，以减少冬季室内热量的损失。

③复合材料外墙。法国很注重保温材料自身的性能及和其他材料组合在一起的总

[1] Green roofs as passive system for energy savings in buildings during the cooling period: use of rubber crumbs as drainage layer。Julià Coma, Gabriel Pérez, Albert Castell.

体性能。岩棉、矿棉、玻璃棉、阻燃型发泡聚苯乙烯和聚氨酯等保温材料应用较多，并在组成不同的复合墙体时，根据不同要求加以选择和搭配。聚苯板外保温的具体做法是将聚苯板用聚合物砂浆粘贴或机械固定在墙面上，然后外抹聚合物砂浆，砂浆上铺耐碱玻璃纤维网格布增强，再作饰面涂层。

④隔热玻璃幕墙。美国西雅图波特斯基学校的科学馆就采用隔热玻璃幕墙。

⑤ Trombe 墙。自 20 世纪法国教授发明并实验成功后，就广泛用于建筑保温隔热。如今，这一技术仍在使用，并通过改善外墙材料使效果更好。印度北部德鲁克白莲花小学，靠近青藏高原地区，属于高原气候——气候干燥，温差甚巨。小学教室外墙是用双层墙体来获取太阳能，墙外面向玻璃一侧为吸热材料。热量穿过玻璃的时候被深色表皮吸收，并将热量存储在墙体内，通过砌体慢慢将热量释放出来。开设在热量存储墙顶部和底部的洞口可将热量从空腔运输到室内。在夏天，Trombe 墙通过自我调节通风，阻止室内过热，墙上可开启的洞口为室内提供交叉通风，降低室温和提供新鲜空气。

⑥ LOW-E 玻璃窗。美国得克萨斯州西布拉索斯初中采用 LOW-E 玻璃窗以保温隔热，气密性较好。

5）自然通风及空调

①风压系统。由室外大气气流造成的自然通风（即“穿堂风”）带走房间热量，送进新鲜空气。Great Notley 小学利用一个构造简单、易于实施的节能外围护结构，解决自然通风和采光问题（图 1-4-6）。

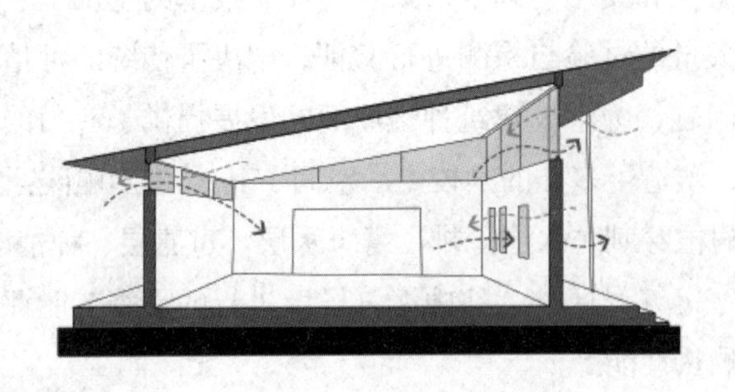

图 1-4-6　自然通风

②热压系统。

（a）地道通风。

（b）拔风烟囱通风。日本秋田县县南地区中学和高中，利用太阳能烟囱进行自然通风和换气。英国阿什芒特小学所有教室都采用“烟囱”低能耗通风系统，提供冬季热回收和夏季夜间通风。

（c）自然空调。可借助于室外温差改善室内舒适度，如太阳辐射热供暖或者雪制造冷空气（图 1-4-7），有条件的学校在室外网球场地下设置用于制冷的储冰室。

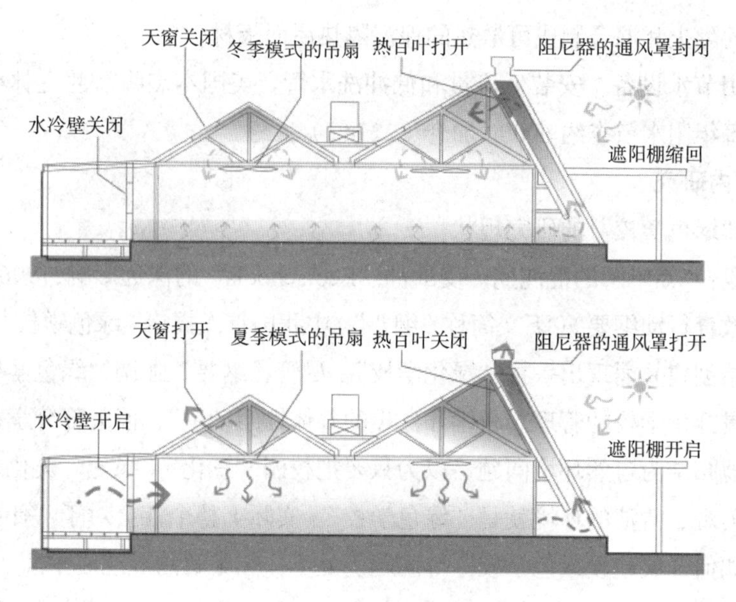


**图 1-4-7　某学校通风系统**

6）遮阳

（1）遮光板或百叶遮阳。中小学用遮阳板、悬挑的屋檐，以减少夏季太阳光直射，降低空调负荷。

（2）半透明防辐射热玻璃。除了外置遮阳板以外，新型玻璃的紫外线过滤性能也可降低辐射热。美国亚历山大道森小学每一个活动室都有半透明玻璃、高性能彩色玻璃，不仅采光而且防辐射热。

7）种植

种植结合功能而设置，主要分为以下几种：

（1）操场种植——种植原生态植物，减少草皮铺设范围。

（2）栽培种植园——以教学认知为目的。

（3）蓄水种植——结合雨水回收再利用而设置“雨水花园”，以种植耐水植物。

（4）遮阳保温种植——结合建筑被动式节能技术，在建筑围护结构外种植绿植。

（5）园林绿化——减少校园热岛效应，提供广场遮阴场所。

8）其他

（1）使用天然涂料。室内采用纯天然、可降解的环保涂料，对学生的身体健康不会构成危害。

（2）回收建筑材料的再利用。美国中小学校回收的建筑材料有玻璃砖、木材等。日本在这方面得益于重要文化设施——伊势神宫每 20 年落架大修一次的传统，对于旧校舍中保存完好的结构材料和装修材料予以保存和再利用，用另一种方式展示过去，让过往的学生回忆儿时校园记忆。印度全年炎热地区的一些学校，通过回收砖、掺杂混凝土制成的陶土瓦混合制成可散热的保温隔热屋面板材。

（3）采用节水设备。安装低流量和低冲洗水管。美国本杰明富兰克林小学采用无水小便器，每年用水节省约 60000 加仑（227$m^3$）。

**（二）国内研究**

1. 我国“绿色学校”的研究现状

第一阶段：一知半解的混沌期。受欧洲“Eco-schools”的深远影响，1996 年，在《全国环境宣传教育行动纲要》（下文简称“纲要”）中我国首次提出“绿色学校”这一概念，随即全国开始创建并涌现出一批“绿化学校”。尽管《纲要》强调“绿色学校是将环境意识和行动贯穿于学校的管理、教学和建设的整体性活动中”，但大部分学校，甚至一些官员片面地归结为自然环境问题，以为只要把校园“三化”（绿化、美化、净化）做到位，营造美观、清洁的环境就是“绿色学校”。实际上整个社会对于“什么是真正的绿色学校，如何开展建设绿色学校”等问题仍处于一知半解的混沌之中。

第二阶段：环境教育的探索期。2000 年左右，很多学校（如广州天河区长湴小学）推行环境教育，开辟出“环境教育基地”等室外场所。在“基地”内，鸟语花香，绿化率很高，甚至接近 100%，有仿生态环境的模型、放生池等，开设“植物与噪声的相关测试”、“土壤退化实验”、“有害废弃物对环境的影响调查”等课题研究，让学生们在锻炼动手动脑能力的同时，自觉养成关心环境、保护环境意识。

这一时期，也有新的思想带入国内，如《教育建筑》[1]（1999 年 8 月）收录了欧美、日本及中国大陆和港台地区的一些建筑大师的经典案例，从学校建筑的设计理念、使用对象需求、学校功能拓展、基地因素、教育模式与理念等方面解析教育建筑方案构思与立意、建筑风格与特征、实际使用效果，但解析的方法未提及气候与设计之间的关系。部分案例对建筑朝向、自然采光、窗户的位置控制、“烟囱效应”的通风方式进行了简单的介绍。

虽然有先进的理念注入绿色学校研究当中，但在 2005 年之前，“绿色学校”在国内依然被误解为是纯粹的保护环境，无论是在课堂内还是课堂外，“节能”的理念还没有被充分纳入“绿色学校”中。

第三阶段：百花齐放的有序期。2005 年，国家出台《中国绿色建筑导则》，明确绿色建筑的内涵、技术要求和技术原则，便于指导各地展开“绿色建筑”的工作。2006 年底编制完成《绿色建筑评价标准》，是我国“绿色建筑”发展的里程碑，开启了我国节能事业前进的步伐。2007 年，在十届全国人大四次会议上，陕西省人大常委会副主任范肖梅提出大力推广实施“农村学校生态校园创新工程”的建议，并在 2006 年底，已建有陕西省杨凌区西大寨中学、淳化县润镇中学、凤翔县范家寨中学、白水县林皋

[1] 龚兆先、潘安编著。

一中四所试点校园，建立校园沼气厕所解决旱厕问题。2008 年，《高等学校节约型校园建设管理与技术导则》率先拉开教育建筑、校园建设节能的序幕。2003 年，西安交通大学建筑系与香港中文大学合作建设甘肃毛寺生态小学，在此之后，陈洋教授团队致力于探索西北农村学校基于循环经济的节能减排建筑模式研究。

2013 年 4 月，《绿色校园评价标准》正式实施。该标准中，对“绿色校园”有了新的定义，即在全寿命周期内最大限度地节约资源（节能、节水、节材、节地）、保护环境和减少污染，为师生提供健康、适用、高效的教学和生活环境，对学生具有环境教育功能，与自然环境和谐共生的校园。从生态效益、环境质量、功能质量、运行管理、教育宣传等方面重点评测，更加规范了中小学校建筑的可持续化全方位发展。

近年，清华大学建筑设计研究院的教育部课题“中小学绿色校园推进策略研究”结合实际工程项目与节能测试，通过校园环境、建筑节能、建筑室内舒适性等多方面探究绿色校园的可实施性问题。同时，他们与德国国际合作机构（GIZ）共同研究并出版《中小学校节能与环境建设指南》（2015 年），借鉴了国外优秀的节能技术，为国内学校的节能建设提供参照和依据。

事实上，国内有关绿色学校的众多研究，视角多样，都为学校节能减排之路奠定了良好坚实的基础。

2. 绿色学校建筑节能措施

1）总体布局

（1）顺应地形，因地制宜。在北大附中重庆实验学校设计中，设计师将整个校园规划为一个依山而建的家园，建筑顺从等高线走势，与山体围合出大小不一的广场、庭院，形成层次丰富的室外活动空间。另外，设计基于重庆地区气候条件特点，创造了大量开放型、不拘一格的建筑空间节点，如将楼梯口空间拓宽、将尽端走道延伸出室外并放大为平台等，为空间的使用提供了丰富的可能性和发展余地，也为学生建构了一个完整的共享空间体系。

（2）防风、导风，减少土方。绵阳市涪城区杨家镇小学，利用基地北侧现有的场地高差进行设计，营造高低错落的空间环境；通过合理布局，避免了用地南侧一栋既有 5 层宿舍楼的采光遮挡，既实现了土地的集约利用，又减少了施工土方量。

上海地处长江三角洲，属亚热带海洋性季风气候，全年东南风主导。松江区九亭初级中学场地平坦，在总体布局上采取疏密处理：在西北方向建筑较为密实，以阻挡西北风，而东南方向则敞开，以运动场和草坪为主，接纳夏季东南风；其次，在建筑单体之间以通廊连接，设计南北共享步行道，建筑组群多围合或半围合，并提供适当的室外活动场所。

理论研究方面，2009 年，山东建筑大学王崇杰教授的《可持续发展理念在希望小学设计创作中的实践》，就四川绵阳一所小学做了详细介绍：结合地势地貌合理布局，利用当地传统的建筑材料，采用被动式通风技术、太阳能一体化和雨水回收技术。

2）清洁能源的利用

（1）沼气。1996年，安徽师范大学喻家龙的《农村中学生态校园建设当见》中最早提出了在农村中学建设生态校园的构想，包括“立体种养”、“畜禽养殖”、“生态工厂”、沼气系统、太阳能设施、绿化屋顶、生态围墙以及植树种花等多种途径。西北农林科技大学王兰英博士论文《农村沼气生态校园模式及其综合效益评价研究》，针对我国各地区不同的气候特点设计了农村沼气生态园模式及其设计方法，并且提出了“厕—沼—菜”、“猪、厕—沼—菜”、“草—羊、厕—沼—果”等三种能源生态型生态校园模式。陕西杨凌西大寨中学目前有近750名学生、75名教师的人员结构，外加周围0.067hm$^2$菜地。针对这一规模，学校布置了100m$^3$的沼气发酵系统，240m$^3$的带有沼液自动冲厕功能的太阳能生态厕所，菜园种植西红柿、圣女果、西瓜和其他蔬菜，建设60m$^2$的太阳能猪舍，245m$^2$的砖混结构厨房、食堂，充分利用沼气、沼肥，达到校园水厕及养殖有机物“零排放”，实现能源生产、校园治理、绿色食品生产和可持续发展的多重目标。

（2）太阳能利用。目前，我国在严寒地区的一些村镇学校建筑当中，开展了广泛的太阳能试验研究实践，有效地改善了部分严寒地区村镇学校的冬季采暖问题。例如在西藏阿里地区，由于能源特别缺乏，在该地区作为试点建筑兴建了一批太阳能建筑，其中在阿里地区利用光电太阳能的学校，为师生们创造了舒适的学习生活环境。此外，内蒙古三道营乡希望小学教学楼、辽宁省营口市大水塘小学被动式太阳房、甘肃三合乡中心小学教学楼、黑龙江省岳吉小学太阳能房都是太阳能建筑的范例。

（3）地热。我国是世界上地热资源储量较大的国家之一，尤其是中低温地热资源，广泛分布于我国东南沿海、西南地区、胶东半岛、辽东半岛和大面积的沉积盆地。但遗憾的是，这一清洁能源较少被用于国内校园当中。2007年，北京市首家节能生态学校落户台湖镇台湖中学。学校操场下装有401眼地热井，供暖采用地源热泵系统，将地表下120m深处的16摄氏度恒温的地下水利用U形管保温，同时作为热泵的“热源”和空调的“冷源”。此外，学校还在7座教学楼、公寓楼上搭建了太阳能光电板蓄电设备，每天为校区提供70kW电能，还可为校内游泳池用水、学生宿舍洗浴用水加温。这401眼地热井和太阳能光电板形成的“热光系统”，每年为学校节约80%开支。

3）围护结构保温隔热技术

建筑围护结构保温隔热技术在建筑节能中至关重要。哈尔滨工业大学刘杰硕士论文《严寒地区村镇学校建筑节能设计策略研究》，以严寒地区气候特征为研究基础，提出村镇学校建筑节能的策略。西安建筑科技大学白瑞硕士论文《陕北地区中小学校建筑空间环境实态调查及节能策略研究》（2013）总结了陕北中小学校围护结构节能技术，董国明硕士论文《寒冷地区农村中小学校绿色建筑设计研究——以关中地区农村中小学校为例》从建筑节能技术角度，以寒冷地区气候特征为研究基础，针对现状问题提出在农村推进绿色学校建筑设计的原则和策略。湖南大学曾礼硕士论文《夏热冬冷地区可持续中小学校园建筑规划与设计研究》总结了适合于气候特征的绿色校园规划设计策略。

（1）屋面

严寒地区村镇学校屋面分两种，一是坡屋面采用整体式保温，轻质夹芯屋面板，以彩色镀锌钢板为外表面材料，内用聚氨酯或聚苯乙烯泡沫塑料保温复合而成。二是平屋面，构造一般包括结构层、保温层、找平层、防水层等。相比正铺法而言，严寒地区采用倒置屋面更有优势，因为绝热材料的保护作用，使防水材料避免受到室外空气温度的剧烈波动变化、紫外线辐射作用以及施工人员来回走动所造成的损坏，从而大大延长了防水材料的使用年限，有效地解决了屋面漏水问题。保温层上面的重质覆盖层蓄热系数较大，在夏季能延迟温度波的峰值时间，有利于屋顶的隔热效果。

寒冷地区村镇学校坡屋面保温层位于瓦片以下，保温材料可选用农村特有的黏土稻草泥或者稻草、小麦等植物秸秆编制的草苫子用黏土黏结到木望板或苇箔上。有吊顶的坡屋顶，将保温层设置在顶棚上面，可以起到保温和隔热双重功效。另一种保温隔热方式采用通风隔热屋面，即利用风压通风的架空隔热屋面。一般做法是在楼板设置架空的大阶砖和水泥板，楼板结构层之外，做好保温层，有条件的地区在保温层之上再铺设一层低辐射强反射材料，如铝箔。此外，对于坡顶建筑而言，可以利用顶棚和坡顶空间作为通风间层。

寒冷地区建筑应以考虑冬季保温为主，可以在上述基础上进行改进，如在进出风口处设置可活动的推拉挡板，夏季推开挡板，利用通风降温；冬季拉上挡板，做好挡板保温及缝隙处理，原通风间层变成了密闭空气间层而具有保温性。

绵阳市涪城区杨家镇小学在屋面层不仅采用复合保温材料，还设置空气缓冲层，以进一步提高保温隔热的性能，并在宿舍楼顶设置种植屋面，在保温隔热的同时为学生营造趣味活动空间。

（2）外墙

目前，我国严寒地区村镇学校的外墙通常采用实心黏土砖墙和石材墙，二者传热系数普遍较大，是传统墙体高能耗的原因。降低墙体能耗最简单有效的方法是采用复合节能墙体，增加墙体的热阻。其分为以下几种：外保温节能墙体、内保温节能墙体、夹心保温节能墙体。其中，外保温节能墙体的保温材料通常选用膨胀型聚苯乙烯（EPS）板、挤塑型聚苯乙烯（XPS）板、岩棉板、玻璃棉毡以及超轻保温浆料等。我国现阶段以阻燃膨胀型聚苯乙烯板应用较为普遍。为防止内保温结露，应设置隔汽层、吸湿空气层，选用憎水而透气的保温材料或保温涂层。适合村镇学校建筑的新型夹芯保温构造，分为内叶墙、外叶墙及内外叶墙中间夹保温层。夹芯外保温复合外墙的外叶墙和内叶墙必须同步砌筑。

寒冷地区，外墙保温可以通过以下方式：一是增加墙体厚度。其将普遍的240mm厚墙增至300mm厚，采用空心砌块材料，可在一定程度增加热阻，降低传热系数。二是设置密闭空气间层。其厚度一般以 4 ~ 5mm 为宜，为提高空气间层保温能力，可在间层表面铺贴辐射系数小的强反射材料，如涂贴铝箔就是一种很好的方法。另外，如果用反射隔热板将密闭空气间层分隔成两个或多个间层，保温效果更明显。三是设置保温层，如岩棉、泡沫聚苯乙烯、膨胀珍珠岩以及加气混凝土等导热系数小绝热性能高的材料[1]。此外，墙体保温还采用双墙，利用 Trombe wall 的原理，如甘肃静宁三合乡小学。

（3）外门窗

外门窗的节能与建筑开窗形式大小、门窗材料、门窗气密性有着密切关系。在满足采光和通风的前提下，尽量减少门窗洞口面积以控制室内环境热舒适度达到节能的目的。在《公共建筑节能设计标准》中明确规定，建筑的窗墙面积比应该控制在 0.7 以内。在中小学校建筑方案设计中，结合立面造型，在开窗面积相等的情况下，尽可能采用竖向矩形窗户，目的是室内采光均匀度更好。

随着建筑材料的不断发展，门窗的材料和形式也发生了改变：从木门窗、塑料门窗、钢门窗，到铝合金门窗、复合材料门窗；从单框单玻门窗、单框双玻门窗，到多层玻璃门窗、中空玻璃门窗。门窗新材料的研制和结构的创新，推动了建筑节能的发展。

4）自然通风及空调

西南交通大学龚波的硕士论文《教学楼风环境和自然通风教室数值模拟研究》（2005 年）以暖通专业的角度模拟并分析数值，比较风向及教学楼间距对教学楼周围自然通风引入的影响，对自然通风教室室内温度场、速度场进行模拟，并建立成都自然通风热舒适评价模型。张婷的硕士论文《中小学校建筑自然通风设计研究》（2010 年），针对汶川地震后重建学校的自然通风问题进行探讨，分别从基地风环境、建筑群体自然通风、建筑单体自然通风及其通风辅助系统设计四方面提出改善技术措施。

北京普筑建筑事务所杨洪生发表的《自然通风降温系统在建筑中的应用——北京大学附属小学校园建筑的节能技术实践》（2008）对实际工程中采用的节能技术实践进行了分析和阐述，如诱导式通风、置换式通风、地下降温预热系统等技术。

王洪光等人的《以西安地区为例谈自然通风在教学建筑中的应用》（2009）从总体规划和单体设计两方面论述自然通风对教室的影响，提出加强室内通风的建议。

对学校建筑中采用自然通风和被动式空调的技术措施总结如下：

（1）热压原理自然通风。实际上就是烟囱效应、中庭拔风。利用温差原理，通高的中庭上空可开启的玻璃天窗使热空气上升、冷空气下沉，将室内污浊空气置换为室外新鲜空气，如上海市金山中学 5 层通高中庭，利用热压原理使上下空气流动。湖南大学硕士论文《建筑中庭的被动式生态设计策略》中较为系统地介绍了公共建筑利用中庭自然通风的技术。

[1] 董国明．寒冷地区农村中小学校绿色建筑设计研究——以关中地区农村中小学校为例 .2014.

（2）风压原理自然通风。穿堂风就是利用风压原理的典型通风方式。建筑符合所在地区主导风向布局，利用风压将房间多余热量和气味带走，保持室内凉爽。

（3）将上述两种原理混合使用，提高自然通风率。

（4）机械辅助式自然通风。这是一种综合自然通风和机械通风的策略。它有一套完整的空气循环通道，辅以符合生态理念的空气处理手段（如土壤预冷、预热、深井水置换等），并借助一定的机械方式加速室内通风。如炎热静风条件或一些通风路径较长、流动阻力较大的公共建筑中，甚至空气污染较为严重的城市中心地带，适合采用机械辅助式的通风手段。

绵阳市涪城区杨家镇小学采用利于自然通风的单廊式布局，顶层教室结合屋面造型设置天窗，改善顶层房间夏季湿热环境。教学辅助办公区楼梯间和宿舍南侧设置强化的太阳能烟囱，利用热压通风原理提高室内通风能力。另外，为解决防潮问题，所有教学楼、宿舍楼的首层楼板下设置300mm架空层，有效防止地面湿气进入室内，保护围护结构不受腐蚀。

5）遮阳

遮阳应结合当地气候地理条件。上海建筑设计研究院陈钢的《被动式节能设计策略于高校建筑中的应用探讨》（2013），专门介绍了适合我国气候特点的遮阳技术。哈尔滨工业大学丁建华的博士论文《公共建筑绿色改造方案设计评价研究》（2013）从遮阳系数角度研究适合不同气候特点的参数值。

我国学校建筑中，遮阳技术总结如下：

①利用太阳高度角的变化实行水平遮阳；

②利用太阳方位角的变化实行垂直遮阳；

③上述两者综合使用；

④利用外窗、外墙外的高大乔木遮阳。考虑到夏季采光、通风以及窗的开启与关闭，以落叶乔木为宜，以便冬季得到日照。

绵阳市涪城区杨家镇小学遮阳体系采用南侧窗上部1/3处设置百叶遮阳反光板和南墙双墙，起到夏季遮阳、冬季透光的作用和室内光环境的调节效果。

6）种植绿化

华南理工大学洪翊慧的《广东地区寄宿制中学校园户外空间环境规划与设计》（2005），从设计实例出发，探讨了广东地区寄宿制中学校园户外空间环境的设计策略。西安建筑科技大学李霞的《小学校园室外空间环境设计研究》（2007），探讨了城市小学校园外部空间环境设计的原则；胡冰的硕士论文《基于学生在校生活模式的农村小学校外部空间设计研究》（2010）从小学生的生活模式出发，探讨农村小学外部环境的设计手法。安徽建筑大学硕士论文《合肥市农村中小学室外空间环境设计研究》（2014），提出现阶段合肥市农村中小学室外空间环境以自然性、整体性、人文性、安全性、经济性、地域性为主的设计原则，并从室外空间环境总体规划设计和主要节点空间设计两方面的内容提出合肥市农村中小学室外空间环境设计策略。

目前全国大部分新建中小学都非常重视校园绿化，创建园林式校园，旨在为学生提供更舒适的学习环境。

7）其他

（1）采用当地建筑材料。如甘肃毛寺生态小学运用夯土砌筑，达到有效的保温效果。德阳市旌阳区孝泉镇民族小学充分运用当地材料和工艺，如页岩青砖、木材、竹子等，还包括地震后回收的旧砖，使其参与到重建中获得再生。

西藏的宗教圣地神山冈仁波齐峰脚下阿里苹果小学，建筑师最大限度地利用了当地仅有的建筑材料——鹅卵石。校舍除了平整的水泥屋顶和正面的太阳能玻璃幕墙外，墙和地面都是由鹅卵石做成的混凝土砌块垒砌而成。鹅卵石的挡风墙既免去了其他建筑材料的运输麻烦，又能够有效抵抗大风，使得校舍在年大风天数逾 150 日的恶劣气候里安然无恙。

（2）利用回收原有建筑材料。收集再利用震后的建筑材料。台湾及大陆一些设计团队，如吕钦文建筑师事务所，对于汶川、雅安地震后重建的学校，将其坍塌的建筑砖块瓦片清理存放，以利于节省未来重建费用，也让使用者可触摸或感受到这次历史性的灾难，具有纪念性。如四川石棉县民族中学用坍塌旧校舍中的红砖砌筑廊柱，四川德阳孝泉镇民族小学通过对旧校舍中的青砖另做砌法，丰富了教学楼外立面（图 1-4-8、图 1-4-9）。

图 1-4-8　四川石棉县民族中学

图片来源：http://taiwan.huanqiu.com/roll/2012-09/3147657.html

图 1-4-9　四川德阳孝泉镇民族小学

图片来源：http://photo.zhulong.com/proj/detail130547.html

## 三、学校建筑能耗调查研究

建筑能耗是指建筑物使用过程中用于供暖、通风、空调、照明、电器、输送、动力、炊事、给排水和热水供应等的能耗[1]。学校建筑在使用过程中，其能耗主要反映在供暖、通风、空调、照明、炊事等方面。

[1] 涂逢祥．建筑节能．2001.

### （一）国外研究

1. 公共建筑和住宅能耗调查研究

发达国家对住宅和公共建筑的能耗调查研究起步较早，制订了较为成熟的能耗评价体系。欧洲 Energy Performance of Buildings Directive（EPBD）项目以建立能效基准方法学为目的，根据实际年能耗数据进行评价。项目涉及 19 个国家和 10 个合作国，基准评价的建筑类型包括：政府办公建筑、大学建筑、中小学建筑、运动设施场馆、医疗卫生类建筑和宾馆饭店类。基准线确定方法包括三种：一是基于统计数据的方法确定基准线；二是采用参数计算的方法确定基准线；三是将统计数据与参数计算联合起来确定基准线[1]。

虽然能耗是影响碳排放量的主要因素，但是在相同的能耗下，由于能源形式的差异也会导致不同的碳排放量，有时甚至差异较大。鉴于此，欧洲一些发达国家采用了双重评价方法，同时确立能耗和碳排放的基准性指标和评价体系。

英国皇家楼宇设备工程师学会（CIBSE）自 1997 年开始，在其 CIBSE Guide F 中加入了根据能耗调查统计得到的各类建筑单位面积能耗与单位面积碳排放的基准性指标，用户可以利用政府数据在线对建筑进行基准评价。

一些发达国家为了加强能源管理，还推出了各种能效标识制度，包括美国的“能源之星”、欧盟十国参加的欧盟建筑能效指令、德国的建筑能源护照等，通过对建筑能耗和碳排放进行分级，促进建筑节能减排。欧洲 EPBD 项目统计了英国的 2019 个中学和其他欧洲国家的 1334 个学校建筑，建立了碳排放指标体系，并将各学校能耗根据碳排放分成 7 级。

希腊将 1200 栋建筑在 5 年的时间进行能源审计，主要是办公楼、宾馆、商场、医院以及学校。

印度对在新德里的 1 ~ 50 层办公楼，共有 50 余栋，进行 Energy Audit 后提出了相关节能措施。

日本的节能中心（Energy Conservation Center）也同样开展了本国的建筑能耗数据统计和分析，并出版了《日本能源经济统计手册》一书，提供日本的建筑能耗数据等。

加拿大于 1993 年和 1997 年进行两次抽样调查，对象是家庭用能。调查通过电话、信件方式在全国范围进行抽样调查，调查对象主要是 60% 的加拿大住宅单体。调查目的是：设想通过调查，获取住宅终端的用能分布、住宅终端用能所带来的总温室气体排放量、住宅能源结构、其能耗影响因素与发展趋势。

2. 学校建筑能耗调查研究

目前，许多国家通过对中小学及幼儿园类建筑能耗的调查与分析，确定了建筑能耗主要影响因素，以期通过节能改造达到节能减排的目的（表 1-4-1）。

---

[1] Dick V，Peter W，Jaap H. The European Directive on energy performance of building（EPBD）-the EPBD Buildings Platform[J]. ASHRAE Transactions，2008，114（2）：338-341.

部分国家学校类建筑能耗调查简况 表 1-4-1

| 国家 | 调查机构或人员 | 调研方法与结论 |
| --- | --- | --- |
| 美国 | 美国能源之星（Energy Star） | 针对从幼儿园到高三的学校进行能效性能分级[1] |
| 英国 | 皇家楼宇设备工程师学会 | 英国有 21000 个小学和 3900个中学，总的温室气体排放量估计为 7.3MtCO2[2] |
|  | Greta Caruana Smith 等 | 对位于英格兰和威尔士典型学校进行模拟分析，发现通过改造围护结构可减少 31%的碳排放[3] |
|  | the Display Energy Certificates（DECs）数据库 | 发现学校位置、空调、通风、采暖和学校人员密度对学校建筑能耗影响显著[4] |
| 加拿大 | MOHAMED H. ISSA 等 | 对加拿大一定数量的传统学校、能源改造学校和绿色学校的耗电量、耗气量和花费进行调研，发现能源改造学校和绿色学校耗电量虽然比传统学校高出 37%，但绿色学校比传统学校和能源改造学校的耗气量大大降低，分别减少56%和41%，因此总能耗减少 28%[5] |
| 韩国 | Tae-Woo Kim 等 | 对 10 所幼儿园能耗特征进行了统计分析，幼儿园的电耗较大。由于空调采暖系统和IT 设备的广泛使用，用电量呈现上升的趋势[6] |
| 德国 | Elisabeth Beusker 等 | 对斯图加特 105个样本学校的建筑特点、建筑利用率进行了分析，分析了采暖能耗的差异[7] |
| 希腊 | Elena G. Dascalaki 等 | 对 135个学校进行了调研，分析了当代学校类建筑能耗的特点，并计算出能耗基准线[8] |
| 澳大利亚 | Grace K. C. Ding | 采用生命周期能耗分析方法，对新南威尔士州 20 所公立中学的总能耗进行分析与研究。分析结果提供了一个全面分析能耗的模型。该模型为新南威尔士州未来建设学校提供标准[9] |

## （二）国内研究

随着经济的发展，节约能源问题和环境保护问题在我国也越来越受到重视，但比起如德国、日本等发达国家，我国在立法和科研方面还需做大量的投入[10]。

1. 公共建筑和住宅能耗调查研究

1949 年左右，原油、原煤、天然气、电力等方面的产量统计系统在工业统计中就建立了；能源统计其中包括建筑能耗调查统计。在此之后，通过物资统计来反映各种能源在生产方面、销售和能源收入拨出以及后期消费为主要内容的单项能源统计。

[1] ENERGY STAR®Performance Ratings Technical Methodology for K-12 School [S]，2009.

[2] Anna Carolina M，Andrew C，Richard B，et al. Benchmarking small power energy consumption in office buildings in the United Kingdom: A review of data published in CIBSE Guide F. [J]. Building Services Engineering Research and Technology，2013，34（1）: 73-86.

[3] Greta C，Dejan M，Lee C. Comprehensiveness and usability of tools for assessment of energy saving measures in schools [J]． Building Services Engineering Research and Technology，2013，34（1）: 55-71.

[4] Daniel G，Peter A，Koen S，et al. Using display energy certificates to quantify schools' energy consumption [J]. Building Research and Information，2011，39（6）: 535-552.

[5] Mohamed H，Mohamed A，Jeff H，et al. Energy consumption in conventional, energy-retrofitted and green LEED Toronto schools[J]． Construction Management and Economics，2011，29（4）: 383-395.

[6] Tae-Woo K，Kang-Guk L，Won-Hwa H. Energy consumption characteristics of the elementary schools in South Korea[J]. Energy and Buildings，2012，54（1）: 480-489.

[7] Elisabeth B，Christian S，Spiro N. Estimation model and benchmarks for heating energy consumption of schools and sport facilities in Germany[J]. Building and Environment，2012，49（1）: 324-335.

[8] Elena G，Vasileios G. Energy performance and indoor environmental quality in Hellenic schools[J]. Energy and Buildings，2011，43（2-3）: 718-727.

[9] Grace K． Life cycle energy assessment of Australian secondary schools[J]. Building Research and Information，2007，35（5）: 487-500.

[10] 龙淮定．试论建筑节能的科学发展观［J]．建筑科学，2007，23（2）: 15 ~ 21.

40 年之后，建筑能耗作为能源统计中的一个重要消费环节，其调查统计长期被混杂在能源消耗的其他领域，比如住宅的建筑能耗被混杂在城乡人民生活能源消费，而其他的各类建筑能耗就被归入非物质生产部门的能源消费。

20 世纪 80 年代起，“中国建筑节能经济技术政策研究”组在涂逢祥的带领下，开展了以“系统掌握我国的建筑能耗、建筑热环境、建筑节能工作进展的实际情况”为目的的调查工作，调查范围覆盖我国北方采暖地区和长江沿岸非采暖区的重庆、武汉、宜昌、南京四个城市的各种建筑类型，旨在于了解我国城市的能耗状况与热环境，进一步完善我国建筑节能的相关政策与计划。本次调查工作使我们得到了所调查城市的单位建筑面积的能耗数据，成为建筑节能的法规和政策制定的强有力数据基础，这是我国历史上第一个较为全面的建筑能耗调查[1]。

对学校建筑能耗的调研起于大学校园建筑，2008 年，陈翊以同济大学为例，对学校建筑能耗的特点进行了重点分析，在组织制度、节能具体措施等方面讨论了节约型校园的设计，而后提出评价体系对校园能耗状况进行评价。目前，同济大学、清华大学、浙江大学、天津大学等高校已经完成能耗监测平台的建设，并正在监测中。

2. 学校建筑能耗调查研究

目前，我国公共建筑有节能标准和规范进行约束，但是针对学校建筑节能的相关政策、法规等相关内容较少。2012 年 1 月，修订版的中小学建筑设计标准颁布执行。该标准着重强调了中小学校以及建筑的节能性与安全性，基于节能设计方面，从设计原则、日照、采暖、保温、通风、节水等方面与旧规范做相关对比（表 1-4-2）。

**新旧中小学校建筑设计规范节能设计要求比较** 表 1-4-2

| | 2012版中小学校建筑设计标准 | 1987版中小学校建筑设计标准 | 改进之处 |
|---|---|---|---|
| 校园总体设计原则 | 要求满足保护环境、节能、节地、节水、节材的方针；满足有利于节约建设投资，降低运行成本的原则。宜按绿色校园、绿色建筑的有关要求进行设计 | 仅要求根据地区气候和地理差异、经济技术差异、人民生活习惯及传统因素，因地制宜地进行设计。无绿色校园建设相关要求 | 强调建筑节能，包括建设以及运行期间整个周期节能。着重要求绿色校园的建设 |
| 日照要求 | 普通教室冬至日满窗日照不应少于2h | 南向的普通教室冬至日底层满窗日照不应小于2h | 强调要求所有教室的日照时间 |
| 采暖要求 | 空气调节系统与采暖通风的设计应满足舒适度的要求，符合节约能源的原则。空调冷热源形式应因地制宜，优先选择可再生能源。但应进行经济性比较 | 教学用房设置的集中采暖系统，应根据学校的特点设计成能分区或分层调节，自成单独环路 | 强调采暖系统应节约能源，同时考虑经济和节能 |
| | 中小学校的集中采暖系统应以热水为供热介质。其采暖设计供水温度不宜高于85℃ | 无 | 强调能源使用的有效性 |
| | 普通教室室内设计温度18℃ | 普通教室室内设计温度为16~18℃ | 提高了室内舒适度要求 |
| | 寒冷、严寒地区宜在外墙和走道开小气窗，做通风道。采暖地区走道楼梯间应采暖 | 无 | 强调了节能的通风换气设置来保证室内温度 |

[1] 涂逢祥 . 建筑节能 .2001.

续表

| | 2012版中小学校建筑设计标准 | 1987版中小学校建筑设计标准 | 改进之处 |
|---|---|---|---|
| 保温要求 | 在严寒地区的冬季，地面不可忽视，应设保温层，既利于学生身体健康，也有利于节能 | 无 | 强调了地面保温的重要性 |
| 通风要求 | 总平面设计应根据当地冬夏主导风向合理布置建筑物及构筑物，有效组织校园气流，实现低能耗通风换气。且建筑内部应优先采用自然通风设施 | 教学用房应有良好的自然通风 | 强调合理布局，实现低能耗的通风换气 |
| 节水方法 | 中小学校应根据所在地的自然条件、水资源情况及经济技术发展水平，合理设置雨水收集利用系统 | 无 | 强调推广学校的节水措施 |

来源：《中小学校设计规范》GB 50099—2011与《中小学校设计规范》GBJ 99—86.

2003 年 4 月 ~ 2004 年 5 月，深圳市建筑科学研究院卜增文陆续对深圳市 10 余所学校进行能耗调查和现场实测，测得大量的数据，基本掌握了学校用能的规律。得到这些学校节省能耗的关键因素，提出关于学校用电节能的相关建议。

2005 年吴恩融在甘肃基于当地传统的建筑技术和材料，经过为期 3 年的试验和多方案对比研究，设计建造了一所节约能源、利用自然能源、尊重使用者需求的生态小学。

2011 年董立斌在对西南地区以湿热气候为主的区域——以成都地区都江堰蒲阳中学为例，分析了该学校能耗状况以及建筑舒适度的特点，从地理位置、气候、风速条件以及建筑形式等方面探讨校园建筑节能减排的实现，最后提出通过改善建筑形式来加强自然通风，降低能耗，并提高舒适度的设计方案[1]。

目前，我国在严寒地区的一些村镇学校建筑当中，开展了广泛的太阳能试点性工作。村镇学校应用被动式太阳能较多，这样有效地解决了一部分严寒地区村镇学校的冬季采暖问题。

建筑能耗在全国总能耗的比重相当大，并且呈逐年上升的势头。建筑能耗调查为降低建筑能耗，探讨节能模式提供了坚实的数据基础。但是，建筑能耗调查大部分集中在住宅、商业建筑、办公建筑三种建筑类型，近年来也逐渐开始关注高校建筑节能的重要性，并以清华大学、同济大学和山东建筑科技大学为代表，调查高校用能能耗，并着力建设校园节能示范建筑[2]。

唐伟伟、张伟林、方廷勇的《夏热冬冷地区某公共建筑能耗的计算与模拟》对夏热冬冷地区公共建筑物的能耗进行模拟，以安徽某公共建筑为例，利用 DeST 软件进行建筑节能计算与评价，分析节能潜力，提出了节能改造措施。

卢海燕的《建筑围护结构节能设计浅析》通过对建筑外围结构进行能耗分析，从外墙、门窗、屋顶等几个方面提出节能设计策略。

国内中小学校能耗调研，主要包括以下几方面：

---

[1] 龙淮定．试论建筑节能的科学发展观［J］．建筑科学，2007，23（2）：15 ~ 21.

[2] 建筑采光设计标准，GB/T 50033-2001 [S]．北京：中国建筑工业出版社，2001.

（1）采暖能耗

天津大学赵路辉硕士论文通过对学校热源的设备效率、管网效率分析天津中小学及幼儿园采暖耗热量、单位面积耗热量、人均采暖耗能量等。

（2）空调能耗

深圳市建筑科学研究院在对既有学校建筑中空调耗电量大的前提下，通过安装温度感应器和时间继电器联合控制空调的运行时间。通过限定室温、空调工作时间和红外线感应有无人的智能技术，用改造前后电量消耗的对比数据检测了空调能耗。

（3）照明能耗

天津大学赵路辉硕士论文研究教室照明能耗，将测试分为三种情况，一是白天自然采光，二是白天拉窗帘开灯，三是夜间测试。测试点为教室所有课桌和黑板。得出学校建筑不仅照明能耗高，而且教室照度低、均匀度不达标的结论。

深圳市建筑科学研究院在研究学校建筑节能改造过程中，调整照明控制方案，增设室内反光板，以加强内侧自然采光；安装节能或可控灯具来调整教室照明。通过对适宜照度、灯具功率、使用寿命、电费之间的联系，与传统灯具照明的效率作对比，得出能耗节省量和费用回收期。

（4）炊事

中小学校炊事能耗的专项调查研究较少，大多是针对商业建筑中的厨房能耗研究；从西北地区农村中小学校炊事使用情况看，大多数学校是烧煤供暖。西北农林科技大学王兰英博士论文《农村沼气生态校园模式及其综合效益评价研究》提出："厕—沼—菜"、"猪、厕—沼—菜"、"草—羊、厕—沼—果"等三种能源生态型生态校园模式，通过引入沼气贯穿整个学校的生态链，与煤炭作为炊事能源的成分与产出量作对比，实现节能。

## 四、与建筑节能相关法规的颁布和制订

### （一）国外

美国能源部的节能与再生能源办公室（Office of Energy Efficiency and Renewable Energy）负责美国的建筑节能工作，与建筑节能直接相关的项目包括两类，即建筑节能技术项目（Building Technologies Program, 简称 BTP）和联邦节能管理项目（Federal Energy Management Program, 简称 FEMP）。由 BTP 相关部分负责制定的建筑法规和标准包括公共建筑和住宅建筑法规样本，以及州建筑节能法规更新的资金和技术支持。主要的标准有《IECC 底层住宅》、《3 层及以上住宅和公共建筑节能标准》。

美国绿色校园运动是围绕 Leed 评估标准为核心，2006 年 12 月，美国绿色建筑委员会公布了绿色学校评估体系 (Leed for School)。这一评估体系是在 LEED for New

Construction(LEED NC,新建筑)的基础上发布的中小学校(K~12 Schools,即1~12年级)版本。美国绿色建筑委员会规定，从2007年4月开始，所有新修与大修的中小学校教学楼，都不再适用于LEED NC，而要使用LEED for School。2009版的LEED for School和LEED NC的基准分为100(另有6分革新设计加分和4分区域优先权加分)，但在各分项评分上仍然存在着很多差异，例如LEED for School在室内环境质量方面要求更高的得分，尤其在采光和声环境分项的评分值上；而在可持续场地、能源与大气环境、材料与资源等选项中要求得分较低。由此可见，LEED for School与LEED NC相比，更加关注学生的健康。

德国1977年开始执行第一个节能规范，1983年执行第二个节能规范，2002年发布新的节能法规,进而形成了从单一节能走向系统综合节能的转变。德国《能源节约法》(ENEV)第一版于2002年2月生效,它取代了以往的《供暖保护法》和《供暖设备法》;制订了新建建筑的能耗新标准，规范了锅炉等供暖设备的节能技术指标和建筑材料的保暖性能等。之后，又在2004年、2007年、2009年、2012年进行修订，最近的一版为2013年修订。

**(二)国内**

1.学校设计规范

2008年，由教育部和建设部联合制定及颁布的《高等学校节约型校园建设管理与技术导则》中提出，高等学校应倡导节约社会风尚，重视节能减排，强调节约型校园对建设节约型社会的重要意义。该导则具有较高的可操作性，为节约型校园提供指导。

2008年，由教育部、建设部及发改委联合发布的《汶川地震灾后重建学校规划建筑设计导则》中明确提出:“灾后学校的重建应以创建节约型校园为原则。遵循节约用地、节约能源、节约用水、节约原材料和环境保护的基本国策”，“采用适合地方特点的绿色环保技术、方法和材料，创建新型绿色校园”，“学校节约资源、保护环境的建设成果应能成为‘环境教育’课程的教学载体”，“建筑节能设计严格按照国家相关的建筑节能设计标准”等。

同年[1]，经中华人民共和国住房和城乡建设部、中华人民共和国国家发展和改革委员会共同制订了针对农村普通中小学校建设的《农村普通中小学校建设标准》。该标准以我国农村学校发展现状为依据，提供建设规模与项目构成、学校布局、选址与校园规划、建设用地指标、校舍建筑面积指标、校舍主要建筑等设计标准。

2012年1月修订版《中小学建筑设计规范》颁布及执行。新规范中强调了中小学校以建筑的节能与安全性，与旧版规范相比较，从设计原则、日照、采暖、保温、通风、

[1] 2008年3月15日,根据十一届全国人大一次会议通过的国务院机构改革方案,“建设部”改为“住房和城乡建设部”。

节水等多方面均有明显的改进与提高（表 1-4-3）。

2013 年，由中国城市科学研究会绿色建筑与节能专业委员会发布了《校园绿色评价标准》（CSUS/GBC04-2013），并从 2013 年 4 月 1 日起实施。该标准作为我国开展绿色校园（包括中小学校和高校）评价工作的重要技术依据。其中，从七个方面详细规范了绿色校园的评价标准，即总体规划、节能、节水、节材、室内环境与污染控制、运行管理和教育推广。

以上学校设计相关规范、标准的制订体现了国家对于基础教育事业的重视，体现了我国绿色校园发展及其探索研究的进展，体现了“四节—环保”、“环境育人”等理念融入教育的实践成果（表 1-4-4）。

**1986 年版与 2011 年版的《中小学设计规范》节能要求对比　　表 1-4-3**

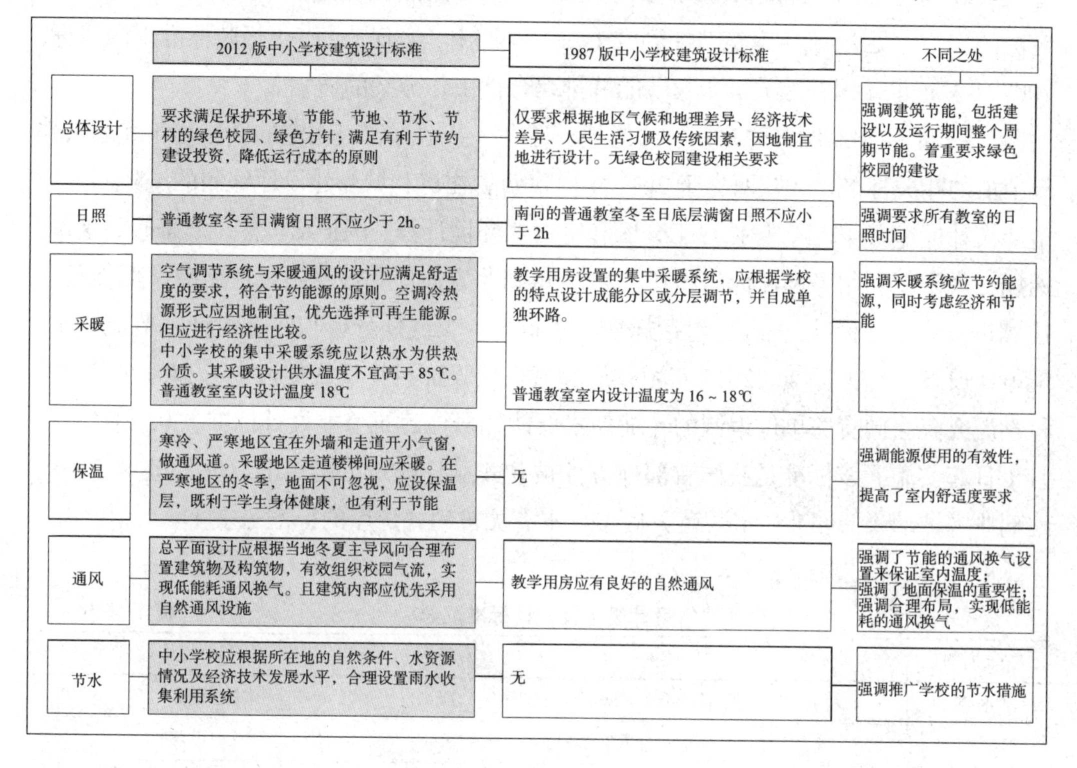

| | 2012 版中小学校建筑设计标准 | 1987 版中小学校建筑设计标准 | 不同之处 |
|---|---|---|---|
| 总体设计 | 要求满足保护环境、节能、节地、节水、节材的绿色校园、绿色方针；满足有利于节约建设投资，降低运行成本的原则 | 仅要求根据地区气候和地理差异、经济技术差异、人民生活习惯及传统因素，因地制宜地进行设计。无绿色校园建设相关要求 | 强调建筑节能，包括建设以及运行期间整个周期节能。着重要求绿色校园的建设 |
| 日照 | 普通教室冬至日满窗日照不应少于 2h。 | 南向的普通教室冬至日底层满窗日照不应小于 2h | 强调要求所有教室的日照时间 |
| 采暖 | 空气调节系统与采暖通风的设计应满足舒适度的要求，符合节约能源的原则。空调冷热源形式应因地制宜，优先选择可再生能源。但应进行经济性比较。<br>中小学校的集中采暖系统应以热水为供热介质。其采暖设计供水温度不宜高于 85℃。<br>普通教室室内设计温度 18℃ | 教学用房设置的集中采暖系统，应根据学校的特点设计成能分区或分层调节，并自成单独环路。<br>普通教室室内设计温度为 16 ~ 18℃ | 强调采暖系统应节约能源，同时考虑经济和节能 |
| 保温 | 寒冷、严寒地区宜在外墙和走道开小气窗，做通风道。采暖地区走道楼梯间应采暖。在严寒地区的冬季，地面不可忽视，应设保温层，既利于学生身体健康，也有利于节能 | 无 | 强调能源使用的有效性，<br>提高了室内舒适度要求 |
| 通风 | 总平面设计应根据当地冬夏主导风向合理布置建筑物及构筑物，有效组织校园气流，实现低能耗通风换气。且建筑内部应优先采用自然通风设施 | 教学用房应有良好的自然通风 | 强调了节能的通风换气设置来保证室内温度；<br>强调了地面保温的重要性；<br>强调合理布局，实现低能耗的通风换气 |
| 节水 | 中小学校应根据所在地的自然条件、水资源情况及经济技术发展水平，合理设置雨水收集利用系统 | 无 | 强调推广学校的节水措施 |

**学校设计规范汇总　　表 1-4-4**

| 公布时间 | 名称 | 编制单位 |
|---|---|---|
| 2008年 | 《高等学校节约型校园建设管理与技术导则》 | 教育部和建设部 |
| | 《汶川地震灾后重建学校规划建筑设计导则》 | 教育部、建设部和发改委 |
| | 《农村普通中小学校建设标准》 | 住房和城乡建设部 |
| 2012年 | 《中小学建筑设计规范》 | 住房和城乡建设部 |
| 2013年 | 《校园绿色评价标准》 | 中国城市科学研究会绿色建筑与节能专业委员会 |

2. 公共建筑节能设计规范

1986 年，我国发布了《民用建筑节能设计标准（采暖居住建筑部分）》，节能率目标是 30%。1994 年，建设部制订了《建筑节能“九五”计划和 2010 年规划，修订《民用建筑节能设计标准（采暖居住建筑部分）》，节能率目标是 50%。1999 年发布了《民用建筑节能管理规定》。2000 年 2 月 18 日颁布了《建筑节能技术政策》；2001 年 10 月 1 日，出台《中国生态住宅技术评估手册》，这是我国第一部生态住宅评估标准，同时，我国在节能建筑方面也取得了一定的进展。

2005 年由建设部、国家质量监督总局颁布的《公共建筑节能设计标准》，使建筑节能正式纳入了公共建筑的设计要求之内。2005 年 7 月 1 日，我国开始实行《夏热冬暖地区居住建筑节能设计标准》。2005 发布了修订《民用建筑节能管理规定》。2006 年施行《绿色建筑评价标准》，发布了《建设部关于贯彻〈国务院关于加强节能工作的决定〉的实施意见》，确定建筑节能到“十一五”期末，实现节约 1.1 亿吨标准煤的目标。2007 年发布了《国务院关于印发节能减排综合性工作方案的通知》。

除了上述国家颁布的政策、法规外，还有一些地方省市制定的居住建筑和公共建筑节能的相关标准，如陕西省于 2011 年由陕西省住房和城乡建设厅编制的《陕西建筑节能设计标准》，内容，包括热工分区和室内热环境计算、围护结构热工、采暖、空调、通风、太阳能利用等设计标准内容。2013 年湖北省住房和城乡建设厅出台《低能耗居住建筑节能设计标准》，内容包括规划与建筑设计、气候分区与热工设计、节能节水、配电、设备等相关标准。2015 年由住房和城乡建设部科技发展促进中心和河北省建筑科学研究院会同有关单位编制的《被动式低能耗居住建筑节能设计标准》从 2015 年 5 月 1 日起实施。该标准是我国首部地方性被动式居住建筑节能标准，也是世界范围内继瑞典《被动式低能耗住宅规范》后第二本有关被动式房屋的标准（表 1-4-5）。

**公共建筑设计规范及设计标准汇总** 表 1-4-5

| 公布时间 | 名称 | 编制单位 |
| --- | --- | --- |
| 1986年 | 《民用建筑节能设计标准（采暖居住建筑部分）》 | 国家建设部 |
| 1994年 | 《建筑节能“九五”计划》 | 国家建设部 |
| 1999年 | 《民用建筑节能管理规定》 | 国家建设部 |
| 2000年2月 | 《建筑节能技术政策》 | 国家建设部 |
| 2001年10月 | 《中国生态住宅技术评估手册》 | 全国工商联住宅产业商会联合清华大学、建设部科技发展促进中心 |
| 2005年 | 《公共建筑节能设计标准》 | 建设部、国家质量监督总局 |
| 2005年7月 | 《夏热冬暖地区居住建筑节能设计标准》 | 国家建设部 |
| 2005年 | 《民用建筑节能管理规定》 | 国家建设部 |
| 2006年 | 《建设部关于贯彻〈国务院关于加强节能工作的决定〉的实施意见》 | 国家住房和城乡建设部 |

续表

| 公布时间 | 名称 | 编制单位 |
| --- | --- | --- |
| 2007年 | 《国务院关于印发节能减排综合性工作方案的通知》 | 发展改革委员会 |
| 2011年 | 《陕西建筑节能设计标准》 | 陕西省住房和城乡建设厅 |
| 2013年 | 《低能耗居住建筑节能设计标准》 | 湖北省住房和城乡建设厅 |
| 2015年 | 《被动式低能耗居住建筑节能设计标准》 | 住房和城乡建设部科技发展促进中心和河北省建筑科学研究院会同有关单位 |

# 第二章　分析研究

本章节依据对能耗和舒适度影响的现状调查分析，引入循环经济与科技展示措施，提出初步的节能策略，运用软件模拟的方法验证节能策略的正确性，并进一步分析建筑空间组合、空间形式、外围护结构与能耗及舒适度的关系，从而提出相应的节能优化模式。

# 第一节　现状问题

## 一、校园总体规划现状问题及影响因素

根据对西北地区农村学校的现状调研，校园总平面规划存在如下问题：

①校园总体布局未考虑地域气候条件：西北地区各地校园布局雷同，没有与自然环境较好契合，没有考虑到地域气候条件风、光、热等环境影响因素。

② 校园微气候环境差：使用污染能源，污染严重；未采用调温、调湿等绿色规划设计措施；夏季未考虑遮阳，冬季未设防风措施。

③ 学校卫生状况差：大多数学校仍使用露天旱厕，夏季蚊虫滋生，气味难闻。

④ 校园外部空间环境单一，缺乏学生环境教育设施：校园规划仍采用适应传统教学方式的空间设计方法，以大面积的硬质铺地为主，缺少绿化、景观小品和室外实践基地。因此，学生缺乏生态科技认知机会和实践动手机会，导致校园空间环境对学生的教育作用很微弱，并且影响学生的生活环境品质。

针对上述现状问题，分析影响校园规划的主要方面如下：

**（一）当地气候对校园规划的影响**

气候是影响建筑设计及规划必不可少的因素，直接影响到人的正常生活行为、感受和生理健康，尤其对处于生长阶段的学生尤为重要。气候主要是光环境、风环境、降水、气温四个因素影响校园规划：

1. 风环境

西北绝大多数地区常年主导风向为西北风，春季风沙较多，如宁夏、甘肃和新疆，受沙尘暴天气影响严重，因此校园规划应考虑冬春季防风、防沙设计。陕南地区夏季湿热、新疆吐鲁番地区、北疆地区夏季酷热，需解决夏季通风、导风。西北地区风力大、风能资源丰富，集中在甘肃西部、宁夏中北部，校园应重视对风能资源的利用。

我国《民用建筑绿色设计标准》对室外的风环境设计有明确要求，如①在建筑周围的行人区的 1.5m 位置处风速应小于 5m/s；②冬季应保证建筑物前后气压差不大于 5Pa；③夏季应保证大于 75% 的板式建筑物前后有 1.5Pa 的气压差，以避免局部的涡旋、死角，保证室内自然通风。

2. 光环境

西北绝大多数地区太阳辐射量高，日照时间长，除陕西南部外的地区年日照时间均在 2500h 以上，太阳能条件非常丰富，见表 2-1-1。

全国太阳能热能等级相应地区　　表 2-1-1

| 等级 | 全年总辐射能（万kcal/m²） | 全年日照时数（h） | 地区 | 太阳能条件 | 世界相当区 |
|---|---|---|---|---|---|
| 一 | 160~200 | 3200~3300 | 宁夏北、甘肃北、新疆东南、青海西、西藏西 | 最富区 | 印度、巴基斯坦 |
| 二 | 140~160 | 3000~3200 | 河北西北、山西北、内蒙古及宁夏南、甘肃中、青海东、西藏南、新疆南 | 富区 | 印尼雅加达一带 |
| 三 | 120~140 | 3200~3000 | 山东、河南、河北东南、山西南、新疆北、吉林、辽宁、云南、陕北、甘肃东南、广东南 | 中等 | 美国华盛顿 |
| 四 | 100~120 | 1400~2200 | 湖南、广西、江西、浙江、湖北、福建北、广东北、陕南、安徽南部 | 较差 | 意大利米兰 |
| 五 | 80~100 | 1000~1400 | 四川、贵州 | 差 | 法国巴黎 |

注：属于西北地区使用黑体标示。

西北地区太阳能资源优势显著，其绝大多数处于太阳能条件最富区和富区，全年总辐射能高达 140 ~ 200 万 kcal/m²。因此，该地区校园具有充分利用太阳能资源的有利条件，可利用太阳能冬季供暖。甘肃、宁夏等地区已有学校的教学楼南向外墙设计为太阳能集热墙的实例，并收到较好的效果，冬季白天室外温度 0℃时，室内可达 8℃；太阳能用于夜间照明，平均每天夜间照明时间为 5 个小时，满足校园内学生夜间活动时段的需要。

西北地区日照时间长，夏季日照强烈，大部分属黄土高原、青藏高原，海拔较高，尤其是青海、甘肃西部，紫外线强烈，校园规划应考虑室内外空间的夏季防晒、遮阳。

3. 热环境

在热工分区上，西北地区多为寒冷及严寒地区，冬季时间长，气温低，甘肃、宁夏、青海、新疆全年的平均气温不足 10℃，采暖期四个月左右，校园规划应注重保温防寒设计。关中和陕南地区年平均气温在 14℃左右，最冷月平均气温为 0 ~ 3℃，最热月平均气温为 24 ~ 27.5℃；陕南较高，夏季湿度大，校园规划应兼顾冬季保温和夏季降温除湿的设计。吐鲁番地区地处盆地，气候独特，夏季高温酷热，炎热期长，平均酷热日数（最高气温≥ 35℃日数）在 70 ~ 90 天左右，校园规划的降温措施十分重要。

4. 降水

西北地区除陕西南部，降水普遍较少，部分处于严重干旱地区，集中在宁夏中部、青海海东地区北部、甘肃西部、新疆地区，其年降水量不足 200mm，校园应有保湿、蓄水功能，校园植物配置尤其注重抗旱特性。陕西南部常年气候湿润，夏季多雨闷热，年降水量在 700 ~ 1000mm，校园应对防水、防潮、除湿重视。宁夏南部受山地影响，降水分布不均匀，夏季多暴雨，校园规划对排水要求较高。

小结：

西北地区气候对校园影响主要在冬季，校园规划应重点解决校园冬季防风寒、防风沙，以及夏季防晒遮阳，防涝排水；局部地区注意夏季通风导风、降温等设计，重视保水、调湿，并根据各地条件有效利用太阳能、风能资源。

### （二）当地能源资源对校园规划的影响

1. 传统能源

西北地区煤、石油、铁、镍、盐等矿产资源储备丰富，能源消费仍然是以煤炭、石油消费为主。校园主要消耗能源是煤，新疆、甘肃个别学校使用天然气，能源利用集中在冬季采暖上。由于采暖时间较长，一般为 4 个月左右，煤的消耗及利用效率均影响到校园环境和学校经费的投入等方面。

2. 清洁资源

西北地区的气候条件给西北好多地区带来了丰富的太阳能、风能等，而农村的生活环境决定了农村地区较有特色的资源，如农作物秸秆等生物质能。随着农村经济和建设的快速发展，农村生态节能建设也在不断尝试和蓬勃发展中，其中不少资源和适宜技术可用于农村校园，改善校园环境及用能现状（表 2-1-2）。

**西北五省区能源资源一览表** 表 2-1-2

| 省区 | 地理位置分区 | 热工分区 | 能源资源 | |
|---|---|---|---|---|
| | | | 传统能源 | 清洁能源 |
| 陕西 | 陕北 | 严寒地区 | 煤炭、石油、天然气 | 风能、太阳能、生物质能（果木枝条、薯类作物） |
| | 关中 | 寒冷地区 | 煤炭、煤层气 | 太阳能、生物质能（农作物秸秆、城市垃圾） |
| | 陕南 | 夏热冬冷地区 | 水、电能 | 生物质能（林业废弃物、木本油料能源） |
| 甘肃 | 甘肃中部 | 严寒地区 | 煤炭、石油、煤层气 | 太阳能、生物质能 |
| | 甘肃西部 | 寒冷地区 | 石油 | 风能、太阳能 |
| 宁夏 | 宁夏北部 | 寒冷地区 | 煤炭、石油、天然气 | 太阳能、地热 |
| | 宁夏中部 | 寒冷地区 | 煤炭、石油、天然气 | 太阳能 |
| | 宁夏南部 | 寒冷地区 | 煤炭、石油、天然气 | 风能 |
| 青海 | 海东地区东部 | 寒冷地区 | 煤炭、石油、天然气 | 太阳能、风能 |
| | 海东地区北部 | 严寒地区 | 煤炭、石油、天然气 | 太阳能、风能 |
| 新疆 | 吐鲁番地区 | 寒冷地区 | 煤炭、石油、天然气 | 风能、太阳能、生物质能 |
| | 新疆北区 | 严寒地区 | 煤炭、石油、天然气 | 风能、太阳能、生物质能（棉花秸秆）、地热能 |

西北地区能源资源对校园规划的影响取决于对资源、能源用能的利用方式。如应用煤炭的学校需规划煤炭储存场地或空间，通过锅炉集中供暖的学校需设置锅炉房，且这些后勤空间均应远离教学区；应用太阳能取暖的学校需根据条件设置阳光间，应用生物质能的学校需设置发酵沼气系统场地等。

### （三）循环经济对校园规划的影响

所谓循环经济，即物质闭环流动型经济，是以资源的高效、循环利用为核心，以“3R”（减量化 Reduce、再利用 Reuse、再循环 Recycle）为原则，以低消耗、低排放、高效率为基本特征的社会生产和再生产模式，运用生态学规律来指导人类社会的经济活动，实质就是以最少的资源消耗和最小的环境代价实现最大的发展效益。

循环经济是一种全新的经济发展模式，它遵循的是生态经济规律，是实现可持续发展的有效途径。循环经济引入校园将是达到校园环境的可持续发展、学校开展综合广泛的环境教育的一种方法和途径。循环经济引入农村，发展农业生态循环，如沼气、秸秆等农村资源的循环再利用，既能有效利用能源资源，减少或消除污染，促进经济增长方式转变，还能保护环境，促进社会主义新农村的发展。作为农村校园，理应承担教育和推广先进科技的责任，应是循环经济理论的践行者。且农村校园具有农村地区的自然环境和资源，以农业生态循环的实践经验为基础，将循环经济引入校园是十分可行的。

根据西北地区农村校园的现状调研，大部分农村地区无上下水系统，且西北属于缺水地区，在学校建立水厕较为困难；95% 以上学校使用传统的旱厕，旱厕气味难闻，蚊虫滋生卫生差，且存在安全隐患，严重影响学生身心健康成长。结合当地的气候与能源资源，利用农业生态循环技术建立沼气厕所，在西北地区已有校园实施，可有效地解决卫生问题。

循环经济对校园规划的影响主要是需考虑生态循环的工艺流程。工艺流程各环节对应的不同空间场地规划应满足种植、养殖与沼气池之间距离较近，管网连接及运输线路较短。

**（四）环境教育对校园规划的影响**

根据调研，多数西北地区农村校园以硬质铺地为主，绿化景观数量少且品种单一，缺乏搭配设计，不利于学生认知大自然。而且，西北农村校园还普遍存在着生态措施和学生教育脱节，师生缺乏环保意识的问题。据调研，在使用清洁能源学校中，90% 以上没有充分利用其良好的知识展示资源，85% 师生及家长并不了解学校正在使用的太阳能集热墙的工作原理，且家长对学校不采暖表示极大的不满；43% 的学生不了解校内正在使用的沼气生态循环系统。对学生的问卷访谈中，学生普遍环保理念淡薄，对四节一环保等理念了解甚少，学校开展的相关课外活动较少。而学校对环境教育的重视程度不高，课程仅限于书本，学生无体验机会，没有学习兴趣，缺乏认知机会。如宁夏陈靳小学，由于校方对太阳能集热墙原理知之甚少，导致学校建筑在抗震加固中，对集热墙进行改造，破坏了其设计结构。

整个校园，都可以是教育的大课堂，要让学生视线及脚步所涉及的场所环境，都具有教育作用。因此，一方面需要建设校园生态景观，帮助学生认识大自然，并且陶冶学生的思想情怀，利于学生的知识获取及身心健康；另一方面需要建设生态科技展示平台，使学生在耳濡目染中习得生态科技理念与知识。建构校园环境感知和科技展示的校园教育系统，通过校园环境潜移默化地影响学生。

## 二、西北地区农村学校能耗调查与分析

通过对西北地区农村学校建筑能耗的大量实地调查，分析学校能耗状况与建筑平面形式、围护结构构造、用能方式之间的关系，旨在为之后农村学校建筑节能减排相关研究提供基础数据与依据。

收集方法：为了便于统计和比较，将全部标准用煤量按发电效率折算为等效电，可以看出建筑各种用途的电耗指标及其比例。

换算方法如下：

天然气每立方燃烧热值为 8000 大卡至 8300 大卡，煤每千克燃烧热值为 7000 大卡，1 大卡 =4.1868 千焦（kj），所以每立方米天然气燃烧热值为 33494.4 ~ 35587.8kj，每千克煤的燃烧值是 7080kj，而 1 度电 =1kW × h=3.6 × 106J=3.6 × 103KJ。

即：$1m^3$ 燃烧天然气热值相当于 9.3 ~ 9.88 度电产生的热能；

1kg 煤燃烧相当于 1.97 度电产生的热能；

1kg 柴燃烧相当于 0.33 度电产生的热能 。

将能耗总量除以建筑面积得到单位面积的采暖能耗，可将不同建筑面积的学校能耗使用状况进行比较。

### （一）西北地区农村中小学校能耗现状

1. 建筑走廊式布局的平面形式及用能现状

通过现场访谈对学校的用能类型、用能构成、用能方式、能耗用量进行调查。发现农村学校用能类型主要为传统能源和清洁能源两大类，具体包括电力、煤、油、气、热力、太阳能、地热、沼气等。用能构成包括供暖、照明、炊事、教学动力等四方面。

1）采暖用能

（1）教学楼采暖用能（表 2-1-3）

学校教学楼采暖状况表　　表 2-1-3

| 省区 | 热工分区 | 学校 | 建筑面积（万$m^2$） | 走廊形式 | 室内温度（℃） | 室外温度（℃） | 供暖方式 | 单位面积采暖能耗（kW · h/$m^2$） |
|---|---|---|---|---|---|---|---|---|
| 陕西 | 严寒地区 | 延长县张家滩中心小学 | 0.81 | 开敞南外廊 | 5.59 | 1 | 煤炉供暖 | 33.26 |
| | | 延长县七里村红军小学 | 0.65 | 开敞南外廊 | 12.37 | –0.72 | 煤炉供暖 | 16.75 |
| | | 榆林第七中学 | 0.65 | 中廊 | 15.22 | –5.2 | 锅炉供暖 | 32.13 |
| | | 榆林中学 | 11.2 | 封闭双外廊 | 12.25 | –4.4 | 锅炉供暖 | 35.18 |
| | | 榆林牛家梁小学 | 0.72 | 平房 | 13.26 | –5.6 | 煤炉供暖 | 24.63 |
| | | 榆林孟家湾小学 | 0.60 | 开敞南外廊 | 11.26 | –4.0 | 煤炉供暖 | 26.77 |
| | | 榆林鱼家卯小学 | 0.42 | 开敞南外廊 | 13.47 | –8.2 | 煤炉供暖 | 19.59 |

续表

| 省区 | 热工分区 | 学校 | 建筑面积（万m²） | 走廊形式 | 室内温度（℃） | 室外温度（℃） | 供暖方式 | 单位面积采暖能耗（kW·h/m²） |
|---|---|---|---|---|---|---|---|---|
| 陕西 | 寒冷地区 | 泾干镇中学 | 1.62 | 开敞南外廊 | 11.41 | 4.02 | 锅炉供暖 | 19.25 |
| | | 范家寨中学 | 0.72 | 开敞南外廊 | 9.49 | 3.81 | 锅炉供暖 | 16.39 |
| | | 四兴小学 | 0.88 | 中廊 | 11..23 | 2.82 | 煤炉供暖 | 17.42 |
| | | 高楼河乡中心小学 | 1.08 | 开敞北外廊 | 13.47 | 3.72 | 煤炉供暖 | 21.08 |
| | | 杨凌西大寨中学 | 0.12 | 开敞南外廊 | 15.48 | 1.22 | 煤炉供暖 | 29.16 |
| | 夏热冬冷地区 | 华阳县中心小学 | 0.98 | 中廊 | 8.53 | 3.22 | 锅炉供暖 | 17.44 |
| | | 溢水镇中心小学 | 0.87 | 开敞南外廊 | 11.21 | 3.54 | 锅炉供暖 | 16．85 |
| | | 朱鹮湖小学 | 3.23 | 开敞南外廊 | 9.51 | 4.43 | 煤炉供暖 | 11.86 |
| | | 宁强县天津高级中学 | 0.74 | 中廊 | 8.82 | 3.25 | 锅炉供暖 | 25.27 |
| 甘肃 | 寒冷地区 | 三合乡中心小学 | 0.97 | 封闭北外廊 | 13.47 | 3.72 | 太阳能供暖 | 2.11 |
| | | 北集小学 | 0.92 | 开敞南外廊 | 13.72 | 1.03 | 煤炉供暖 | 22.46 |
| | | 任岔小学 | 0.84 | 开敞南外廊 | 11.72 | 3.51 | 煤炉供暖 | 18.52 |
| | | 张安小学 | | 平房 | 9.28 | 0.84 | 煤炉供暖 | 16.22 |
| | 严寒地区 | 酒泉四中 | 0.2 | 中廊 | 4.32 | –0.45 | 锅炉供暖 | 21.54 |
| | | 西峰乡中学 | 0.92 | 中廊 | 4.8 | –6.3 | 地缘热供暖 | 8.41 |
| | | 玉门镇高级中学 | 1.24 | 中廊 | 12.8 | –7.2 | 锅炉供暖 | 24.57 |
| 宁夏 | 寒冷地区 | 李俊中心小学 | 0.92 | 中廊 | 14.72 | 1.03 | 锅炉供暖 | 33.76 |
| | | 同心县实验小学 | 0.74 | 中廊 | 8.82 | 3.25 | 锅炉供暖 | 32.18 |
| | | 丁家塘中心小学 | 0.92 | 开敞南外廊 | 9.72 | 1.03 | 太阳能供暖 | 2.54 |
| | | 沙塘中心小学 | 0.37 | 封闭北外廊 | 10.23 | 1.27 | 太阳能供暖 | 3.87 |
| 青海 | 严寒地区 | 互助县一中 | 0.23 | 开敞南外廊 | 9.37 | –0.12 | 煤炉供暖 | 33.57 |
| | | 班家湾小学 | 0.88 | 中廊 | 3．5 | 7.23 | 锅炉供暖 | 35.26 |
| | | 互助县逸夫小学 | 0.23 | 开敞南外廊 | 5.37 | –0.12 | 锅炉供暖 | 29.28 |
| | 寒冷地区 | 新民中学 | 0.92 | 中廊 | 9.72 | 1.03 | 锅炉供暖 | 16.45 |
| | | 川口小学 | 1.02 | 中廊 | 12.27 | 4.26 | 锅炉供暖 | 17.26 |
| | | 峡门镇中心小学 | 0.84 | 开敞南外廊 | 10.28 | 3.33 | 锅炉供暖 | 21.51 |
| | | 铁家庄学校 | 0.33 | 开敞南外廊 | 7.88 | 1.49 | 锅炉供暖 | 19.26 |
| 新疆 | 寒冷地区 | 恰特勒克乡中心中学 | 0.84 | 中廊 | 16.72 | 3.51 | 锅炉供暖 | 27.28 |
| | | 恰特勒克乡拜什巴拉小学 | 0.76 | 中廊 | 14.37 | –0.12 | 锅炉供暖 | 25.52 |
| | | 恰特勒克乡阔什坎儿孜小学 | 0.27 | 开敞南外廊 | 15.72 | 3.51 | 锅炉供暖 | 31.25 |
| | | 恰特勒克阿吉坎儿孜小学 | 0.97 | 中廊 | 10.47 | 3.72 | 锅炉供暖 | 21.24 |
| | 严寒地区 | 昌吉榆树沟镇中心小学 | 0.6 | 中廊 | 8.72 | 1.03 | 锅炉供暖 | 42.28 |
| | | 昌吉市七中 | | 中廊 | 14.72 | –5.9 | 锅炉供暖 | 39.26 |

## （2）学校办公楼采暖用能（表 2-1-4）

**学校办公楼采暖状况表** 表 2-1-4

| 省区 | 热工分区 | 学校 | 建筑面积（万$m^2$） | 走廊形式 | 室内温度（℃） | 室外温度（℃） | 供暖方式 | 单位面积采暖能耗（kW · $h/m^2$） |
|---|---|---|---|---|---|---|---|---|
| 陕西 | 严寒地区 | 延长县张家滩中心小学 | 0.81 | 开敞南外廊 | 5.59 | 1 | 煤炉供暖 | 33.26 |
| | | 延长县七里村红军小学 | 0.65 | 开敞南外廊 | 12.37 | –0.72 | 煤炉供暖 | 16.75 |
| | | 榆林第七中学 | 0.65 | 中廊 | 15.22 | –3.2 | 锅炉供暖 | 32.13 |
| | | 榆林中学 | 11.2 | 封闭双外廊 | 15.34 | –4.4 | 锅炉供暖 | 35.18 |
| | | 榆林牛家梁小学 | 0.72 | 平房 | 13.26 | –5.6 | 煤炉供暖 | 24.63 |
| | | 榆林孟家湾小学 | 0.60 | 开敞南外廊 | 11.26 | –4.0 | 煤炉供暖 | 26.77 |
| | | 榆林鱼家卯小学 | 0.42 | 开敞南外廊 | 13.47 | –8.2 | 煤炉供暖 | 19.59 |
| | 寒冷地区 | 泾干镇中学 | 1.62 | 开敞南外廊 | 11.41 | 4.02 | 锅炉供暖 | 19.25 |
| | | 范家寨中学 | 0.72 | 开敞南外廊 | 9.49 | 3.81 | 锅炉供暖 | 16.39 |
| | | 四兴小学 | 0.88 | 中廊 | 11..23 | 2.82 | 煤炉供暖 | 17.42 |
| | | 玉华镇第二小学 | 0.05 | 开敞南外廊 | | | 煤炉供暖 | 21.08 |
| | | 高楼河乡中心小学 | 1.08 | 开敞北外廊 | 13.47 | 3.72 | 煤炉供暖 | 29.16 |
| | | 杨凌西大寨中学 | 0.12 | 开敞南外廊 | 15.48 | 1.22 | 煤炉供暖 | 17.44 |
| | 夏热冬冷地区 | 华阳县中心小学 | 0.98 | 中廊 | 8.53 | 3.22 | 锅炉供暖 | 16.85 |
| | | 溢水镇中心小学 | 0.87 | 开敞南外廊 | 7.11 | 3.54 | 锅炉供暖 | 21.86 |
| | | 朱鹮湖小学 | 3.23 | 开敞南外廊 | 9.51 | 4.43 | 煤炉供暖 | 25.27 |
| | | 宁强县天津高级中学 | 0.74 | 中廊 | 8.82 | 3.25 | 锅炉供暖 | 8.11 |
| | | 宁强县第一初级中学 | 6.5 | 中廊 | 9.43 | 3.21 | 锅炉供暖 | 22.46 |
| | | 宁强县南街小学 | 3.62 | 开敞南外廊 | 8.72 | 3.51 | 锅炉供暖 | 18.52 |
| | | 毛坝河镇初级中学 | 1.31 | | 7.57 | 3.23 | 煤炉供暖 | 16.22 |
| | | 毛坝河镇八庙镇中学 | 0.92 | | 9.24 | 4.71 | 煤炉供暖 | 12.42 |
| 甘肃 | 寒冷地区 | 三合乡中心小学 | 0.97 | 封闭北外廊 | 8.47 | 3.72 | 太阳能供暖 | 21.54 |
| | | 北集小学 | 0.92 | 开敞南外廊 | 6.72 | 1.03 | 煤炉供暖 | 8.41 |
| | | 任岔小学 | 0.84 | 开敞南外廊 | 8.72 | 3.51 | 煤炉供暖 | 24.57 |
| | | 张安小学 | | 平房 | | | 煤炉供暖 | 33.76 |
| | | 重星小学 | 0.23 | 开敞南外廊 | 5.37 | –0.12 | 煤炉供暖 | 32.18 |
| | 严寒地区 | 酒泉四中 | 0.2 | 中廊 | 4.32 | –0.45 | 锅炉供暖 | 2.54 |
| | | 西峰乡中学 | 0.92 | 中廊 | 4.8 | –6.3 | 地缘热供暖 | 3.87 |
| | | 玉门镇高级中学 | 1.24 | 中廊 | 10.8 | –7.2 | 锅炉供暖 | 33.57 |
| 宁夏 | 寒冷地区 | 李俊中心小学 | 0.92 | 中廊 | 6.72 | 1.03 | 锅炉供暖 | 35.26 |
| | | 胜利乡逸夫小学 | 0.84 | 开敞南外廊 | 8.72 | 3.51 | 煤炉供暖 | 29.28 |
| | | 望远镇逸夫小学 | 0.9 | 开敞南外廊 | 4.71 | 475 | 煤炉供暖 | 16.45 |
| | | 同心县实验小学 | 0.74 | 中廊 | 8.82 | 3.25 | 锅炉供暖 | 17.26 |

续表

| 省区 | 热工分区 | 学校 | 建筑面积（万m²） | 走廊形式 | 室内温度（℃） | 室外温度（℃） | 供暖方式 | 单位面积采暖能耗（kW·h/m²） |
|---|---|---|---|---|---|---|---|---|
| 宁夏 | 寒冷地区 | 丁家塘中心小学 | 0.92 | 封闭北外廊 | 9.72 | 1.03 | 太阳能供暖 | 21.51 |
| | | 沙塘中心小学 | 0.37 | 中廊 | 10.23 | 1.27 | 太阳能供暖 | 19.26 |
| | | 温堡中学 | 0.42 | 封闭北外廊 | 8.72 | 3.51 | 锅炉供暖 | 27.28 |
| 青海 | 严寒地区 | 互助县一中 | 0.23 | 开敞南外廊 | 9.37 | –0.12 | 煤炉供暖 | 25.52 |
| | | 班家湾小学 | 0.88 | 中廊 | 3.5 | 7.23 | 锅炉供暖 | 31.25 |
| | | 互助县逸夫小学 | 0.23 | 开敞南外廊 | 5.37 | –0.12 | 锅炉供暖 | 21.24 |
| | 寒冷地区 | 新民中学 | 0.92 | 中廊 | 9.72 | 1.03 | 锅炉供暖 | 42.28 |
| | | 川口小学 | 1.02 | 中廊 | 12.27 | 4.26 | 锅炉供暖 | 39.26 |
| | | 峡门镇中心小学 | 0.84 | 开敞南外廊 | 9.72 | 3.51 | | 33.26 |
| | | 金城学校 | | 中廊 | | | 煤炉供暖 | 16.75 |
| | | 鉄家庄学校 | 0.33 | 开敞南外廊 | 7.88 | 1.49 | 锅炉供暖 | 32.13 |
| 新疆 | 寒冷地区 | 恰特勒克乡中心中学 | 0.84 | 中廊 | 8.72 | 3.51 | 锅炉供暖 | 35.18 |
| | | 恰特勒克乡拜什巴拉小学 | 0.76 | 中廊 | 6.37 | –0.12 | 锅炉供暖 | 24.63 |
| | | 恰特勒克乡阔什坎儿孜小学 | 0.27 | 中廊 | | | 锅炉供暖 | 26.77 |
| | | 恰特勒克阿吉坎儿孜小学 | 0.97 | 中廊 | 10.47 | 3.72 | 锅炉供暖 | 19.59 |
| | 严寒地区 | 昌吉榆树沟镇中心小学 | 0.6 | 封闭北外廊 | 8.72 | 1.03 | 锅炉供暖 | 19.25 |
| | | 昌吉市七中 | | 中廊 | 14.72 | –5.9 | 锅炉供暖 | 16.39 |

（3）学校宿舍楼采暖用能（表 2-1-5）

**学校宿舍楼采暖状况表** **表 2-1-5**

| 省区 | 热工分区 | 学校 | 建筑面积（万m²） | 走廊形式 | 室内温度（℃） | 室外温度（℃） | 供暖方式 | 单位面积采供暖能耗（kW·h/m²） |
|---|---|---|---|---|---|---|---|---|
| 陕西 | 严寒地区 | 延长县张家滩中心小学 | 0.81 | 开敞南外廊 | 5.59 | 1 | 煤炉供暖 | 39.26 |
| | | 榆林第七中学 | 0.65 | 中廊 | 15.22 | –10.2 | 锅炉供暖 | 41.14 |
| | | 榆林中学 | 1.2 | 中廊 | 12.25 | –11.4 | 锅炉供暖 | 32.68 |
| | | 榆林牛家梁小学 | 0.72 | 平房 | 13.26 | –10.6 | 煤炉供暖 | 31.44 |
| | | 榆林孟家湾小学 | 0.60 | 开敞南外廊 | 7.26 | –10.0 | 煤炉供暖 | 33.42 |
| | 寒冷地区 | 泾干镇中学 | 1.62 | 开敞南外廊 | 11.41 | 4.02 | 锅炉供暖 | 21.55 |
| | | 范家寨中学 | 0.72 | 开敞南外廊 | 9.49 | 3.81 | 锅炉供暖 | 16.39 |
| | | 杨凌西大寨中学 | 0.12 | 开敞南外廊 | 12.48 | 1.22 | 煤炉供暖 | 29.16 |
| | 夏热冬冷地区 | 华阳县中心小学 | 0.98 | 中廊 | 13.53 | 3.22 | 锅炉供暖 | 19.83 |
| | | 朱鹮湖小学 | 3.23 | 开敞南外廊 | 9.51 | 4.43 | 煤炉供暖 | 21.86 |
| | | 宁强县天津高级中学 | 0.74 | 中廊 | 13.82 | 3.25 | 锅炉供暖 | 33.27 |

续表

| 省区 | 热工分区 | 学校 | 建筑面积（万m²） | 走廊形式 | 室内温度（℃） | 室外温度（℃） | 供暖方式 | 单位面积采供暖能耗（kW·h/m²） |
|---|---|---|---|---|---|---|---|---|
| 甘肃 | 寒冷地区 | 三合乡中心小学 | 0.97 | 中廊 | 8.47 | 3.72 | 太阳能供暖 | 11.14 |
| | | 北集小学 | 0.92 | 开敞南外廊 | 9.72 | 1.03 | 煤炉供暖 | 26.52 |
| | | 重星小学 | 0.23 | 开敞南外廊 | 12.37 | –0.12 | 煤炉供暖 | 19.27 |
| | 严寒地区 | 酒泉四中 | 0.2 | 中廊 | 11.32 | –0.45 | 锅炉供暖 | 24.92 |
| | | 西峰乡中学 | 0.92 | 中廊 | 14.8 | –6.3 | 地缘热供暖 | 8.89 |
| 宁夏 | 寒冷地区 | 李俊中心小学 | 0.92 | 中廊 | 9.72 | 1.03 | 锅炉供暖 | 45.31 |
| | | 胜利乡逸夫小学 | 0.84 | 开敞南外廊 | 8.72 | 3.51 | 煤炉供暖 | 52.47 |
| | | 望远镇逸夫小学 | 0.9 | 开敞南外廊 | 12.71 | 475 | 煤炉供暖 | 39.88 |
| | | 同心县实验小学 | 0.74 | 中廊 | 11.82 | 3.25 | 锅炉供暖 | 36.26 |
| | | 丁家塘中心小学 | 0.92 | 开敞南外廊 | 9.72 | 1.03 | 太阳能供暖 | 27.54 |
| | | 沙塘中心小学 | 0.37 | 中廊 | 10.23 | 1.27 | 太阳能供暖 | 7.26 |
| | | 温堡中学 | 0.42 | 开敞南外廊 | 8.72 | 3.51 | 锅炉供暖 | 32.15 |
| 青海 | 严寒地区 | 互助县一中 | 0.23 | 开敞南外廊 | 9.37 | –0.12 | 煤炉供暖 | 36.25 |
| | | 班家湾小学 | 0.88 | 中廊 | 7.24 | 3.5 | 锅炉供暖 | 33.42 |
| | | 互助县逸夫小学 | 0.23 | 开敞南外廊 | 5.37 | –0.12 | 锅炉供暖 | 21.58 |
| | 寒冷地区 | 新民中学 | 0.92 | 中廊 | 14.72 | 1.03 | 锅炉供暖 | 17.46 |
| | | 峡门镇中心小学 | 0.84 | 开敞南外廊 | 12.72 | 3.51 | | 17.28 |
| 新疆 | | 恰特勒克乡中心中学 | 0.84 | 中廊 | 15.72 | 3.51 | 锅炉供暖 | 37.24 |
| | | 恰特勒克乡拜什巴拉小学 | 0.76 | 中廊 | 11.37 | –0.12 | 锅炉供暖 | 32.16 |
| | | 恰特勒克阿吉坎儿孜小学 | 0.97 | 中廊 | 10.47 | 3.72 | 锅炉供暖 | 27.18 |
| | 严寒地区 | 昌吉榆树沟镇中心小学 | 0.6 | 中廊 | 14.72 | 1.03 | 锅炉供暖 | 42.35 |
| | | 昌吉市七中 | | 中廊 | 15.72 | –5.9 | 锅炉供暖 | 44.63 |

表格分析结论：

①大部分使用煤炉供暖的学校，一定规模下，单位面积采暖能耗较高，平均在27kW·h/m²。

②使用锅炉房区域供暖的学校，一定规模下，单位面积采暖能耗较煤炉采暖方式耗能少，平均在17～22kW·h/m²。

③而使用清洁能源供暖的学校，一定规模单位面积采暖能耗最少，平均在7～10 kW·h/m²。

2）照明用能（表 2-1-6）

照明用能状况表　　表 2-1-6

| 省区 | 热工分区 | 学校 | 建筑面积（万$m^2$） | 走廊形式 | 教室平均照度（lx） | 用能（大卡） |
|---|---|---|---|---|---|---|
| 陕西 | 严寒地区 | 延长县张家滩中心小学 | 0.81 | 开敞南外廊 | 374 | 9800 |
| | | 延长县七里村红军小学 | 0.65 | 开敞南外廊 | 323 | 5320 |
| | | 榆林第七中学 | 0.65 | 中廊 | 344 | 10000 |
| | | 榆林中学 | 1.20 | 封闭双外廊 | 315 | 12000 |
| | | 榆林牛家梁小学 | 0.72 | 平房 | 277 | 4500 |
| | | 榆林孟家湾小学 | 0.60 | 开敞南外廊 | 351 | 8500 |
| | | 榆林鱼家卯小学 | 0.42 | 开敞南外廊 | 373 | 7500 |
| | 寒冷地区 | 泾干镇中学 | 1.62 | 开敞南外廊 | 336 | 8000 |
| | | 范家寨中学 | 0.72 | 开敞南外廊 | | 1.16 |
| | | 四兴小学 | 0.88 | 中廊 | 318 | 4000 |
| | | 玉华镇第二小学 | 0.05 | 开敞南外廊 | 326 | 6000 |
| | | 高楼河乡中心小学 | 1.08 | 开敞北外廊 | 347 | 6000 |
| | | 杨凌西大寨中学 | 0.12 | 开敞南外廊 | 322 | 8000 |
| | 夏热冬冷地区 | 华阳县中心小学 | 0.98 | 中廊 | 318 | 3000 |
| | | 溢水镇中心小学 | 0.87 | 开敞南外廊 | 362 | 2000 |
| | | 朱鹮湖小学 | 3.23 | 开敞南外廊 | 355 | 1.46 |
| | | 宁强县天津高级中学 | 0.74 | 中廊 | 332 | 14000 |
| | | 宁强县第一初级中学 | 6.5 | 中廊 | 341 | 12000 |
| | | 宁强县南街小学 | 3.62 | 开敞南外廊 | 357 | 8000 |
| | | 毛坝河镇初级中学 | 1.31 | | 372 | 6000 |
| | | 毛坝河镇八庙镇中学 | 0.92 | | 318 | 6500 |
| 甘肃 | 寒冷地区 | 三合乡中心小学 | 0.97 | 封闭北外廊 | 317 | 12500 |
| | | 北集小学 | 0.92 | 开敞南外廊 | 427 | 7000 |
| | | 任岔小学 | 0.84 | 开敞南外廊 | 403 | 7000 |
| | | 张安小学 | | 平房 | | 0.30 |
| | | 重星小学 | 0.23 | 开敞南外廊 | 441 | 0.24 |
| | 严寒地区 | 酒泉四中 | 0.2 | | 426 | 1.20 |
| | | 西峰乡中学 | 0.92 | 中廊 | 488 | 1.83 |
| | | 玉门镇高级中学 | 1.24 | 中廊 | 502 | 1.93 |
| 宁夏 | 寒冷地区 | 李俊中心小学 | 0.92 | 中廊 | 327 | 0.88 |
| | | 胜利乡逸夫小学 | 0.84 | 开敞南外廊 | 403 | |
| | | 望远镇逸夫小学 | 0.9 | 开敞南外廊 | 382 | 1.46 |
| | | 同心县实验小学 | 0.74 | 中廊 | 438 | 1.93 |

续表

| 省区 | 热工分区 | 学校 | 建筑面积（万$m^2$） | 走廊形式 | 教室平均照度（lx） | 用能（大卡） |
|---|---|---|---|---|---|---|
| 青海 | | 丁家塘中心小学 | 0.92 | 开敞南外廊 | 327 | 0.24 |
| | | 沙塘中心小学 | 0.37 | 中廊 | 433 | 0.36 |
| | | 温堡中学 | 0.42 | 开敞南外廊 | 426 | 0.30 |
| | 严寒地区 | 互助县一中 | 0.23 | 开敞南外廊 | 441 | 478 |
| | | 班家湾小学 | 0.88 | 中廊 | 282 | 0.30 |
| | | 互助县逸夫小学 | 0.23 | 开敞南外廊 | 441 | 1.93 |
| | 严寒地区 | 新民中学 | 0.92 | 中廊 | 327 | 0.30 |
| | | 川口小学 | 1.02 | 中廊 | 352 | 0.36 |
| | | 峡门镇中心小学 | 0.84 | 开敞南外廊 | 426 | |
| | | 金城学校 | | 中廊 | | 0.72 |
| | | 铁家庄学校 | 0.33 | 开敞南外廊 | 452 | 0.88 |
| 新疆 | 寒冷地区 | 恰特勒克乡中心中学 | 0.84 | 中廊 | 403 | 0.30 |
| | | 恰特勒克乡拜什巴拉小学 | 0.76 | 中廊 | 441 | 0.36 |
| | | 恰特勒克乡阔什坎儿孜小学 | 0.27 | 封闭北外廊 | | 0.98 |
| | | 恰特勒克阿吉坎儿孜小学 | 0.97 | 中廊 | 317 | 1.93 |
| | 严寒地区 | 昌吉榆树沟镇中心小学 | 0.6 | 封闭北外廊 | 327 | 1.93 |
| | | 昌吉市七中 | 0.74 | 中廊 | 327 | 9800 |

表格分析结论：

各个省区市学校虽然所在气候区、走廊形式、围护结构的构造及开窗大小不同，但照明能耗基本没有太大差异。因此，照明能耗的变化对于学校总用能影响不大。

3）炊事用能（表 2-1-7）

**炊事用能状况表** 表 2-1-7

| 省区 | 热工分区 | 学校 | 炊事方式 | 学生人数（人） | 能耗总量（kW · h） | 人均能耗（kW · h/人） |
|---|---|---|---|---|---|---|
| 陕西 | 严寒地区 | 延长县张家滩中心小学 | 煤 | 350 | 4000 | 11.42 |
| | | 榆林第七中学 | 天然气 | 4200 | 30000 | 7.14 |
| | | 榆林中学 | 天然气 | 4300 | 35000 | 8.13 |
| | | 榆林牛家梁小学 | 天然气 | 850 | 8000 | 9.411 |
| | | 榆林孟家湾小学 | 煤 | 420 | | |
| | 寒冷地区 | 泾干镇中学 | 煤 | 660 | | |
| | | 范家寨中学 | 煤 | 850 | 12000 | 14.12 |
| | 夏热冬冷地区 | 杨凌西大寨中学 | 天然气+沼气 | 350 | 1200 | 3.42 |

续表

| 省区 | 热工分区 | 学校 | 炊事方式 | 学生人数（人） | 能耗总量（kW · h） | 人均能耗（kW · h/人） |
| --- | --- | --- | --- | --- | --- | --- |
| 陕西 | 夏热冬冷地区 | 华阳县中心小学 | 煤 | 420 | 4600 | 10.95 |
| | | 朱鹮湖小学 | 煤 | 200 | 2850 | 14.25 |
| | | 宁强县天津高级中学 | 天然气 | 4600 | 41000 | 8.91 |
| 甘肃 | 寒冷地区 | 三合乡中心小学 | 天然气 | 170 | 2100 | 12.35 |
| | | 北集小学 | 天然气 | 320 | 2900 | 9.06 |
| | | 重星小学 | 煤 | 440 | 6600 | 15.00 |
| | 严寒地区 | 酒泉四中 | 天然气 | 1300 | 12500 | 9.61 |
| | | 西峰乡中学 | 煤 | 3000 | 35000 | 11.67 |
| 宁夏 | 寒冷地区 | 李俊中心小学 | 天然气 | 1000 | 1050 | 10.50 |
| | | 胜利乡逸夫小学 | 煤 | 330 | 4000 | 13.33 |
| | | 望远镇逸夫小学 | 天然气 | 410 | 3700 | 9.02 |
| | | 同心县实验小学 | 煤 | 890 | 12500 | 14.04 |
| | | 丁家塘中心小学 | 天然气 | 400 | 3800 | 9.50 |
| | | 沙塘中心小学 | 天然气 | 680 | 7200 | 10.58 |
| | | 温堡中学 | 煤 | 380 | 5300 | 13.94 |
| 青海 | 严寒地区 | 互助县一中 | 天然气 | 970 | 11500 | 11.85 |
| | | 班家湾小学 | 天然气 | 140 | 1900 | 13.57 |
| | | 互助县逸夫小学 | 煤 | 440 | 6500 | 14.77 |
| | 寒冷地区 | 新民中学 | 煤 | 900 | 11000 | 12.22 |
| | | 峡门镇中心小学 | 煤 | 720 | 1100 | 15.27 |
| 新疆 | 寒冷地区 | 恰特勒克乡中心中学 | 煤 | 800 | 1300 | 16.25 |
| | | 恰特勒克乡拜什巴拉小学 | 天然气 | 1200 | 17500 | 14.58 |
| | | 恰特勒克乡阔什坎儿孜小学 | 天然气 | 650 | 9000 | 13.84 |
| | | 恰特勒克阿吉坎儿孜小学 | 天然气 | 920 | 13000 | 14.13 |
| | 严寒地区 | 昌吉榆树沟镇中心小学 | 天然气 | 1100 | 13000 | 11.81 |

表格分析结论：

调研学校中，炊事用能有煤、天然气、天然气＋沼气三种，人均能耗由大到小排序为煤＞天然气＞天然气＋沼气。

2. 建筑的走廊式布局的形式及用能状况统计

1）走廊形式统计

西北地区农村学校教学走廊形式主要有开敞南 / 北外廊、封闭外廊、中廊式等类型（图 2-1-1），围护结构类型如图 2-1-2，其中大多数（80% 以上）为普通砖墙（24/37）[1]，

[1] 24cm 或 37cm 厚。

63% 未设保温层。房屋在 2000 年前建造的占 21%，2000 年 ~ 2008 年建造的最多，占 46%，2008 年汶川地震后，新建与改造加固的占 33%。

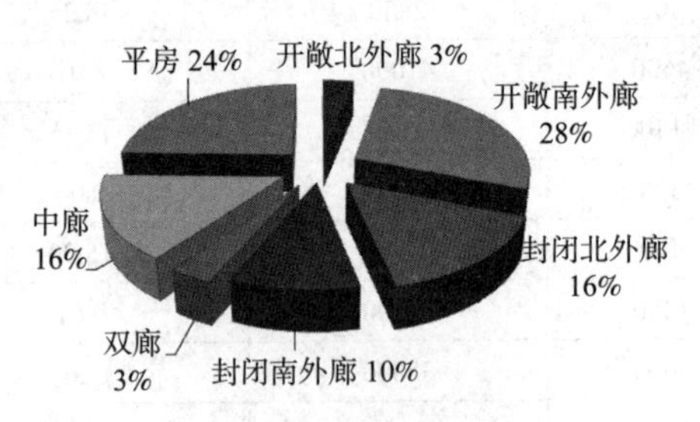


图 2-1-1　调研学校教学楼走廊形式

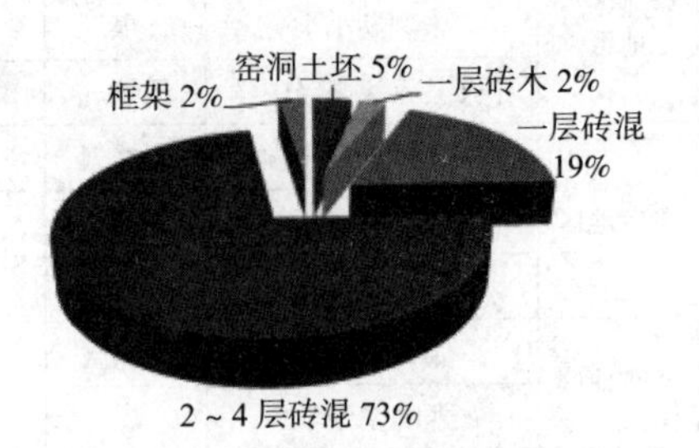


图 2-1-2　调研学校教学楼结构类型

2）用能状况统计

调研学校所有用能中，采暖用能所占比例最高，各学校采暖用能所占学校总用能比例的 46% ~ 92%；其中，陕北、甘肃、海东北部地区、乌鲁木齐等严寒地区总体采暖能耗较高，为 28 ~ 42 kW · h/$m^2$；其次为处于寒冷地区的学校，位于夏热冬冷地区的陕南采暖能耗普遍比例较少，仅为 8 ~ 20 kW · h/$m^2$。第二为炊事用能，各学校炊事用能所占学校总用能比例的 8% ~ 42%；第三为照明用能，各学校照明用能所占学校总用能比例的 2% ~ 24%；第四为照明用能，各学校照明用能所占学校总用能比例的 3% ~ 11%。

采暖、炊事用能总量与能源使用选择有关，烧煤用能效率最低，平均能耗最高，平均在 27kW · h/$m^2$；天然气次之，平均在 17 ~ 22kW · h/$m^2$；使用清洁能源能耗最低，平均在 7 ~ 10 kW · h/$m^2$。

西北五省区调研学校用能状况统计　　表 2-1-8

| 用能类型 | | | 用能构成 | | | | 采暖用能 | |
|---|---|---|---|---|---|---|---|---|
| 类型 | | 占调研学校比例 | 采暖 | 炊事 | 照明 | 动力 | 方式 | 占调研学校比例 |
| | | | 能耗用量占学校总用能比例 | | | | | |
| 传统能源 | 煤柴薪 | 85.3% | 60%~85% | 6%~30% | — | — | 锅炉集中 | 47.3% |
| | | | | | | | 煤炉单独 | 31.4% |
| | 天然气 | 4.5% | — | 6%~30% | — | — | — | — |
| | 火电 | 100% | 70%~80% | 7%~5% | 3%~11% | 1%~5% | 教室单独 | 11.2% 空调占9% |
| | | | 代替传统能源量比例 | | | | | |
| 清洁能源 | 太阳能 | 14.6% | 80%~100% | 5%~10% 仅为辅助能源 | 10%~15% 室外路灯照明 | — | 教学楼整体 | 9% |
| | 地源热 | 1.1% | 80%~100% | — | — | — | 教学楼整体 | 1.1% |
| | 沼气 | 4.5% | — | 50%~60% 需要辅助能源 | — | — | — | — |

表格分析结论：

（1）调研的学校中，近 80% 的学校使用污染能源，约 20% 的学校使用清洁能源。78.7% 农村学校普遍采用锅炉集中供暖和教室煤炉单独供暖方式，仅 9% 的学校冬季使用空调供暖。利用太阳能为教学楼供暖的学校占 9%，仅有一所学校（占 1.1%）使用地源热泵冬季供暖。沼气用于食堂炊事的学校占 4.5%；由于产量对温度有要求，秋冬季需要传统能源辅助，沼气炊事可替代传统能源 50% ~ 60%；

（2）农村学校冬季采暖用能是用能最主要的方面，占学校总能耗的 60% ~ 80%；夏季绝大多数学校无制冷设备。

3. 教室热环境和热舒适度状况

采用现场测试的方式在冬季和夏季进行为期连续 3 ~ 5 天的室内外温湿度、室内风速测试，典型调研学校教室的热环境，以及问卷调查室内舒适性满意度，判断其室内的热舒适度状况，总体统计见表 2-1-9，典型调研学校热舒适评价统计见表 2-1-10。

**西北地区调研学校热舒适度调查统计　　表 2-1-9**

| 热舒适度范围 | | | 热舒适度达标率 | | | 室内舒适性满意度调查 | | 热舒适度评价 | |
|---|---|---|---|---|---|---|---|---|---|
| | | | 全部 | 分项 | | | | 条件 | 等级 |
| 夏季 | 温度（℃） | 23~28 | 8.9% | 54.4% | 72.2% | 满意 | 21.2% | 温度、湿度、风速均在热舒适度范围内 | 良好 |
| | 相对湿度（%） | 30~60 | | | 80.0% | | | | |
| | 风速（m/s） | 0.1~0.7 | | | 93.3% | 较满意 | 44.4% | 温度、湿度、风速中两者在热舒适度范围内 | 一般 |
| 冬季 | 温度（℃） | 18~25 | | 20.0% | 37.8% | | | | |
| | 相对湿度（%） | 30~80 | | | 68.8% | 不满意 | 34.4% | 温度、湿度、风速中一者或无在热舒适度范围内 | 较差 |
| | 风速（m/s） | 0.1~0.7 | | | `77.8% | | | | |

**西北地区调研乡镇选点及典型调研学校调查内容统计　　表 2-1-10**

| 区划 | 分区 | 区域特点（热工分区、自然气候、地理环境） | 选择市县及调研学校数量 | 调研学校典型特征 | | | | | | | | | | 调研数量 |
|---|---|---|---|---|---|---|---|---|---|---|---|---|---|---|
| | | | | 走廊形式 | | | | | 围护结构 | | 建造年代 | 用能类型 | 教室室内热舒适度 | |
| | | | | 南廊 | 北廊 | 双廊 | 中廊 | 平房 | 保温 | 外墙厚度（cm） | | | | |
| 陕西 | 陕北 | 严寒地区<br>大陆性季风气候<br>黄土高原沟壑区<br>毛乌素沙漠 | 榆林市榆阳区<br>延安市延长县 | | | | ● | | ○ | 37 | ◆ | ● | ☆★ | 1 |
| | | | | ○ | | | | | ● | 24/37 | ◆▼ | ● | ☆◆ | 2 |
| | | | | ○ | | | | | ○ | 37 | ◆ | ● | ☆▼ | 2 |
| | | | | | ○ | | | | ● | 37 | ▼ | ● | ☆◆ | 1 |
| | | | | | | | | ● | ○ | 37 | ▲ | ● | ☆◆ | 2 |
| | | | | | | ● | | | ○ | 37 | ◆ | ● | ☆▼ | 1 |

续表

| 区划 | 分区 | 区域特点（热工分区、自然气候、地理环境） | 选择市县及调研学校数量 | 调研学校典型特征 | | | | | | | | | | 调研数量 |
|---|---|---|---|---|---|---|---|---|---|---|---|---|---|---|
| | | | | 走廊形式 | | | | | 围护结构 | | 建造年代 | 用能类型 | 教室室内热舒适度 | |
| | | | | 南廊 | 北廊 | 双廊 | 中廊 | 平房 | 保温 | 外墙厚度（cm） | | | | |
| 陕西 | 关中 | 寒冷地区<br>亚热带季风气候<br>渭北高原<br>渭北平原<br>关中平原 | 西安市临潼区<br>西安市周至县<br>宝鸡市凤翔县<br>咸阳市泾阳县<br>杨凌区<br>铜川市印台区 | ○ | | | | | ○ | 24/37 | ▲◆ | ● | ◇▼ | 2 |
| | | | | ○ | | | | | ● | 37 | ▼ | ● | ◇◆ | 2 |
| | | | | ○ | | | | | ○ | 37 | ◆ | ●○ | ☆◆ | 4 |
| | | | | ● | | | | | ○ | 24 | ◆ | ● | ◇★ | 2 |
| | | | | | | ○ | | | ○ | 24 | ◆▼ | ● | ◇◆ | 2 |
| | | | | | | | | ● | ○ | 24/37 | ▲◆ | ● | ☆▼ | 4 |
| | 陕南 | 夏热冬冷地区<br>亚热带季风气候<br>山地暖温带湿润季风<br>大巴山山脉 | 汉中市洋县<br>汉中市宁强县 | ○ | | | | | ○ | 24/37 | ◆▼ | ● | ◇◆ | 4 |
| | | | | | ○ | | | | ○ | 24 | ▲ | ● | ▽▼ | 1 |
| | | | | | | | ● | | ● | 24 | ▼ | ● | ▽◆ | 1 |
| | | | | | | | | ● | ○ | 24 | ▲ | ● | ◇▼ | 1 |
| | | | | | | | | ● | ● | 24 | ▼ | ● | ◇◆ | 1 |
| 宁夏 | 北部 | 寒冷地区<br>大陆性季风气候<br>引黄灌溉区 | 银川市永宁县 | ○ | | | | | ● | 37/50 | ◆▼ | ● | ☆★ | 3 |
| | | | | ○ | | | | | ○ | 37 | ▲◆ | ● | ☆◆ | 2 |
| | | | | ● | | | | | ○ | 37 | ▲ | ● | ☆★ | 1 |
| | | | | | ● | | | | ○ | 37 | ▲ | ● | ☆★ | 1 |
| | | | | | | | | ● | ○ | 37 | ▲◆ | ● | ☆▼ | 2 |
| | 中部 | 寒冷地区<br>大陆性季风气候<br>干旱区 | 吴忠市同心县 | | ● | | | | ● | 37 | ◆▼ | ●○ | ◇◆ | 2 |
| | | | | ○ | | | | | ● | 37 | ▼ | ● | ◇◆ | 1 |
| | | | | ○ | | | | | ○ | 37 | ◆ | ● | ◇◆ | 1 |
| | | | | | | | | ● | ○ | 37 | ▲ | ● | ☆▼ | 2 |
| | 南部 | 寒冷地区<br>中温带季风区<br>半湿润向半干旱过渡性气候<br>南部山区 | 固原市隆德县 | ○ | | | | | ○ | 37 | ◆ | ● | ☆◆ | 1 |
| | | | | ● | | | | | ○ | 37 | ◆ | ● | ◇◆ | 1 |
| | | | | | ● | | | | ● | 37 | ▼ | ●○ | ◇★ | 2 |
| | | | | | ● | | | | ○ | 37 | ◆ | ● | ◇◆ | 2 |
| | | | | | | | ● | | ● | 37 | ▼ | ● | ◇★ | 1 |
| | | | | | | | | ● | ○ | 37 | ▲◆ | ● | ☆▼ | 2 |
| 青海海东地区 | 东部 | 寒冷地区<br>高原大陆性气候<br>青藏高原 | 民和回族土族自治县<br>化隆回族自治县<br>循化撒拉族自治县 | ○ | | | | | ○ | 37 | ▲ | ● | ☆◆ | 1 |
| | | | | ● | | | | | ○ | 37 | ◆ | ● | ☆◆ | 1 |
| | | | | | ○ | | | | ○ | 37 | ▲ | ● | ☆◆ | 1 |
| | | | | | ● | | | | ● | 37 | ▼ | ● | ☆◆ | 1 |
| | | | | | | | ● | | ● | 37 | ◆▼ | ● | ☆◆ | 2 |
| | | | | | | | | ● | ○ | 37 | ▲◆ | ● | ☆▼ | 1 |
| | 南部 | 严寒地区<br>温带大陆性气候<br>青藏高原 | 互助土族自治县 | | ● | | | | ○ | 37 | ◆▼ | ● | ☆◆ | 2 |
| | | | | | | | ● | | ● | 37 | ◆▼ | ● | ☆◆ | 2 |
| | | | | | | | | ● | ○ | 37 | ▲◆ | ● | ☆▼ | 3 |

续表

| 区划 | 分区 | 区域特点（热工分区、自然气候、地理环境） | 选择市县及调研学校数量 | 调研学校典型特征 | | | | | | | | | | 调研数量 |
|---|---|---|---|---|---|---|---|---|---|---|---|---|---|---|
| | | | | 走廊形式 | | | | | 围护结构 | | 建造年代 | 用能类型 | 教室室内热舒适度 | |
| | | | | 南廊 | 北廊 | 双廊 | 中廊 | 平房 | 保温 | 外墙厚度（cm） | | | | |
| 甘肃 | 西部 | 严寒地区<br>大陆性干旱季风气候<br>北山山地 | 酒泉市 | ● | | | | | ● | 37 | ▼ | ● | ◇◆ | 2 |
| | 中部 | 寒冷地区<br>暖温带半湿润半干旱<br>黄土高原 | 兰州市<br>平凉市静宁县 | | ● | | | | ● | 37 | ◆▼ | ●○ | ◇◆ | 1 |
| | | | | | ● | | | | ○ | 37 | ◆ | ● | ◇◆ | 1 |
| | | | | | | | | ● | ○ | 24/37 | ▲◆ | ● | ◇▼ | 2 |
| | 南部 | 严寒地区<br>高寒湿润 | 甘南藏族自治州 | ● | | | | | ● | 37 | ▼ | ● | ☆▼ | 2 |
| | | | | | ● | | | | ● | 37 | ▼ | ● | ☆★ | 2 |
| | | | | | | | ● | | ○ | 37 | ◆ | ● | ◇★ | 2 |
| 新疆 | 北疆 | 严寒地区<br>大陆性干旱气候<br>塔里木盆地 | 乌鲁木齐市昌吉州 | | | | ● | | ● | 50 | ◆▼ | ● | ◇★ | 3 |
| | | | | | | | | ● | ○ | 50 | ◆ | ● | ◇◆ | 1 |
| | 吐鲁番 | 寒冷地区<br>暖温带干旱荒漠气候<br>吐鲁番盆地 | 吐鲁番市 | | | | ● | | ● | 50 | ◆ | ● | ▽◆ | 2 |
| | | | | | | | | ● | ○ | 50 | ◆ | ● | ▽▼ | 1 |

注：1.走廊形式分南廊与北廊，分别分为封闭式与开敞式，●表示封闭式；○表示开敞式。2.围护结构中保温分为有保温层与无保温层，●表示有保温；○表示无保温。3.建造年代：▲表示2000年之前（不含2000年）；◆表示2000年~2008年之间；▼表示2008年之后（不含2008年）。4.用能类型分为传统能源和清洁能源，●表示传统能源；○表示清洁能源。5.教室室内热舒适度分为良好、一般、较差，夏季：☆表示较好；◇表示一般；▽表示较差。冬季★表示较好；◆表示一般；▼表示较差。

总结：

（1）陕西三个分区，仅关中地区有使用清洁能源（沼气）；走廊多为开敞单廊，其次双廊和中廊式；2008 年前修建的校舍建筑未加保温层；冬季热舒适度绝大多处于一般和较差水平；夏季热舒适度陕南的较差，陕北、关中良好。

（2）宁夏三个分区，中部及南部部分学校有使用太阳能；走廊主要为单廊，封闭式单廊占多数，其次是开敞南外廊；2008 年前修建的建筑无保温；大部分学校冬季热舒适度为良好或一般。

（3）青海海东地区两个分区，走廊形式以单廊为主，占 43%，且封闭式较多，其次是中廊式；外围护结构无保温层的占 64%；夏季热舒适度良好，冬季热舒适度多为一般或较差。

（4）甘肃三个分区，单廊式占大多数 66.7%，均为封闭式；外围护结构无保温层的占 58%；夏季热舒适度为良好或一般，冬季热舒适度良好，仅占 33%。

（5）新疆两个分区，走廊形式多为中廊；外围护结构有保温层的占 71%；热舒适度，冬季多为良好或一般，夏季吐鲁番较差。

### （二）基于学校建筑能耗的分析

通过实地调研、测试和对能耗数据统计分析，发现建筑的走廊形式、体形系数、气候条件、围护结构构造、供暖方式等因素均对学校建筑能耗影响较大；室内舒适度夏季大多数均能满足，有问题的主要是冬季。因此，为便于分析，将同一气候区的学校建筑及其冬季采暖能耗和舒适度状况进行比较，以陕西、宁夏为例，见表2-1-11、表2-1-12。

陕西省各气候区典型调研学校建筑与采暖能耗与冬季舒适度状况　　表 2-1-11

| 区域 | 学校 | 走廊形式 | 墙体围护结构（有无保温层） | 体形系数 | 单位面积采暖能耗（kw·h/m$^2$） | 室内舒适性满意度调查 | 冬季热舒适度 | 供暖方式 | 采暖期 |
|---|---|---|---|---|---|---|---|---|---|
| 陕北 | A1 | 开敞南外廊 | 370砖墙（无） | 0.40 | 34.35 | 较满意 | ◆ | 锅炉集中 | 60天 |
| | B1 | 开敞南外廊 | 240砖墙（有） | 0.29 | 22.78 | 较满意 | ◆ | 锅炉集中 | |
| | C1 | 开敞北外廊 | 370砖墙（有） | 0.26 | 20.71 | 较满意 | ◆ | 锅炉集中 | |
| | D1 | 开敞南北双廊 | 370砖墙（无） | 0.25 | 30.40 | 较满意 | ◆ | 锅炉集中 | |
| | E1 | 中廊 | 370砖墙（无） | 0.29 | 22.09 | 满意 | ★ | 锅炉集中 | |
| | F1 | 平房（窑洞） | 370砖墙（无） | 0.31 | 35.46 | 较满意 | ◆ | 煤炉单独 | |
| 关中 | A2 | 开敞南外廊 | 240砖墙（无） | 0.42 | 29.55 | 不满意 | ▼ | 煤炉单独 | |
| | B2 | 开敞南外廊 | 370砖墙（无） | 0.37 | 25.82 | 较满意 | ◆ | 锅炉集中 | |
| | C2 | 封闭南外廊 | 240砖墙（无） | 0.45 | 28.57 | 较满意 | ◆ | 锅炉集中 | |
| | D2 | 开敞南北双廊 | 370砖墙（无） | 0.39 | 13.88 | 不满意 | ◆ | 空调 | |
| | E2 | 平房（砖房） | 240砖墙（无） | 0.65 | 54.72 | 不满意 | ▼ | 煤炉单独 | |
| 陕南 | A3 | 开敞南外廊 | 240砖墙（无） | 0.48 | 31.52 | 不满意 | ▼ | 煤炉单独 | |
| | B3 | 开敞北外廊 | 240砖墙（无） | 0.49 | 33.39 | 不满意 | ▼ | 煤炉单独 | |
| | C3 | 中廊 | 240砖墙（有） | 0.28 | 7.77 | 不满意 | ◆ | 空调 | |
| | D3 | 平房（砖房） | 240砖墙（无） | 0.59 | 17.80 | 不满意 | ◆ | 空调 | |

注：冬季教室室内热舒适度：★表示较好；◆表示一般；▼表示较差。

图表分析结论：

（1）陕北地区：A1、B1、C1、D1四校均为开敞外廊走廊形式，室内热舒适度相似，单位采暖能耗C1校最低，其体形系数最小、围护结构为370mm砖墙带保温层（热工性能最好）；能耗次低的为中廊式平面的E1校，其室内热舒适度最佳，尽管外墙围护结构无保温层，但最大的问题教室白天天然照度不能满足规范要求，需采用人工照明，所以照明能耗较其他学校大；能耗最大是F1平房教室，室内热舒适度也最差，体形系数最大，外围护结构无保温层，且该校使用煤炉单独取暖，用能效率低。该区在考虑舒适度的前提下各校能耗由低到高排列为：C1（开敞南外廊）＜E1（中廊）＜B1（开敞南外廊）＜D1（开敞南北双廊，无保温）＜A1（开敞南外廊，无保温，体形系数0.4）＜F1（平房）。

（2）关中地区：能耗最低的是D2校，走廊为开敞南北双廊，采用空调采暖，因限制开空调时间（每天最冷时开2～3小时），故虽室内平均温度满足热舒适度要求，但实际热环境不稳定，且相对湿度较低，室内舒适性调查满意度较低；能耗次之的是

A2、B2、C2 三校，走廊均为南外廊形式且无保温层，其中开敞式的 B2 校单位采暖能耗较低，体形系数较小，围护结构为 370mm 砖墙。C2 校能耗次低，与 B2 围护结构相同，虽体形系数为三者最大，但采用封闭式的外廊，室内热舒适度也与 B2 达到相同水平。A2 校的能耗较高，虽同是开敞式南外廊，体形系数三者居中，但外围护结构为 240mm 厚砖墙，且用煤炉采暖，室内热舒适度较差。采暖能耗最高的是平房形式的 E2 校，体形系数也最大，煤炉采暖，室内热舒适度最差。该区在考虑舒适度前提下，能耗及由低到高排列依次为：D2（开敞南北双廊,空调）< B2（开敞南外廊）< C2（封闭南外廊）< A2（开敞南外廊，240mm 砖墙）< E2（平房）。

（3）陕南地区：C3 采用空调采暖，能耗较低。其中中廊式 C3 采暖能耗最低于平房形式 D3，且体形系数最小，但结合室内照度数据与夏季热舒适度值，中廊不适于陕南地区，前已述及空调采暖室内热舒适度不稳定，室内舒适性满意度不佳。A3、B3 两校走廊形式同为开敞单外廊，外围护结构相同为 240mm 厚砖墙无保温层，体形系数基本相同，均采用煤炉单独取暖，故其能耗相差不大，室内舒适度均较差。该区在考虑舒适度前提下，各校能耗由低到高排列依次为：C3（中廊，空调）< A3（开敞南外廊）< B3（开敞北外廊）。

**宁夏回族自治区典型调研——学校建筑与采暖能耗与冬季舒适度状况　　表 2-1-12**

| 区域 | 学校 | 走廊与建筑形式 | 墙体围护结构（mm）（有无保温） | 体形系数 | 单位面积采暖能耗（kW · h/m²） | 室内舒适性满意度调查 | 冬季热舒适度 | 供暖方式 | 采暖期 |
|---|---|---|---|---|---|---|---|---|---|
| 北部 | A4 | 开敞南外廊 | 370砖墙（有） | 0.40 | 50.72 | 满意 | ★ | 锅炉集中 | 105天 |
| | B4 | 开敞南外廊 | 370砖墙（无） | 0.37 | 54.03 | 较满意 | ◆ | 锅炉集中 | |
| | C4 | 封闭南外廊 | 370砖墙（无） | 0.39 | 45.41 | 满意 | ★ | 锅炉集中 | |
| | D4 | 封闭北外廊 | 370砖墙（无） | 0.39 | 41.04 | 满意 | ★ | 锅炉集中 | |
| | E4 | 平房（砖房） | 370砖墙（无） | 0.73 | 102.60 | 较满意 | ◆ | 煤炉单独 | |
| 中部 | A5 | 开敞南外廊 | 370砖墙（有） | 0.48 | 56.49 | 较满意 | ◆ | 锅炉集中 | |
| | B5 | 开敞南外廊 | 370砖墙（无） | 0.40 | 60.27 | 较满意 | ◆ | 锅炉集中 | |
| | C5 | 封闭北外廊 | 370砖墙（有） | 0.39 | — | 满意 | ★ | 太阳能 | |
| | D5 | 平房（砖房） | 370砖墙（无） | 0.70 | 88.92 | 较满意 | ◆ | 煤炉单独 | |
| 南部 | A6 | 开敞南外廊 | 370砖墙（无） | 0.42 | 53.04 | 较满意 | ◆ | 锅炉集中 | |
| | B6 | 封闭南外廊 | 370砖墙（无） | 0.35 | 44.08 | 满意 | ★ | 锅炉集中 | |
| | C6 | 封闭北外廊 | 370砖墙（有） | 0.40 | 1.86 | 满意 | ★ | 太阳能、电暖 | |
| | D6 | 封闭北外廊 | 370砖墙（无） | 0.40 | 44.90 | 较满意 | ◆ | 煤炉单独 | |
| | E6 | 中廊 | 370砖墙（有） | 0.37 | 40.88 | 满意 | ★ | 锅炉集中 | |
| | F6 | 平房（砖房） | 370砖墙（无） | 0.68 | 77.25 | 不满意 | ▼ | 煤炉单独 | |

注：冬季教室室内热舒适度：★表示较好；◆表示一般；▼表示较差。

图表分析结论：

（1）宁夏北部：各校室内热舒适度相似，除 E4 校体形系数最大外，其他四校体形系数相似，各校能耗由低到高排列依次为：D4（封闭北外廊，无保温）＜C4（封闭南外廊，无保温）＜A4（开敞南外廊，有保温）＜B4（开敞南外廊，无保温）＜E4（平房，无保温）。

（2）宁夏中部：能耗为 0 的 C5 校，走廊为封闭式北外廊，围护结构为 370mm 砖墙，有保温层，建筑南立面采用太阳能集热墙，利用太阳能供暖，且不使用其他辅助能源，室内热舒适度良好，室内舒适性调查满意度很好。调查结果，该区在考虑舒适度前提下各校能耗由低到高排列依次为：C5（封闭北外廊，太阳能）＜A5（开敞南外廊，有保温）＜B5（开敞南外廊，无保温）＜D5（平房，无保温）。

（3）宁夏南部：能耗最低的 C6 校同 C5 校类似，均采用封闭北外廊形式，利用太阳能集热供暖，冬季最冷日的个别时段使用电暖辅助供暖，室内热舒适度良好，调查，室内舒适性满意度最好；其他使用传统能源的四校中，采暖能耗较低的是中廊形式 E6 校，但北向教室室内照度及夏季热舒适度状况不佳。该区在考虑舒适度前提下各校能耗由低到高排列依次为：C6（封闭北外廊，太阳能）＜E6（中廊）＜B6（封闭南外廊，体形系数 0.35）＜D6（封闭北外廊，体形系数 0.40）＜A6（开敞南外廊）＜F6（平房）。

同理，对西北其他地区学校建筑与采暖能耗及冬季室内舒适度进行分析比较见表 2-1-13。

**青海、甘肃、新疆典型调研学校建筑与采暖能耗与冬季舒适度状况　　表 2-1-13**

| 省区 | 区域 | 学校 | 走廊形式 | 墙体围护结构（mm）（有无保温） | 体形系数 | 单位面积采暖能耗（kW · h/m$^2$） | 室内舒适性满意度调查 | 冬季热舒适度 | 供暖方式 | 采暖期 |
|---|---|---|---|---|---|---|---|---|---|---|
| 青海海东地区 | 东部 | A7 | 开敞南外廊 | 370砖墙（无） | 0.57 | 96.90 | 较满意 | ◆ | 煤炉单独 | 90天 |
| | | B7 | 开敞北外廊 | 370砖墙（无） | 0.49 | 76.04 | 较满意 | ◆ | 煤炉单独 | |
| | | C7 | 封闭南外廊 | 370砖墙（无） | 0.41 | 46.08 | 较满意 | ◆ | 锅炉集中 | |
| | | D7 | 封闭北外廊 | 370砖墙（有） | 0.33 | 34.50 | 较满意 | ◆ | 锅炉集中 | |
| | | E7 | 中廊 | 370砖墙（有） | 0.22 | 22.59 | 满意 | ★ | 锅炉集中 | |
| | | F7 | 平房（砖房） | 370砖墙（无） | 0.69 | 97.04 | 满意 | ▼ | 煤炉单独 | |
| | 南部 | A8 | 封闭北廊 | 370砖墙（无） | 0.40 | 60.48 | 较满意 | ◆ | 锅炉集中 | |
| | | B8 | 中廊 | 370砖墙（有） | 0.23 | 25.07 | 满意 | ★ | 锅炉集中 | |
| | | C8 | 平房（玻璃廊） | 370砖墙（无） | 0.66 | 84.69 | 较满意 | ◆ | 煤炉单独 | |
| | | D8 | 平房（砖房） | 370砖墙（无） | 0.70 | 116.28 | 不满意 | ▼ | 煤炉单独 | |
| 甘肃 | 西部 | A9 | 中廊 | 200砌块（有） | 0.22 | 2.89 | 满意 | ★ | 地缘热 | |
| | 中部 | A10 | 封闭北外廊 | 370砖墙（无） | 0.39 | 40.66 | 较满意 | ◆ | 锅炉集中 | 75天 |
| | | B10 | 封闭北外廊 | 370砖墙（有） | 0.44 | — | 满意 | ★ | 太阳能 | |
| | | C10 | 平房（砖房） | 370砖墙（无） | 0.69 | 90.05 | 不满意 | ▼ | 煤炉单独 | |

续表

| 省区 | 区域 | 学校 | 走廊形式 | 墙体围护结构（mm）（有无保温） | 体形系数 | 单位面积采暖能耗（kW·h/$m^2$） | 室内舒适性满意度调查 | 冬季热舒适度 | 供暖方式 | 采暖期 |
|---|---|---|---|---|---|---|---|---|---|---|
| 甘肃 | 南部 | A11 | 封闭南外廊 | 370砖墙（有） | 0.34 | 33.24 | 满意 | ★ | 锅炉集中 | 75天 |
| | | B11 | 封闭北外廊 | 370砖墙（有） | 0.32 | — | 满意 | ★ | 太阳能 | |
| | | C11 | 中廊 | 370砖墙（无） | 0.26 | 24.38 | 满意 | ★ | 锅炉集中 | |
| 新疆 | 北部 | A12 | 中廊 | 500砖墙（有） | 0.28 | 64.70 | 满意 | ★ | 锅炉集中 | 150天 |
| | | B12 | 平房（砖房） | 500砖墙（无） | 0.71 | 208.94 | 较满意 | ◆ | 锅炉集中 | |
| | 南部 | A13 | 中廊 | 500砖墙（有） | 0.25 | 53.61 | 满意 | ★ | 锅炉集中 | |
| | | B13 | 平房（砖房） | 500砖墙（无） | 0.68 | 179. 10 | 较满意 | ◆ | 锅炉集中 | |

注：冬季教室室内热舒适度：★表示较好；◆表示一般；▼表示较差。

图表分析结论：

根据单位采暖能耗与冬季室内热舒适度，适宜各地的平面布局排序为：

（1）青海海东地区：①东部：中廊>封闭北外廊>封闭南外廊>开敞北外廊>开敞南外廊>平房；②南部：中廊>封闭北外廊>平房（南立面加玻璃廊）>平房。

（2）甘肃：①中部：封闭北外廊（太阳能）>封闭北外廊（传统能源）>平房；②南部：封闭北外廊（太阳能）>中廊>封闭南外廊。

（3）新疆：北部及南部：中廊较好。

**（三）西北农村中小学校能耗调查总结**

1. 存在问题

西北农村学校存在的普遍问题有：

（1）建筑布局：建筑走廊形式、朝向等较少考虑到气候、地理等环境因素，忽视了建筑本身对环境的适应性，致使能源消耗增加。

（2）供暖方式：以煤为主要能源，锅炉集中供暖占47.3%，煤炉单独采暖占31.4%。煤炉采暖耗煤量大，燃烧效率低（平均为15%～25%），且室内温度不均，热舒适度较差。

（3）外围护结构：2008年以前建的学校教学楼外围护结构基本无保温层，室内热舒适度差，单位面积采暖能耗较高。

2. 结论

根据各分区学校建筑不同走廊形式与单位面积采暖能耗、室内舒适度、外围护结构构造及体形系数分析，得出结论如下：

（1）走廊形式及体形系数影响建筑能耗

①陕西：在保证围护结构热工性能满足条件下，陕北地区及关中地区首选封闭式外廊形式的学校，利于节能和提高室内热舒适度；陕南地区首选开敞式南外廊形式的学校，注意减小体形系数。

②宁夏：北部、中部、南部在保证满足围护结构热工性能的条件下，均首选封闭式北外廊优于封闭式南外廊形式，注意减小体形系数。

③青海、甘肃、新疆：除甘肃中部外，在能满足日照条件下，优先考虑中廊形式，能耗低，冬夏室内热舒适度较好，其次为封闭式外廊形式，并注意减小体形系数。

（2）用能方式影响建筑能耗

南向利用太阳能集热供暖，平面采用封闭式北外廊，冬季最冷时段采用传统能源作为辅助供暖，既大大降低供暖能耗（为常规采暖消耗的 1/10 ~ 1/5），室内热舒适度好，调查舒适性满意度高，又无污染。利用沼气炊事也可大大降低能耗，应在西北更多地区大力推广清洁能源在学校的应用。

## 三、不同气候区的学校建筑特点与能耗、舒适度关系

### （一）不同气候区的学校建筑特点与能耗、舒适度现状

1. 教学楼特点与能耗、舒适度现状

1）体形系数、走廊形式与能耗、舒适度状况（表 2-1-14）

体形系数、走廊形式与能耗、舒适度状况　　表 2-1-14

| 省区 | 热工分区 | 学校 | 体形系数 | 走廊形式 | | | | | | 采光 | | | 温度 | | 湿度 | | 能耗 |
|---|---|---|---|---|---|---|---|---|---|---|---|---|---|---|---|---|---|
| | | | | 封闭南外廊 | 开敞南外廊 | 封闭北外廊 | 开敞北外廊 | 中廊 | 双廊 | 室外照度 | | 室内照度（lx） | 室外温度（℃） | 室内温度（℃） | 室外湿度（%） | 室内湿度（%） | 单位面积采暖能耗（kW · h/m²） |
| | | | | | | | | | | 小于20000 lx | 大于20000 lx | | | | | | |
| 陕西 | 严寒地区（陕北地区） | 榆林第七中学 | 0.5 | | | | | | ○ | | ○ | 473 | –10.2 | 12.22 | | | 33.26 |
| | | 榆林中学 | 0.33 | | | | | | ○ | | ○ | 422 | –11.4 | 14.25 | | | 16.75 |
| | | 榆林牛家梁小学 | 0.287 | ○ | | | | | | | ○ | 430 | –10.6 | 13.26 | | | 32.13 |
| 陕西 | 严寒地区（陕北地区） | 榆林孟家湾小学 | 0.35 | ○ | | | | | | | ○ | 451 | –10.0 | 12.26 | 37% | 34% | 35.18 |
| | | 榆林鱼河卯小学 | 0.35 | | | ○ | | | | | ○ | 473 | –11.2 | 10.26 | 37% | 35% | 24.63 |
| | 寒冷地区（关中地区） | 范家寨中学 | 0.38 | ○ | | | | | | | ○ | | 3.81 | 6.49 | 36% | 36% | 26.77 |
| | 夏热冬冷地区（陕南） | 溢水镇中心小学 | 0.415 | | ○ | | | | | | ○ | 425 | 4.43 | 9.51 | 40% | 40% | 19.59 |
| 甘肃 | 寒冷地区（甘肃中部） | 三合乡中心小学 | 0.33 | | | | ○ | | | | ○ | 327 | 1.03 | 6.72 | 37% | 35% | 19.25 |
| | 严寒地区（甘肃西部） | 酒泉四中 | 0.45 | | | ○ | | | | | ○ | 488 | –6.3 | 4.8 | 35% | 33% | 16.39 |

续表

| 省区 | 热工分区 | 学校 | 体形系数 | 走廊形式 | | | | | | 采光 | | | 温度 | | 湿度 | | 能耗 |
|---|---|---|---|---|---|---|---|---|---|---|---|---|---|---|---|---|---|
| | | | | 封闭南外廊 | 开敞南外廊 | 封闭北外廊 | 开敞北外廊 | 中廊 | 双廊 | 室外照度 小于20000 lx | 室外照度 大于20000 lx | 室内照度（lx） | 室外温度（℃） | 室内温度（℃） | 室外湿度（%） | 室内湿度（%） | 单位面积采暖能耗（kW · h/m²） |
| 甘肃 | 夏热冬冷地区（甘肃南部） | 城关中学 | 0.4 | | | | | ○ | | | ○ | 502 | –7.2 | 10.8 | 37% | 35% | 17.42 |
| 甘肃 | 夏热冬冷地区（甘肃南部） | 武都二中 | 0.356 | | | | | ○ | | | ○ | 327 | 1.03 | 6.72 | 37% | 35% | 21.08 |
| 宁夏 | 寒冷地区（宁夏北部） | 李俊中心小学 | 0.35 | | | | ○ | | | | ○ | 403 | 3.51 | 8.72 | 40% | 38% | 17.44 |
| 宁夏 | 寒冷地区（宁夏中部） | 同心县实验小学 | 0.39 | | ○ | | | | | | ○ | 327 | 1.03 | 9.72 | 37% | 35% | 29.16 |
| 新疆 | 寒冷地区（新疆南部） | 恰特勒克乡中心中学 | 0.25 | | | | ○ | | | | ○ | 441 | –0.12 | 6.37 | 40% | 38% | 21.86 |
| 新疆 | 严寒地区（新疆北部） | 昌吉市七中 | 0.421 | | | | ○ | | | | ○ | 488 | –6.3 | 4.8 | 35% | 33% | 25.27 |

注：1.室内外照度均为平均照度，数据测试时段为全阴天8:00~18:00，测试时间间隔为2~3小时，数据单位为勒克斯（lx），具体测试点详见图1-1-1；

2.室内外温度和湿度为冬季平均温度和湿度，温度数据单位为摄氏度（℃），数据测试时段为全天24小时，数据采集间隔时间为5min；

3.本表中的能耗数据为建筑单位面积采暖能耗，单位为kW · h/m²。

2）功能布局、平面形式与能耗、舒适度状况（表 2-1-15）

功能布局、平面形式与能耗、舒适度状况　　表 2-1-15

| 省区 | 热工分区 | 学校 | 功能布局 | | | 平面形式 | | | | 采光 | | | 温度 | | 湿度 | | 能耗 |
|---|---|---|---|---|---|---|---|---|---|---|---|---|---|---|---|---|---|
| | | | 辅助功能位于端部 | 辅助功能位于内部 | 辅助功能位于端部和内部 | 一字形 | L、I、E形 | 天井形 | 不规则形 | 室外照度 小于20000 lx | 室外照度 大于20000 lx | 室内照度（lx） | 室外温度（℃） | 室内温度（℃） | 室外湿度（%） | 室内湿度（%） | 单位面积采暖能耗（kW · h/m²） |
| 陕西 | 严寒地区（陕北地区） | 榆林第七中学 | ○ | | | | ○ | | | | ○ | 473 | –10.2 | 12.22 | | | 33.26 |
| 陕西 | 严寒地区（陕北地区） | 榆林中学 | ○ | | | | | ○ | | | ○ | 422 | –11.4 | 14.25 | | | 16.75 |
| 陕西 | 严寒地区（陕北地区） | 榆林牛家梁小学 | | ○ | | | ○ | | | | ○ | 430 | –10.6 | 13.26 | | | 32.13 |
| 陕西 | 严寒地区（陕北地区） | 榆林孟家湾小学 | | ○ | | ○ | | | | | ○ | 451 | –10.0 | 12.26 | 37% | 34% | 35.18 |
| 陕西 | 严寒地区（陕北地区） | 榆林鱼河卯小学 | | ○ | | | ○ | | | | ○ | 473 | –11.2 | 10.26 | 37% | 35% | 24.63 |
| 陕西 | 寒冷地区（关中地区） | 范家寨中学 | | | ○ | ○ | | | | | ○ | | 3.81 | 6.49 | 36% | 36% | 26.77 |

续表

| 省区 | 热工分区 | 学校 | 功能布局 | | | 平面形式 | | | | 采光 | | | 温度 | | 湿度 | | 能耗 |
|---|---|---|---|---|---|---|---|---|---|---|---|---|---|---|---|---|---|
| | | | | | | | | | | 室外照度 | | | | | | | |
| | | | 辅助功能位于端部 | 辅助功能位于内部 | 辅助功能位于端部和内部 | 一字形 | L、I、E形 | 天井形 | 不规则形 | 小于20000lx | 大于20000lx | 室内照度（lx） | 室外温度（℃） | 室内温度（℃） | 室外湿度（%） | 室内湿度（%） | 单位面积采暖能耗（kW・h/m²） |
| 陕西 | 夏热冬冷地区（陕南） | 溢水镇中心小学 | | ○ | | ○ | | | | | ○ | 425 | 4.43 | 9.51 | 40% | 40% | 19.59 |
| 甘肃 | 寒冷地区（甘肃中部） | 三合乡中心小学 | | ○ | | ○ | | | | | ○ | 327 | 1.03 | 6.72 | 37% | 35% | 19.25 |
| 甘肃 | 严寒地区（甘肃西部） | 酒泉四中 | ○ | | | | ○ | | | | ○ | 488 | –6.3 | 4.8 | 35% | 33% | 16.39 |
| | 夏热冬冷地区（甘肃南部） | 城关中学 | | | ○ | | ○ | | | | ○ | 502 | –7.2 | 10.8 | 37% | 35% | 17.42 |
| | | 武都二中 | | | ○ | ○ | | | | | ○ | 327 | 1.03 | 6.72 | 37% | 35% | 21.08 |
| 宁夏 | 寒冷地区（宁夏北部） | 李俊中心小学 | ○ | | | ○ | | | | | ○ | 403 | 3.51 | 8.72 | 40% | 38% | 17.44 |
| | 寒冷地区（宁夏中部） | 同心县实验小学 | ○ | | | ○ | | | | | ○ | 327 | 1.03 | 9.72 | 37% | 35% | 29.16 |
| 新疆 | 寒冷地区（新疆南部） | 恰特勒克乡中心中学 | | | ○ | ○ | | | | | ○ | 441 | –0.12 | 6.37 | 40% | 38% | 21.86 |
| | 严寒地区（新疆北部） | 昌吉市七中 | | | ○ | | ○ | | | | ○ | 488 | –6.3 | 4.8 | 35% | 33% | 25.27 |

注：1.室内外照度均为平均照度，数据测试时段为全阴天8:00~18:00，测试时间间隔为2~3小时，数据单位为勒克斯（lx），具体测试点详见图1-1-1；

2.室内外温度和湿度为冬季平均温度和湿度，温度数据单位为摄氏度（℃），数据测试时段为全天24小时，数据采集间隔时间为5min；

3.本表中的能耗数据为建筑单位面积采暖能耗，单位为kW・h/m²。

## 2. 办公楼特点及能耗、舒适度现状

### 1）体形系数、走廊形式与能耗、舒适度状况（表 2-1-16）

**体形系数、走廊形式与能耗、舒适度状况** **表 2-1-16**

| 省区 | 热工分区 | 学校 | 体形系数 | 走廊形式 | | | | | | 采光 | | | 温度 | | 湿度 | | 能耗 |
|---|---|---|---|---|---|---|---|---|---|---|---|---|---|---|---|---|---|
| | | | | | | | | | | 室外照度 | | | | | | | |
| | | | | 封闭南外廊 | 开敞南外廊 | 封闭北外廊 | 开敞北外廊 | 中廊 | 双廊 | 小于20000lx | 大于20000lx | 室内照度（lx） | 室外温度（℃） | 室内温度（℃） | 室外湿度（%） | 室内湿度（%） | 单位面积采暖能耗（kW・h/m²） |
| 陕西 | 严寒地区（陕北地区） | 榆林第七中学 | 0.5 | | | | | | ○ | | ○ | 473 | –10.2 | 12.22 | | | 33.26 |

续表

| 省区 | 热工分区 | 学校 | 体形系数 | 走廊形式 | | | | | | 采光 | | | 温度 | | 湿度 | | 能耗 |
|---|---|---|---|---|---|---|---|---|---|---|---|---|---|---|---|---|---|
| | | | | 封闭南外廊 | 开敞南外廊 | 封闭北外廊 | 开敞北外廊 | 中廊 | 双廊 | 室外照度 | | 室内照度（lx） | 室外温度（℃） | 室内温度（℃） | 室外湿度（%） | 室内湿度（%） | 单位面积采暖能耗（kW·h/m²） |
| | | | | | | | | | | 小于20000 lx | 大于20000 lx | | | | | | |
| 陕西 | 严寒地区（陕北地区） | 榆林中学 | 0.33 | | | | | | ○ | | ○ | 422 | –11.4 | 14.25 | | | 16.75 |
| | | 榆林牛家梁小学 | 0.287 | ○ | | | | | | | ○ | 430 | –10.6 | 13.26 | | | 32.13 |
| | | 榆林孟家湾小学 | 0.35 | ○ | | | | | | | ○ | 451 | –10.0 | 12.26 | 37% | 34% | 35.18 |
| | | 榆林鱼河卯小学 | 0.35 | | | ○ | | | | | ○ | 473 | –11.2 | 10.26 | 37% | 35% | 24.63 |
| | 寒冷地区（关中地区） | 范家寨中学 | 0.38 | ○ | | | | | | | ○ | | 3.81 | 6.49 | 36% | 36% | 26.77 |
| | 夏热冬冷地区（陕南） | 溢水镇中心小学 | 0.415 | | ○ | | | | | | ○ | 425 | 4.43 | 9.51 | 40% | 40% | 19.59 |
| 甘肃 | 寒冷地区（甘肃中部） | 三合乡中心小学 | 0.33 | | | | ○ | | | | ○ | 327 | 1.03 | 6.72 | 37% | 35% | 19.25 |
| | 严寒地区（甘肃西部） | 酒泉四中 | 0.45 | | | ○ | | | | | ○ | 488 | –6.3 | 4.8 | 35% | 33% | 16.39 |
| | 夏热冬冷地区（甘肃南部） | 城关中学 | 0.4 | | | | | ○ | | | ○ | 502 | –7.2 | 10.8 | 37% | 35% | 17.42 |
| | | 武都二中 | 0.356 | | | | | ○ | | | ○ | 327 | 1.03 | 6.72 | 37% | 35% | 21.08 |
| 宁夏 | 寒冷地区（宁夏北部） | 李俊中心小学 | 0.35 | | | | ○ | | | | ○ | 403 | 3.51 | 8.72 | 40% | 38% | 17.44 |
| | 寒冷地区（宁夏中部） | 同心县实验小学 | 0.39 | | ○ | | | | | | ○ | 327 | 1.03 | 9.72 | 37% | 35% | 29.16 |
| 新疆 | 寒冷地区（新疆南部） | 恰特勒克乡中心中学 | 0.25 | | | | ○ | | | | ○ | 441 | –0.12 | 6.37 | 40% | 38% | 21.86 |
| 新疆 | 严寒地区（新疆北部） | 昌吉市七中 | 0.421 | | | | ○ | | | | ○ | 488 | –6.3 | 4.8 | 35% | 33% | 25.27 |

注：1.室内外照度均为平均照度，数据测试时段为全阴天8:00~18:00，测试时间间隔为2~3小时，数据单位为勒克斯（lx），具体测试点详见图1-1-1；

2.室内外温度和湿度为冬季平均温度和湿度，温度数据单位为摄氏度（℃），数据测试时段为全天24小时，数据采集间隔时间为5min；

3.本表中的能耗数据为建筑单位面积采暖能耗，单位为kW · h/m²。

2）功能布局、平面形式与能耗、舒适度状况（表 2-1-17）

**功能布局、平面形式与能耗、舒适度状况** 表 2-1-17

| 省区 | 热工分区 | 学校 | 功能布局 | | 平面形式 | | | | | 采光 | | | 温度 | | 湿度 | | 能耗 |
|---|---|---|---|---|---|---|---|---|---|---|---|---|---|---|---|---|---|
| | | | | | | | | | | 室外照度 | | | | | | | |
| | | | 辅助功能位于端部 | 辅助功能位于内部 | 辅助功能位于端部和内部 | 一字形 | L、I、E形 | 天井形 | 不规则形 | 小于20000 lx | 大于20000 lx | 室内照度（lx） | 室外温度（℃） | 室内温度（℃） | 室外湿度（%） | 室内湿度（%） | 单位面积采暖能耗（kW · h/m²） |
| 陕西 | 严寒地区（陕北地区） | 榆林第七中学 | ○ | | | | ○ | | | | ○ | 473 | –10.2 | 12.22 | | | 33.26 |
| | | 榆林中学 | ○ | | | | | ○ | | | ○ | 422 | –11.4 | 14.25 | | | 16.75 |
| | | 榆林牛家梁小学 | | ○ | | | ○ | | | | ○ | 430 | –10.6 | 13.26 | | | 32.13 |
| | | 榆林孟家湾小学 | | ○ | | ○ | | | | | ○ | 451 | –10.0 | 12.26 | 37% | 34% | 35.18 |
| | | 榆林鱼河卯小学 | | ○ | | | ○ | | | | ○ | 473 | –11.2 | 10.26 | 37% | 35% | 24.63 |
| | 寒冷地区（关中地区） | 范家寨中学 | | | ○ | ○ | | | | | ○ | | 3.81 | 6.49 | 36% | 36% | 26.77 |
| | 夏热冬冷地区（陕南） | 溢水镇中心小学 | | ○ | | ○ | | | | | ○ | 425 | 4.43 | 9.51 | 40% | 40% | 19.59 |
| 甘肃 | 寒冷地区（甘肃中部） | 三合乡中心小学 | | ○ | | ○ | | | | | ○ | 327 | 1.03 | 6.72 | 37% | 35% | 19.25 |
| | 严寒地区（甘肃西部） | 酒泉四中 | ○ | | | | ○ | | | | ○ | 488 | –6.3 | 4.8 | 35% | 33% | 16.39 |
| | 夏热冬冷地区（甘肃南部） | 城关中学 | | | ○ | | ○ | | | | ○ | 502 | –7.2 | 10.8 | 37% | 35% | 17.42 |
| | | 武都二中 | | | ○ | ○ | | | | | ○ | 327 | 1.03 | 6.72 | 37% | 35% | 21.08 |
| 宁夏 | 寒冷地区（宁夏北部） | 李俊中心小学 | ○ | | | ○ | | | | | ○ | 403 | 3.51 | 8.72 | 40% | 38% | 17.44 |
| | 寒冷地区（宁夏中部） | 同心县实验小学 | ○ | | | ○ | | | | | ○ | 327 | 1.03 | 9.72 | 37% | 35% | 29.16 |
| 新疆 | 寒冷地区（新疆南部） | 恰特勒克乡中心中学 | | | ○ | ○ | | | | | ○ | 441 | –0.12 | 6.37 | 40% | 38% | 21.86 |
| | 严寒地区（新疆北部） | 昌吉市七中 | | | ○ | | ○ | | | | ○ | 488 | –6.3 | 4.8 | 35% | 33% | 25.27 |

注：1.室内外照度均为平均照度，数据测试时段为全阴天8:00~18:00，测试时间间隔为2~3小时，数据单位为勒克斯（lx），具体测试点详见图1-1-1；

2.室内外温度和湿度为冬季平均温度和湿度，温度数据单位为摄氏度（℃），数据测试时段为全天24小时，数据采集间隔时间为5min；

3.本表中的能耗数据为建筑单位面积采暖能耗，单位为kW · h/m²。

### 3. 宿舍楼特点及能耗、舒适度现状

#### 1）体形系数、走廊形式与能耗、舒适度状况（表 2-1-18）

**体形系数、走廊形式与能耗和舒适度状况**　　表 2-1-18

| 省区 | 热工分区 | 学校 | 体形系数 | 走廊形式 | | | | | | 采光 | | | 温度 | | 湿度 | | 能耗 |
|---|---|---|---|---|---|---|---|---|---|---|---|---|---|---|---|---|---|
| | | | | 封闭南外廊 | 开敞南外廊 | 封闭北外廊 | 开敞北外廊 | 中廊 | 双廊 | 室外照度 | | 室内照度（lx） | 室外温度（℃） | 室内温度（℃） | 室外湿度（%） | 室内湿度（%） | 单位面积采暖能耗（kW·h/m²） |
| | | | | | | | | | | 小于20000 lx | 大于20000 lx | | | | | | |
| 陕西 | 严寒地区（陕北地区） | 榆林第七中学 | 0.4 | | | | | | ○ | | ○ | 473 | –10.2 | 12.22 | | | 33.26 |
| | | 榆林中学 | 0.33 | | | | | | ○ | | ○ | 422 | –11.4 | 14.25 | | | 16.75 |
| | | 榆林牛家梁小学 | 0.287 | ○ | | | | | | | ○ | 430 | –10.6 | 13.26 | | | 32.13 |
| | | 榆林孟家湾小学 | 0.35 | ○ | | | | | | | ○ | 451 | –10.0 | 12.26 | 37% | 34% | 35.18 |
| | | 榆林鱼河卯小学 | 0.35 | | | ○ | | | | | ○ | 473 | –11.2 | 10.26 | 37% | 35% | 24.63 |
| | 寒冷地区（关中） | 范家寨中学 | 0.38 | ○ | | | | | | | ○ | 443 | 3.81 | 6.49 | 36% | 36% | 26.77 |
| | 夏热冬冷地区（陕南） | 溢水镇中心小学 | 0.415 | | ○ | | | | | | ○ | 425 | 4.43 | 9.51 | 40% | 40% | 19.59 |
| 甘肃 | 寒冷地区（甘肃中部） | 三合乡中心小学 | 0.33 | | | | ○ | | | | ○ | 327 | 1.03 | 6.72 | 37% | 35% | 19.25 |
| | 严寒地区（甘肃西部） | 酒泉四中 | 0.45 | | | ○ | | | | | ○ | 488 | –6.3 | 4.8 | 35% | 33% | 16.39 |
| | 夏热冬冷地区（甘肃南部） | 城关中学 | 0.4 | | | | | ○ | | | ○ | 502 | –7.2 | 10.8 | 37% | 35% | 17.42 |
| | | 武都二中 | 0.356 | | | | | ○ | | | ○ | 327 | 1.03 | 6.72 | 37% | 35% | 21.08 |
| 宁夏 | 寒冷地区（宁夏北部） | 李俊中心小学 | 0.35 | | | | ○ | | | | ○ | 403 | 3.51 | 8.72 | 40% | 38% | 17.44 |
| | 寒冷地区（宁夏中部） | 同心县实验小学 | 0.39 | | ○ | | | | | | ○ | 327 | 1.03 | 9.72 | 37% | 35% | 29.16 |
| 新疆 | 寒冷地区（新疆南部） | 恰特勒克乡中心中学 | 0.25 | | | | ○ | | | | ○ | 441 | –0.12 | 6.37 | 40% | 38% | 21.86 |
| | 严寒地区（新疆北部） | 昌吉市七中 | 0.421 | | | | ○ | | | | ○ | 488 | –6.3 | 4.8 | 35% | 33% | 25.27 |

注：1.室内外照度均为平均照度，数据测试时段为全阴天8:00~18:00，测试时间间隔为2~3小时，数据单位为勒克斯（lx），具体测试点详见图1-1-1；

2.室内外温度和湿度为冬季平均温度和湿度，温度数据单位为摄氏度（℃），数据测试时段为全天24小时，数据采集间隔时间为5min；

3.本表中的能耗数据为建筑单位面积采暖能耗，单位为kW·h/m²。

2）功能布局、平面形式与能耗、舒适度状况（表 2-1-19）

**功能布局、平面形式与能耗、舒适度状况** **表 2-1-19**

| 省区 | 热工分区 | 学校 | 功能布局 | | | 平面形式 | | | | 采光 | | | 温度 | | 湿度 | | 能耗 |
|---|---|---|---|---|---|---|---|---|---|---|---|---|---|---|---|---|---|
| | | | 辅助功能位于端部 | 辅助功能位于内部 | 辅助功能位于端部和内部 | 一字形 | L、I、E形 | 天井形 | 不规则形 | 室外照度 | | 室内照度（lx） | 室外温度（℃） | 室内温度（℃） | 室外湿度（%） | 室内湿度（%） | 单位面积采暖能耗（kW · h/m²） |
| | | | | | | | | | | 小于20000 lx | 大于20000 lx | | | | | | |
| 陕西 | 严寒地区（陕北地区） | 榆林第七中学 | ○ | | | | ○ | | | | ○ | 473 | –10.2 | 12.22 | | | 33.26 |
| | | 榆林中学 | ○ | | | | | ○ | | | ○ | 422 | –11.4 | 14.25 | | | 16.75 |
| | | 榆林牛家梁小学 | | ○ | | | ○ | | | | ○ | 430 | –10.6 | 13.26 | | | 32.13 |
| | 严寒地区（陕北地区） | 榆林孟家湾小学 | | ○ | | ○ | | | | | ○ | 451 | –10.0 | 12.26 | 37% | 34% | 35.18 |
| | | 榆林鱼河卯小学 | | ○ | | | ○ | | | | ○ | 473 | –11.2 | 10.26 | 37% | 35% | 24.63 |
| | 寒冷地区（关中地区） | 范家寨中学 | | | ○ | ○ | | | | | ○ | | 3.81 | 6.49 | 36% | 36% | 26.77 |
| | 夏热冬冷地区（陕南） | 溢水镇中心小学 | | ○ | | ○ | | | | | ○ | 425 | 4.43 | 9.51 | 40% | 40% | 19.59 |
| 甘肃 | 寒冷地区（甘肃中部） | 三合乡中心小学 | | ○ | | ○ | | | | | ○ | 327 | 1.03 | 6.72 | 37% | 35% | 19.25 |
| | 严寒地区（甘肃西部） | 酒泉四中 | ○ | | | | ○ | | | | ○ | 488 | –6.3 | 4.8 | 35% | 33% | 16.39 |
| | 夏热冬冷地区（甘肃南部） | 城关中学 | | | ○ | | ○ | | | | ○ | 502 | –7.2 | 10.8 | 37% | 35% | 17.42 |
| | | 武都二中 | | | ○ | ○ | | | | | ○ | 327 | 1.03 | 6.72 | 37% | 35% | 21.08 |
| 宁夏 | 寒冷地区（宁夏北部） | 李俊中心小学 | ○ | | | ○ | | | | | ○ | 403 | 3.51 | 8.72 | 40% | 38% | 17.44 |
| | 寒冷地区（宁夏中部） | 同心县实验小学 | ○ | | | ○ | | | | | ○ | 327 | 1.03 | 9.72 | 37% | 35% | 29.16 |
| 新疆 | 寒冷地区（新疆南部） | 恰特勒克乡中心中学 | | | ○ | ○ | | | | | ○ | 441 | –0.12 | 6.37 | 40% | 38% | 21.86 |
| | 严寒地区（新疆北部） | 昌吉市七中 | | | ○ | | ○ | | | | ○ | 488 | –6.3 | 4.8 | 35% | 33% | 25.27 |

注：1.室内外照度均为平均照度，数据测试时段为全阴天8:00~18:00，测试时间间隔为2~3h，数据单位为勒克斯（lx），具体测试点详见图1-1-1；

2.室内外温度和湿度为冬季平均温度和湿度，温度数据单位为摄氏度（℃），数据测试时段为全天24小时，数据采集间隔时间为5min；

3.本表中的能耗数据为建筑单位面积采暖能耗，单位为kW · h/m²。

## （二）各气候区不同建筑特点与建筑舒适度、能耗现状关系

1. 各气候区体形系数与建筑舒适度、能耗的现状关系（表 2-1-20）

**各气候区体形系数与建筑舒适度、能耗的现状关系** 表 2-1-20

| 建筑特点 \ 气候分区 | | 严寒地区 | | 寒冷地区 | | 夏热冬冷地区 | |
|---|---|---|---|---|---|---|---|
| | | 舒适度 | 能耗 | 舒适度 | 能耗 | 舒适度 | 能耗 |
| 体形系数（$s$） | $s<0.35$ | 采光不均，最低照度低于规范要求 | 用能方式传统，采暖能耗大，效率低，浪费资源，污染环境 | 采光不均，平均照度满足规范要求，但偏低 | 用能方式传统，采暖能耗大，效率低，浪费资源，污染环境 | 采光不均，平均照度偏低 | 用能方式传统，浪费资源，污染环境 |
| | $0.35\leqslant s\leqslant 0.40$ | 采光不均，冬季室内平均温度、湿度基本满足舒适度 | 用能方式传统，采暖能耗大，效率低，浪费资源，污染环境 | 采光不均，冬季室内平均温度、湿度偏低 | 用能方式传统，采暖能耗大，效率低，浪费资源，污染环境 | 采光不均，夏季室内平均温度偏高、湿度大 | 用能方式传统，采暖能耗大，效率低，浪费资源，污染环境 |
| | $s>0.40$ | 冬季室内平均温度、湿度低于舒适度范围，室内外温差大 | 用能方式传统，采暖能耗过大，效率低，浪费资源，污染环境 | 冬季室内平均温度、湿度低于舒适度范围 | 用能方式传统，采暖能耗过大，效率低，浪费资源，污染环境 | 夏季室内平均温度、湿度高于舒适度范围 | 用能方式传统，采暖能耗大，效率低，浪费资源，污染环境 |

2. 各气候区走廊形式与建筑舒适度、能耗的现状关系（表 2-1-21）

**各气候区走廊形式与建筑舒适度、能耗的现状关系** 表 2-1-21

| 建筑特点 \ 气候分区 | | 严寒地区 | | 寒冷地区 | | 夏热冬冷地区 | |
|---|---|---|---|---|---|---|---|
| | | 舒适度 | 能耗 | 舒适度 | 能耗 | 舒适度 | 能耗 |
| 走廊形式 | 封闭南外廊 | 采光不均匀，最低照度低于规范要求 | 用能方式传统，采暖能耗大，效率低，浪费资源，污染环境 | 采光不均匀，平均照度满足规范要求，但偏低 | 用能方式传统，采暖能耗大，效率低，浪费资源，污染环境 | 采光不均匀，夏季室内平均温度偏高、湿度大 | 用能方式传统，采暖能耗大，效率低，浪费资源，污染环境 |
| | 开敞南外廊 | 冬季室内平均温度、湿度低于舒适度范围，室内外温差大 | 用能方式传统，采暖能耗过大，效率低，浪费资源，污染环境 | 冬季室内平均温度、湿度低于舒适度范围 | 用能方式传统，采暖能耗大，效率低，浪费资源，污染环境 | 采光不均匀，平均照度偏低 | 用能方式传统，采暖能耗大，效率低，浪费资源，污染环境 |
| | 封闭北外廊 | 采光不均匀，冬季室内平均温度、湿度基本满足舒适度 | 用能方式传统，采暖能耗大，效率低，浪费资源，污染环境 | 采光不均匀，冬季室内平均温度、湿度偏低 | 用能方式传统，采暖能耗大，效率低，浪费资源，污染环境 | 采光不均匀，冬季室内湿度大 | 用能方式传统，采暖能耗大，效率低，浪费资源，污染环境 |
| | 开敞北外廊 | 冬季室内平均温度、湿度低于舒适度范围，室内外温差大 | 用能方式传统，采暖能耗过大，效率低，浪费资源，污染环境 | 冬季室内平均温度、湿度低于舒适度范围 | 用能方式传统，采暖能耗大，效率低，浪费资源，污染环境 | 冬季室内平均温度偏低 | 用能方式传统，采暖能耗大，效率低，浪费资源，污染环境 |
| | 中廊 | 采光不均匀，最低照度低于规范要求 | 用能方式传统，采暖能耗大，效率低，浪费资源，污染环境 | 采光不均匀，平均照度满足规范要求，但偏低 | 用能方式传统，采暖能耗大，效率低，浪费资源，污染环境 | 采光不均匀，平均照度偏低 | 用能方式传统，浪费资源，污染环境 |
| | 双廊 | 冬季室内平均温度、湿度低于舒适度范围，室内外温差大 | 用能方式传统，采暖能耗大，效率低，浪费资源，污染环境 | 采光不均匀，冬季室内平均温度、湿度偏低 | 用能方式传统，采暖能耗大，效率低，浪费资源，污染环境 | 冬季室内平均温度偏低，夏季室内平均温度偏高 | 用能方式传统，采暖能耗大，效率低，浪费资源，污染环境 |

3. 各气候区功能布局与建筑舒适度、能耗的现状关系（表 2-1-22）

**各气候区功能布局与建筑舒适度、能耗的现状关系** 表 2-1-22

| 建筑特点＼气候分区 | | 严寒地区 | | 寒冷地区 | | 夏热冬冷地区 | |
|---|---|---|---|---|---|---|---|
| | | 舒适度 | 能耗 | 舒适度 | 能耗 | 舒适度 | 能耗 |
| 功能布局 | 辅助功能位于端部 | 采光不均匀，最低照度低于规范要求 | 用能方式传统，采暖能耗大，效率低，浪费资源，污染环境 | 采光不均匀，平均照度满足规范要求，但偏低 | 用能方式传统，采暖能耗大，效率低，浪费资源，污染环境 | 采光不均匀，平均照度偏低 | 用能方式传统，浪费资源，污染环境 |
| | 辅助功能位于内部 | 冬季室内平均温度、湿度低于舒适度范围，室内外温差大 | 用能方式传统，采暖能耗过大，效率低，浪费资源，污染环境 | 冬季室内平均温度、湿度低于舒适度范围 | 用能方式传统，采暖能耗过大，效率低，浪费资源，污染环境 | 夏季室内平均温度、湿度高于舒适度范围 | 用能方式传统，采暖能耗大，效率低，浪费资源，污染环境 |
| | 辅助功能位于端部和内部 | 采光不均匀，冬季室内平均温度、湿度基本满足舒适度 | 用能方式传统，采暖能耗大，效率低，浪费资源，污染环境 | 采光不均匀，冬季室内平均温度、湿度偏低 | 用能方式传统，采暖能耗大，效率低，浪费资源，污染环境 | 采光不均匀，夏季室内平均温度偏高、湿度大 | 用能方式传统，采暖能耗大，效率低，浪费资源，污染环境 |

4. 各气候区平面形式与建筑舒适度、能耗的现状关系（表 2-1-23）

**各气候区平面形式与建筑舒适度、能耗的现状关系** 表 2-1-23

| 建筑特点＼气候分区 | | 严寒地区 | | 寒冷地区 | | 夏热冬冷地区 | |
|---|---|---|---|---|---|---|---|
| | | 舒适度 | 能耗 | 舒适度 | 能耗 | 舒适度 | 能耗 |
| 平面形式 | 一字形 | 采光不均匀，冬季室内平均温度、湿度偏低 | 用能方式传统，采暖能耗大，效率低，浪费资源，污染环境 | 采光不均匀，冬季室内平均温度、湿度偏低 | 用能方式传统，采暖能耗大，效率低，浪费资源，污染环境 | 采光不均匀，夏季室内平均温度偏高、湿度大 | 用能方式传统，采暖能耗大，效率低，浪费资源，污染环境 |
| | L、I、E形 | 采光不均匀，冬季室内平均温度、湿度偏低 | 用能方式传统，采暖能耗大，效率低，浪费资源，污染环境 | 采光不均匀，冬季室内平均温度、湿度偏低 | 用能方式传统，采暖能耗大，效率低，浪费资源，污染环境 | 采光不均匀，夏季室内平均温度偏高、湿度大 | 用能方式传统，采暖能耗大，效率低，浪费资源，污染环境 |
| | 天井形 | 冬季室内平均温度、湿度低于舒适度范围，室内外温差大 | 用能方式传统，采暖能耗大，效率低，浪费资源，污染环境 | 冬季室内平均温度、湿度低于舒适度范围 | 用能方式传统，采暖能耗大，效率低，浪费资源，污染环境 | 采光不均匀，平均照度偏低 | 用能方式传统，浪费资源，污染环境 |
| | 不规则形 | 无 | 无 | 无 | 无 | 无 | 无 |

**（三）相同气候区不同建筑特点的建筑舒适度和能耗现状**

将调研学校的建筑舒适度（包括照度、温度、湿度）和能耗（包括采暖能耗、照明用能）具体数据按照建筑的不同建筑特点进行分类统计并取平均值，再将不同建筑特点的建筑舒适度与能耗进行对比，通过比较的方法进一步总结建筑舒适度和能耗现状存在的问题，有利于找到建筑特点与舒适度、能耗的关系。

1. 不同建筑特点的室内照度比较（图 2-1-3）

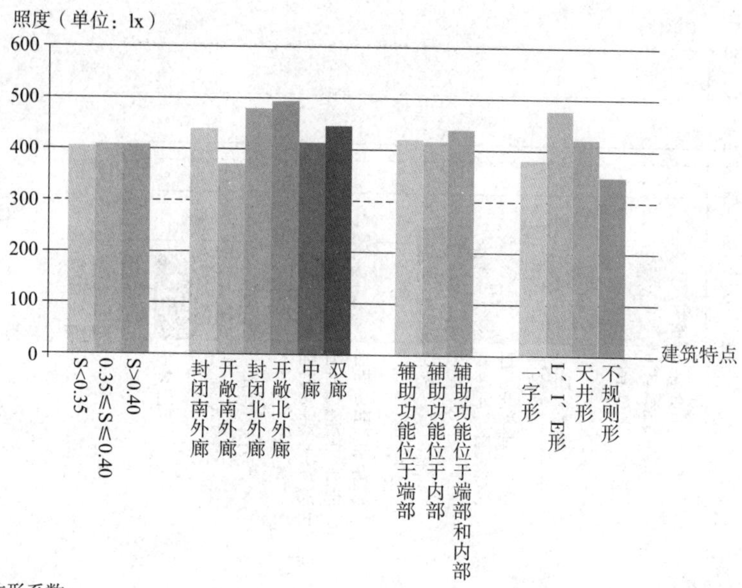


注：1. *s*——体形系数；
2. 每个建筑特点下的建筑照度数值为同种建筑特点下的所有建筑室内照度均值的平均值；
3. 图中虚线标记为中小学校普通教室室内照度最低值。（根据《中小学校设计规范》（GB 50099—2011）有关要求，普通教室室内照度均值不得低于300lx。）

**图 2-1-3　不同建筑特点的室内照度比较**

分析图 2-1-3 得出结论：

（1）按体形系数分类：体形系数小于 0.35 的建筑，室内照度平均值最低，为 406lx；体形系数大于 0.4 的建筑，室内照度平均值最高，为 472lx；体形系数越小的建筑，室内平均照度越低。

（2）按建筑特点：走廊形式为开敞南外廊的建筑，室内照度平均值最低，为 376lx；走廊形式为开敞北外廊的建筑，室内照度平均值最高，为 492lx。

（3）按功能布局分类：辅助功能位于内部的建筑，室内照度平均值最低，为 421lx；辅助功能位于端部和内部的建筑，室内照度平均值最高，为 440lx；不同功能布局的建筑，室内平均照度差别不大。

（4）按平面形式分类：不规则形的建筑，室内照度平均值最低，为 354lx；属于“L、I、E”形的建筑，室内照度平均值最高，为 476lx；不规则形平面形式的建筑室内平均照度要低于其他平面形式的建筑。

总结：在所调研学校的不同空间类型中，建筑室内平均照度满足设计规范要求（即普通教室室内照度均值不得低于 300lx），但照度均值偏低，说明所调研学校的主要建筑室内光环境基本满足舒适度条件，但仍有待于提高。

2. 不同建筑特点的室内温度比较（图 2-1-4）

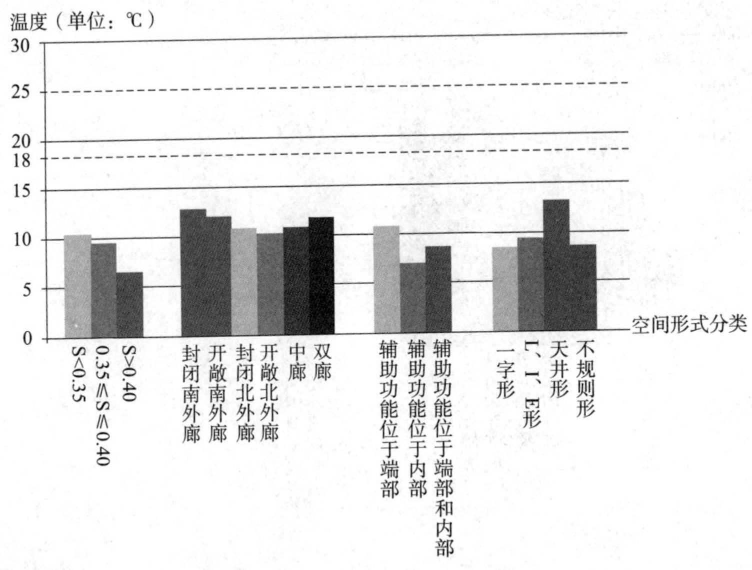


注：1. *s*——体形系数；
2. 每个空间形式下的建筑温度数值为同种建筑特点下的所有建筑室内温度的平均值；
3. 图中虚线标记为冬季室内适宜人的温度范围，即18~25℃（根据《室内热环境条件》GB/T 5701-2008）。

**图 2-1-4　不同建筑特点的室内温度比较**

分析图 2-1-4 得出结论：

（1）按体形系数分类：体形系数大于 0.40 的建筑，室内温度平均值最低，为 6.37℃；体形系数小于 0.35 的建筑，室内温度平均值最高，为 10.15℃；体形系数越大的建筑，室内平均温度越低。

（2）按走廊形式分类：走廊为开敞北外廊的建筑，室内温度平均值最低，为 10.19℃；走廊形式为封闭南外廊的建筑，室内温度平均值最高，为 13.47℃。

（3）按功能布局分类：辅助功能位于内部的建筑，室内温度平均值最低，为 7.04℃；辅助功能位于端部的建筑，室内温度平均值最高，为 10.40℃。

（4）按平面形式分类：不规则形的建筑，室内温度平均值最低，为 7.64℃；天井形的建筑，室内温度平均值最高，为 14.25℃；一字型、“L、I、E” 型和不规则型的平面形式的建筑，其室内平均温度差别不大，但都远低于平面形式为天井形的建筑。

总结：在不同的建筑特点下，建筑室内平均温度均达不到冬季室内适宜人的温度范围（18 ~ 25℃），尤其是体形系数大于 0.40、走廊形式为开敞北外廊、建筑辅助功能仅位于内部以及不规则形平面形式的建筑，远不能满足冬季建筑室内热舒适度条件，说明所调研学校的主要建筑在冬季室内偏冷，温度状况差。

3. 不同建筑特点的室内湿度比较（图 2-1-5）

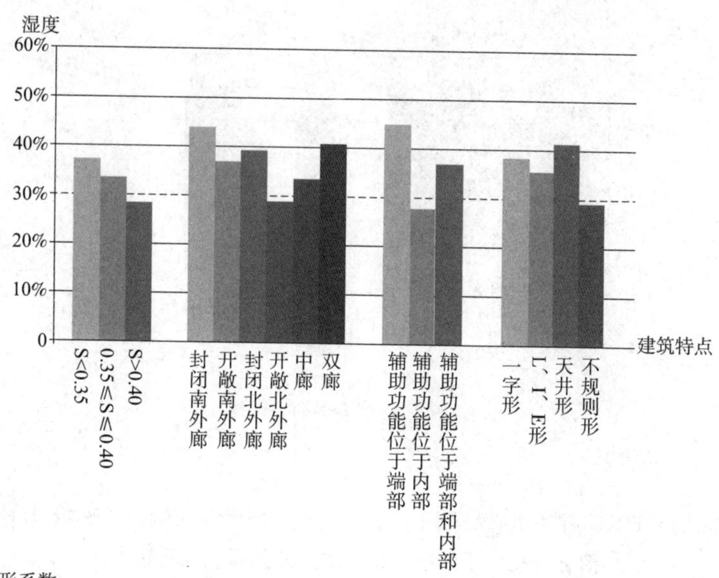


注：1. $s$——体形系数；
2. 每个建筑特点下的建筑湿度数值为同种建筑特点下的所有建筑室内相对湿度的平均值；
3. 图中虚线标记为冬季室内适宜人的最低湿度，即30%。（根据《室内热环境条件》（GB/T 5701-2008）有关要求，冬季建筑室内适宜人的湿度范围为30%~80%。）

**图 2-1-5 不同建筑特点的室内湿度比较**

分析图 2-1-5 得出结论：

（1）按体形系数分类：体形系数大于 0.40 的建筑，室内相对湿度平均值最低，仅为 28.6%；体形系数小于 0.35 的建筑，室内相对湿度平均值最高，为 37.5%；体形系数越大的建筑，室内相对湿度越低。

（2）按走廊形式分类：走廊形式为开敞北外廊的建筑，室内相对湿度平均值最低，为 29.2%；走廊形式为封闭南外廊的建筑，室内相对湿度平均值最高，为 43.7%；走廊形式为开敞北外廊和中廊的建筑，室内相对湿度明显低于其他平面形式的建筑。

（3）按功能布局分类：辅助功能位于内部的建筑，室内相对湿度平均值最低，仅为 27.8%；辅助功能位于端部的建筑，室内相对湿度平均值最高，为 45.1%。

（4）按平面形式分类：不规则型的建筑，室内相对湿度平均值最低，仅为 29.6%；天井型的建筑，室内相对湿度平均值最高，为 41.8%；平面形式为不规则型的建筑，室内相对湿度远低于其他平面形式的建筑。

总结：在不同的建筑特点下，建筑室内平均相对湿度均较低，基本上在 30% ~ 40% 之间，尤其是体形系数大于 0.40、走廊形式为开敞北外廊、建筑辅助功能仅位于内部以及不规则型平面形式的建筑，室内相对湿度的平均值还不足 30%，达不到冬季室内适宜人的湿度范围（30% ~ 80%）。可见，所调研学校的主要建筑在冬季室内空气干燥，湿度状况较差。

4. 不同建筑特点的室内采暖能耗比较（图 2-1-6）

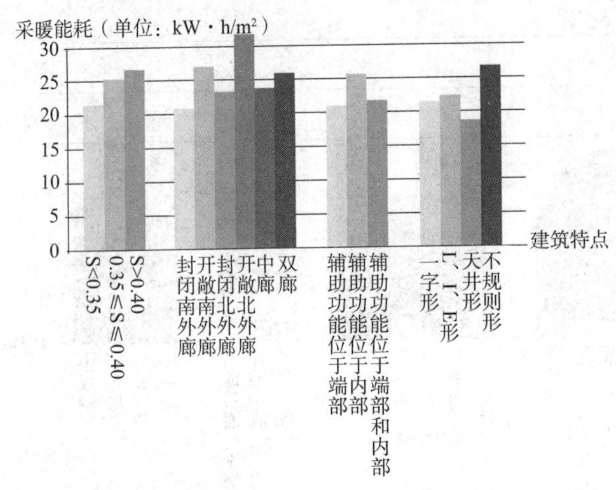


注：1. *s*——体形系数；
2. 每个建筑特点下的建筑采暖能耗数值为同种建筑特点下的所有建筑全年单位面积采暖能耗的平均值。

**图 2–1–6　不同建筑特点的室内采暖能耗比较**

分析图 2-1-6 得出结论：

（1）按体形系数分类：体形系数大于 0.40 的建筑，单位面积采暖能耗最高，为 26.8 kW · h/m²；体形系数小于 0.35 的建筑，单位面积采暖能耗最低，为 22.42 kW · h/m²；体形系数越大的建筑，单位面积采暖能耗越高。

（2）按走廊形式分类：走廊形式为开敞北外廊的建筑，单位面积采暖能耗最高，为 35.18 kW · h/m²；走廊形式为封闭南外廊的建筑，单位面积采暖能耗最低，为 21.08 kW · h/m²；走廊形式为开敞北外廊和开敞南外廊的建筑，单位面积采暖能耗明显高于其他走廊形式的建筑。

（3）按功能布局分类：辅助功能位于内部的建筑，单位面积采暖能耗最高，为 26.16 kW · h/m²；辅助功能位于端部的建筑，单位面积采暖能耗最低，为 22.48 kW · h/m²；辅助功能仅位于内部的建筑，单位面积采暖能耗明显高于端部或端部和内部均布置辅助功能的建筑。

（4）按平面形式分类：不规则形的建筑，单位面积采暖能耗最高，达 27.40 kW · h/m²；天井形的建筑，单位面积采暖能耗相比之下最低，为 17.75 kW · h/m²；平面形式为不规则形的建筑，单位面积采暖能耗明显高于其他平面形式的建筑。

总结：在不同的建筑特点下，建筑单位面积采暖能耗整体偏高，绝大部分在 20.00 kW · h/m² 以上，尤其是开敞南外廊和不规则形的建筑，单位面积采暖能耗相比之下明显高于同种分类下其他建筑特点的建筑。可见，所调研学校的主要建筑，单位面积采暖能耗大。采暖用能是建筑能耗的主要来源，说明冬季建筑室内保温隔热效果不理想。

5. 不同建筑特点的室内照明用能比较（图 2-1-7）

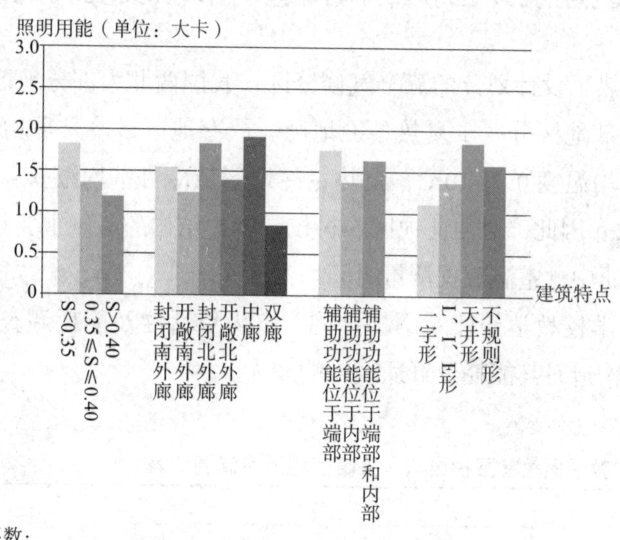


注：1. $s$——体形系数；
2. 每个建筑特点下的建筑照明用能数值为同种建筑特点下的所有建筑全年单位面积照明用能的平均值。

**图 2-1-7　不同建筑特点的室内照明用能比较**

分析图 2-1-7 得出结论：

（1）按体形系数分类：体形系数小于 0.35 的建筑，单位面积照明用能最高，为 1.80 大卡；体形系数大于 0.40 的建筑，单位面积照明用能最低，为 1.27 大卡；体形系数越小的建筑，单位面积照明用能越高。

（2）按走廊形式分类：走廊形式为中廊的建筑，单位面积照明用能最高，为 1.92 大卡；走廊形式为双廊的建筑，单位面积照明用能最低，为 0.79 大卡；走廊为中廊、封闭北外廊和封闭南外廊的建筑，单位面积照明用能相比之下要高于其他走廊形式的建筑。

（3）按功能布局分类：辅助功能位于端部的建筑，单位面积照明用能最高，为 1.71 大卡；辅助功能位于内部的建筑，单位面积照明用能最低，为 1.40 大卡；辅助功能位于端部或端部和内部的建筑，单位面积照明用能相比之下要高于仅内部布置辅助功能的建筑。

（4）按平面形式分类：天井形的建筑，单位面积照明用能最高，达到 1.82 大卡；一字形的建筑，单位面积照明用能相比之下最低，为 1.19 大卡；平面形式为天井形和不规则形的建筑，单位面积照明用能高于其他平面形式的建筑。

总结：在不同的建筑特点分类下，建筑单位面积照明用能差别明显，尤其是在走廊形式分类下，中廊式的建筑要比双廊式的建筑能耗均值高出 1.73 大卡。可见，所调研的学校主要建筑的照明用能，虽然在建筑总能耗中所占比例不大，但根据建筑特点不同，单位面积能耗差别明显，说明建筑在采光方面的节能效果有待提高。

# 四、不同气候区建筑外围护结构构造对节能及能耗的影响

根据我国建筑热工设计划分的五个气候分区，我国西北大部分地区属于严寒地区和寒冷地区，一小部分地区分属于夏热冬冷地区。严寒地区最冷月平均温度 ≤ –10℃，寒冷地区最冷月平均温度 0 ~ –10℃，夏热冬冷地区最冷月平均温 0 ~ –10℃，最热月平均温度 25 ~ 30℃。因此，对西北地区农村校园围护结构的考量主要是冬季保暖，所以在围护结构的调研中，室温数据测量时间均为冬季。

西北农村中小学校教学楼建筑围护结构、室内舒适度及能耗调查，见表 2-1-24。可见，围护结构的构造对其能耗及舒适度影响较大。

教学楼教室围护结构、采暖能耗及室温调查表　　表 2-1-24

| 基本信息 | | | | 围护结构 | | | | | | | | | | | 能耗及室温 | | |
|---|---|---|---|---|---|---|---|---|---|---|---|---|---|---|---|---|---|
| | | | | 屋面 | | | 外墙 | | | 外窗 | | | | | | | |
| 省区 | 热工分区 | 学校 | 体形系数 | 有无保温层 | 传热系数 | 达到节能要求与否 | 材质 | 传热系数 | 达到节能要求与否 | 材质 | 传热系数 | 北向窗地比 | 南向窗地比 | 达到节能要求与否 | 单位面积采暖能耗及供暖方式 | 室内温度（℃） | 室外温度（℃） |
| 陕西 | 严寒地区 | 榆林牛家梁小学 | 0.27 | 60mm厚挤塑聚苯保温板 | 0.5 | 否 | 240mm厚非承重多空砖墙附加50mm厚挤塑聚苯保温板 | 0.5 | 是 | 塑钢中空玻璃 | 3.1 | 0.3 | 0.4 | 否 | 24.63煤炉供暖 | 13.26 | –5.6 |
| 陕西 | 寒冷地区 | 张家滩中心小学 | 0.4 | 无保温层 | 1.8 | 否 | 240mm厚砖墙 | 2.1 | 否 | 单层塑钢玻璃 | 4.7 | 0.4 | 0.58 | 否 | 33.26煤炉供暖 | 5.59 | 1 |
| 陕西 | 寒冷地区 | 范家寨中学 | 0.34 | 无保温层 | 1.8 | 否 | 240mm厚砖墙 | 2.1 | 否 | 单层塑钢玻璃 | 4.7 | 0.4 | 0.58 | 否 | 16.39锅炉供暖 | 9.49 | 3.81 |
| 陕西 | 夏热冬冷地区 | 朱鹮湖小学 | 0.4 | 无保温层 | 1.8 | 否 | 240mm厚砖墙 | 2.1 | 否 | 单层塑钢玻璃 | 4.7 | 0.4 | 0.58 | 否 | 11.86煤炉供暖 | 9.51 | 4.43 |
| 甘肃 | 寒冷地区 | 三合乡中心小学 | 0.4 | 有保温层 | 0.5 | 否 | 新型保温墙体 | 0.45 | 否 | 双层塑钢玻璃 | 3.1 | 0.2 | 0.3 | 否 | 2.11太阳能供暖 | 13.47 | 3.72 |
| 宁夏 | 寒冷地区 | 李俊中心小学 | 0.34 | 有保温层 | 0.5 | 否 | 240mm厚砖墙附加保温层 | 0.5 | 否 | 单层塑钢玻璃 | 4.7 | 0.4 | 0.58 | 否 | 33.76锅炉供暖 | 14.72 | 1.03 |
| 宁夏 | 寒冷地区 | 丁家塘中心小学 | 0.4 | 有保温层 | 0.5 | 否 | 新型保温墙体 | 0.45 | 否 | 双层塑钢玻璃 | 3.1 | 0.4 | 0.3 | 否 | 2.54太阳能供暖 | 9.72 | 1.03 |
| 宁夏 | 寒冷地区 | 沙塘中心小学 | 0.4 | 有保温层 | 0.5 | 否 | 新型保温墙体 | 0.45 | 否 | 双层塑钢玻璃 | 3.1 | 0.2 | 0.3 | 否 | 3.87太阳能供暖 | 10.23 | 1.27 |

续表

| 基本信息 | | | | 围护结构 | | | | | | | | | | | | 能耗及室温 | | |
|---|---|---|---|---|---|---|---|---|---|---|---|---|---|---|---|---|---|---|
| | | | | 屋面 | | | 外墙 | | | 外窗 | | | | | | | | |
| 青海 | 严寒地区 | 班家湾小学 | 0.4 | 无保温层 | 1.8 | 否 | 240mm厚砖墙 | 2.1 | 否 | 单层钢框玻璃 | 4.7 | 0.4 | 0.45 | 否 | 35.26锅炉供暖 | 3.5 | –0.12 |
| | | 门峡镇中心小学 | 0.4 | 无保温层 | 1.8 | 否 | 240mm厚砖墙 | 2.1 | 否 | 单层钢框玻璃 | 4.7 | — | — | 否 | 21.51锅炉供暖 | 10.28 | 3.33 |
| | | 多巴中学 | 0.33 | 屋面附加120mm厚聚苯保温板 | 0.3 | 是 | 外墙为300mm厚加气混凝土砌块附加40mm厚EPS保温层 | 0.35 | 是 | 塑钢中空玻璃 | 3.1 | 0.3 | 0.3 | 否 | 25.52锅炉供暖 | 14.37 | 4.26 |
| 新疆 | 严寒地区 | 榆树沟镇中心小学 | 0.3 | 有保温层 | 0.5 | 否 | 370mm厚砖墙 | 1.6 | 否 | 双层塑钢双玻 | 3.1 | 0.3 | 0.3 | 否 | 42.28锅炉供暖 | 8.72 | 1.03 |
| | 寒冷地区 | 恰特勒克乡初级中学 | 0.26 | 有保温层 | 0.5 | 是 | 240mm厚砖墙附加保温层 | 0.5 | 是 | 双层塑钢玻璃 | 3.1 | 0.3 | 0.3 | 否 | 27.28锅炉供暖 | 16.72 | 3.51 |

注：1. 传热系数单位为 W/（$m^2$ · K）；
2. 室内温度单位为摄氏度（℃）；
3. 单位面积采暖能耗单位为kW · h/$m^2$。

分析表 2-1-24 得出结论：

（1）有保温层的屋面传热系数大幅降低，绝热效果大幅提升。

（2）新型保温墙体和附加保温材料的外墙传热系数大幅降低，绝热效果大幅提升。

（3）双层塑钢中空玻璃与单层塑钢玻璃相比较，前者传热系数大幅降低，绝热效果大幅提升。

（4）所调查的学校教室的冬季某日平均室温均在 18℃以下，均未能达到舒适度要求，需要加强其建筑围护结构的绝热性能。严寒地区的学校教学楼建筑单位面积采暖能耗普遍高于寒冷地区，通过做好严寒地区的学校教学楼建筑围护结构的绝热来降低能耗，非常重要。

# 第二节　适应气候条件的校园总平面、主要建筑节能策略及优化模式

## 一、总平面布置

### （一）基于当地气候的农村校园节能减排规划策略

气候是影响建筑规划及设计必不可少的因素，直接影响到人的生活行为、感受和生理健康，对于发育阶段的学生尤为重要。气候对校园规划的影响主要在光环境、风环境、降水、温度、湿度五个方面。

西北地区气候条件总体特征为：冬季寒冷、干旱少雨，主要盛行风向为西北风。西北五省区在热工气候分区上包含严寒地区、寒冷地区和夏热冬冷地区。因此，西北地区校园总体规划重点解决校园冬季防风沙，部分地区同时注意校园夏季导风、降温、防晒遮阳、防涝排水，以及重视保水、蓄水等设计，并应注重根据各地条件有效利用太阳能、风能资源。

热工分区是以室外温度作为分界标准的。西北五省区除陕西南部的一小部分外，大部分位于寒冷、严寒热工分区，部分区域尽管位于同一个热工分区，但在风环境、光环境等方面有较大差异。因此，将西北五省区三个热工分区结合其地理气候特征分成十二个典型气候区，对这十二个典型气候区气候特征分别进行讨论。其应对气候条件的策略见表 2-2-1。

西北地区应对气候条件策略　　表 2-2-1

| 省区 | 地理位置分区 | 热工分区 | 气候特征 | 风环境 | | | 光环境 | | 气温 | | 降水 | |
|---|---|---|---|---|---|---|---|---|---|---|---|---|
| | | | | 防风沙 | 通风导风 | 利用风能 | 利用太阳能 | 防晒遮阳 | 夏季降温 | 冬季保温 | 防涝排水 | 保水蓄水 |
| 陕西 | 陕北 | 严寒地区 | 1. 全年大风，平均风速6m/s，位于风功率密度等级4区，春季有风沙<br>2. 日照充沛，全年日照时数2700h，位于中国太阳能资源三类地区<br>3. 冬季严寒，夏季凉爽。最热月平均气温22.1℃，最冷月平均气温–7.6℃<br>4. 气候干燥，全年降雨量400mm，位于中国干旱地带 | ☆☆☆ | ☆ | ☆☆ | ☆☆☆ | ☆☆ | ☆ | ☆☆ | — | ☆☆☆ |

续表

| 省区 | 地理位置分区 | 热工分区 | 气候特征 | 风环境 | | | 光环境 | | 气温 | | 降水 | |
|---|---|---|---|---|---|---|---|---|---|---|---|---|
| | | | | 防风沙 | 通风导风 | 利用风能 | 利用太阳能 | 防晒遮阳 | 夏季降温 | 冬季保温 | 防涝排水 | 保水蓄水 |
| 陕西 | 关中 | 寒冷地区 | 1.夏季东南风，冬季西北风；<br>2.日照充沛，全年日照时数1960h；<br>3.温度适中，夏季潮湿多雨，平均温度在23～27℃，冬季干燥少雪，平均温度在－3～1℃；<br>4.年降水量500-700mm | ☆☆ | ☆☆ | ☆ | ☆☆ | ☆☆ | ☆ | ☆ | ☆ | ☆☆ |
| | 陕南 | 夏热冬冷地区 | 1.东北风和静风；<br>2.湿度相对偏高，夏季闷热，平均温度在24～27.5℃，冬季温暖湿润，平均温度在0～3℃；<br>3.降水明显 | ☆ | ☆☆☆ | ☆ | — | ☆☆☆ | ☆☆ | ☆ | ☆☆☆ | ☆ |
| 甘肃 | 甘肃中部 | 严寒地区 | 降水少，日照长，昼夜温差显著。夏季炎热，平均温度在15.8~22.2℃，冬季寒冷，平均温度在-10.9~-8.9℃，干旱多风 | ☆☆☆ | ☆ | ☆☆☆ | ☆☆☆ | ☆☆ | ☆ | ☆☆☆ | — | ☆☆☆ |
| | 甘肃西部 | 寒冷地区 | 气候温和，光照充足，年均气温7.1℃。年均日照时数2238小时。降水分布不均匀。冬季平均温度在-8~3℃，夏季平均温度在8.3~10.9℃ | ☆☆ | ☆ | ☆☆ | ☆☆☆ | ☆ | ☆ | ☆☆☆ | — | ☆☆ |
| 宁夏 | 宁夏北部 | 寒冷地区 | 引黄灌溉区，水资源缺乏，日照充足，年均降水最少（在200mm），年平均温度在8.2~8.9℃左右，是温度最高的区域，风速较小 | ☆☆☆ | ☆ | ☆☆☆ | ☆☆☆ | ☆ | ☆ | ☆☆☆ | ☆ | ☆☆ |
| | 宁夏中部 | 寒冷地区 | 中部干旱带，年均降水在300mm左右，风速在5.8m/s，日照资源较北部少，年平均温度在8~9.4℃ | ☆☆ | ☆ | ☆☆ | ☆☆☆ | ☆ | ☆ | ☆☆☆ | — | ☆☆☆ |
| | 宁夏南部 | 寒冷地区 | 南部山区，年平均降水在400mm左右，风速较大（7m/s）；冬寒长，春暖快，夏热短，秋凉早；日较差大，灾害性天气比较频繁，年平均温度在-0.8~1.0℃ | ☆ | ☆ | ☆ | ☆☆☆ | ☆ | ☆ | ☆☆ | ☆☆ | ☆ |
| 青海 | 海东地区东部 | 寒冷地区 | 年平均温度7.9℃，干旱，太阳辐射强，夏季凉爽适宜，冬季寒冷漫长 | ☆☆ | ☆ | ☆☆ | ☆☆ | ☆☆☆ | ☆ | ☆☆☆ | — | ☆☆ |
| | 海东地区北部 | 严寒地区 | 年平均温度8.7℃，是海东地区年平均温度最高的地方；降水量最少，年日照时数最长 | ☆☆☆ | ☆ | ☆☆ | ☆☆ | ☆☆☆ | ☆ | ☆☆☆ | — | ☆☆ |
| 新疆 | 吐鲁番地区 | 寒冷地区 | 干燥，高温，多风；盆地内，太阳辐射强，日照时间长,光能丰富,年平均总辐射量5938.3MJ/m$^2$，冬季平均气温-10℃，夏季平均气温在35~37℃ | ☆☆ | ☆☆☆ | ☆☆ | ☆ | ☆☆ | ☆☆☆ | ☆☆☆ | — | ☆☆☆ |
| | 新疆北区 | 严寒地区 | 温差大，寒暑变化剧烈；降水少，风能资源丰富；冬季最低温度在零下20℃左右，夏季最高温度在30℃以上 | ☆☆☆ | ☆☆ | ☆☆ | ☆☆ | ☆☆ | ☆☆ | ☆☆☆ | — | ☆☆ |

注：☆——重要度；☆—— 一般重要、☆☆——重要；☆☆☆——非常重要；— ——可不考虑。

1. 风环境与校园规划（表 2-2-2）

西北地区气候特征　　表 2-2-2

| 省区 | 典型气候区 | 热工分区 | 年平均气温（℃） | 年降水量（mm） | 年日照时（h） | 盛行风向 | 采暖期（天） |
|---|---|---|---|---|---|---|---|
| 陕西 | 陕北 | 严寒地区 | 10.4 | 400-600 | 2504.6 | 西北风 | 90 |
| | 关中 | 寒冷地区 | 12~14 | 500-700 | 1960 | 夏季东南风<br>冬季西北风 | |
| | 陕南 | 冬冷夏热地区 | 24~27.5 | 700-1100 | 1457 | 东北风和静风 | |
| 甘肃 | 甘肃中部 | 寒冷地区 | 7~10℃ | 410-650 | 1800~2300 | 夏季东南风<br>冬季西北风 | 135 |
| | 甘肃西部 | 严寒地区 | 4~9℃ | 37~200 | 2800~3300 | 东北风、东风 | |
| 宁夏 | 宁夏北部 | 寒冷地区 | 9.9 | 200 | 3112 | 偏西风 | 150 |
| | 宁夏中部 | | 6.8 | 200-400 | 2785 | 西北风 | |
| | 宁夏南部 | | 5.3 | 400 | 2270 | 西北风 | |
| 青海 | 海东地区东部 | 寒冷地区 | 7~10℃ | 410-650 | 1800~2300 | 夏季东南风<br>冬季西北风 | 115 |
| | 海东地区北部 | 严寒地区 | 4~9℃ | 37~200 | 2800~3300 | 东北风、东风 | |
| 新疆 | 吐鲁番地区 | 寒冷地区 | 9.9℃ | 16.4 | 3200 | 夏季盛行偏东风<br>冬季盛行北风 | 180 |
| | 新疆北区 | 严寒地区 | 6.8℃ | <200 | 2500~2650 | 夏季盛行西北风<br>冬季盛行南风 | |

有效利用风环境对校园微气候的调节起着重要作用，学校整体布局中应首要考虑风环境的组织。此外，建筑设计、建筑组合布局、景观绿化等方面都要考虑对风环境的影响。西北地区冬季防风尤为重要，具体措施如下：

1）夏季通风

随着全球气候变化，近年来西北地区有些地方也出现了持续的高温天气，所以建筑设计中自然通风很有必要。良好的自然通风不仅可以带走建筑使用中产生的大量余热，而且可以排出污浊空气，换以新鲜空气，这对人群较集中的校园非常重要。

（1）合理选取建筑朝向

通常建筑物与风向垂直的面是压力最大的迎风面，故设计时应尽量使建筑主立面朝向夏季主导风向，山墙面背向冬季主导风向，可改善夏季自然通风、调节房间热环境及减少室内采暖空调负荷。

（2）优化建筑群布局

设计时多采用错列或斜列可使风从斜向导入建筑群内部，下风向的建筑受风面就会大一些，风场分布较合理，通风效果就比较好。方正的校园地块可通过改变传统的“横平竖直”规划模式，采用以曲代直的规划方法。

（3）利用绿地和水体

除了“通风走廊”的作用，高大的树木还可以改变风向。并且，由于树叶的吸热蒸腾机制，大块的绿地可以提供“林源风”，起到降温作用。水体不但有景观和通风走廊的作用，还可以在校园内起到“冷岛效应”，给水体四周的建筑物带来凉风。

2）冬季防风

西北地区冬季盛行西北风。与城市相比，农村地区的风速较大，同等高度下风压差也更大。因此，校园规划设计时应充分考虑自然风对校园的影响，措施有：

（1）校园选址

避免山顶、山脊以及隘口等地形位置。因为气流会向隘口集中，易形成风速很大的急流，造成局部风力过大。

（2）利用建筑物阻隔冷风

建筑物适当布置可降低风速。建筑间距设在1∶2范围，保证后排建筑涡旋区内，避开寒风侵袭。建筑紧凑式布局，利用较高的建筑背向寒流风向，可降低对低层建筑以及室外院落的影响。

（3）规划避开不利风向

西北地区冬季寒风受西伯利亚冷空气的影响，主要风向为西北风。因此，建筑及建筑组合应封闭西北方向，利用封闭或半封闭的周边式布局方式达到冬季避风。

（4）植物绿化挡风

西北地区盛行风向是西北风，为阻挡冬季寒风，应在校园的西北面和北面种植常绿树种，降低风速，减少热损失；东、南面以落叶灌木、乔木为主，在夏季遮挡阳光，为周围环境降温，使下风向的建筑有效改善温度和湿度。

2. 光环境与校园规划

西北地区日照时间长，夏季日照强烈，大部分属黄土高原、青藏高原，海拔较高；尤其是青海、甘肃西部，紫外线强烈，校园规划应考虑室内外空间夏季防晒、遮阳，以及冬季室外活动场地的充分日照。

1）场地

若学校基地内有坡地，学校应选在南向的坡地建设。一是由于直接辐射热与太阳光线和地面之间的夹角成正比，垂直入射的太阳光可以形成最大的辐射热。因此，学校选在南向的坡地建设可以在冬季得到比平地更多的太阳辐射热量，在夏季比平地获得更少的太阳辐射热量。二是南山坡建筑投射到地面的阴影最短，可以极大地减少阴影覆盖面。西北地区农村学校比城市学校更具备多种地形的优势，我们应很好地利用这一有利因素进行学校建设。在设计时，应综合考虑太阳辐射及地形地貌特征等因素，创造相对宜人的校园局地气候环境。

2）遮阳

夏季对室外活动空间遮阳，降低室外空间温度，较小尺度的建筑可通过相互围合产生院落，形成有效遮阴。夏季有效的遮阳设计能够有效地阻挡直射阳光及其携带的热量，避免夏季阳光直射进入教室，影响正常的学习和工作。

3. 热舒适度与校园规划

在热工分区上，西北多为寒冷及严寒地区，冬季时间长，气温低；甘肃、宁夏、青海、新疆全年的平均气温不足10℃，采暖期四个月左右；校园规划应注重利于冬季保温防寒设计。关中和陕南地区年平均气温在14℃左右，最冷月平均气温为0～3℃，最热月平均气温24～27.5℃；陕南较高，夏季湿度大，校园规划应兼顾冬季保温和夏季降温除湿的设计。吐鲁番地区地处盆地，气候独特，冬季寒冷，夏季高温酷热，炎热期长，平均酷热日数（最高气温≥35℃日数）在70～90天左右，校园规划的冬季防风保温和夏季导风降温措施十分重要。

校园微气候调节主要从水景、绿化、铺地材料的角度出发，具体措施有：

①利用水系和绿化景观调温调湿，改善调节校园微气候环境；

②利用绿化和建筑防风、导风、遮阳，改善微气候环境；

③利用建筑的外立面及屋顶、室外铺地的颜色和材质，改善微气候环境。如使用白色涂料或地砖，反射太阳辐射，防止过多热量滞留在活动区域的范围内；

④大面积使用不透水混凝土和沥青地面会明显增高室外温度。因此，除去必要的交通道路和活动场地外，在校园中尽量采用透水地面，既可降低环境温度又可促进雨水渗透。

**（二）基于循环经济的农村校园节能减排规划策略**

1. 校园循环经济模式

引入生态循环理念建立生态沼气厕所，在西北地区已有校园实施，可有效地解决卫生问题。但调研发现，一些校园沼气厕所不再使用，究其原因主要有两点：①循环经济在引入的过程中没有和当地的气候、能源资源对应起来，出现资源没利用或者用错资源的情况。例如窑店学校没有养殖，全校师生每天产生的粪便和食堂每天产生的厨余根本不够产气（窑店中学在规模最大时全校人员达3000人，但沼气系统仍不能正常产气）；为了应付上级领导的检查，学校在外购买牛粪，大大增加了使用成本；并且学校没有意识到作物秸秆的利用，以至于缺少这一循环系统所需要的原料。②沼气厕所与校园布局存在矛盾。校园生态循环体应用不仅考虑工艺流程，还需与农村校园规划相结合。根据校园生态循环链的工艺流程，建立农村校园生态循环系统，使种植、养殖与沼气池之间距离较近，管网连接最短，运输线路最短。将农业生态循环链运用于校园规划中，将对应不同功能的校园空间，对校园规划产生影响。

因此，建立具有校园生态循环系统的节能减排规划应充分考虑到校园生态循环链的工艺流程，以及地域资源条件，见表2-2-3。

**西北地域资源条件利用**　　表 2-2-3

| 省区 | 气候区划 | 资源/能源 | 校园科技展示/循环经济利用 |
| --- | --- | --- | --- |
| 陕西 | 陕北干旱寒冷区 | 1. 丰富的天然气和石油资源；<br>2. 丰富的太阳能资源；<br>3. 陕西省风力资源最好的优势地带；<br>4. 畜牧业发达 | 校园科技展示：<br>太阳房、太阳能板展示；风力发电；雨水循环利用，生态水池。<br>循环经济模式：<br>“牛羊养殖+生态厕所+沼气池” |
|  | 关中半干旱温凉温暖区 | 1. 丰富的太阳能资源；<br>2. 土壤蓄水性好，通透性强，水肥供需协调，与生产优质苹果的生态环境完全吻合，出产优质的苹果；<br>3. 丰富的土地资源，小麦种植广泛 | 校园科技展示：<br>太阳房、太阳能板展示，沼气能利用，苹果园种植，小麦种植。<br>循环经济模式：<br>“秸秆处理+生态厕所+沼气池+沼气食堂+苹果园种植” |
|  | 秦岭山地半湿润湿润区 | 1. 优越的风能；<br>2. 丰富的地热资源；<br>3. 林业丰富 | 校园科技展示：<br>风力发电，地热能利用，绿色种植。<br>循环经济模式：<br>“生态厕所+沼气池+林业种植” |
|  | 陕南湿润温暖区 | 1. 水资源丰富；<br>2. 林业丰富 | 校园科技展示：<br>水力发电，绿色种植。<br>循环经济模式：<br>“生态厕所+沼气池+林业种植”。 |
| 甘肃 | 河西干旱区 | 1. 丰富的太阳能资源；<br>2. 甘肃省风力资源最好的优势地带 | 校园科技展示：<br>太阳房、太阳能板展示；风力发电；雨水循环利用，生态水池。<br>循环经济模式：<br>“旱厕+沼气池” |
|  | 陇东南半湿润区 | 1. 水资源丰富；<br>2. 林业丰富 | 校园科技展示：<br>水力发电，绿色种植。<br>循环经济模式：<br>“生态厕所+沼气池+林业种植” |
|  | 陇南西秦岭湿润区 | 1. 水资源丰富；<br>2. 林业丰富 | 校园科技展示：<br>太阳房、太阳能板展示；雨水循环利用，生态水池。<br>循环经济模式：<br>“牛羊养殖+生态厕所+沼气池” |
| 青海 | 高原温带干旱气候区 | 1. 丰富的太阳能资源；<br>2. 丰富的土地资源 | 校园科技展示：<br>太阳房、太阳能板展示；风力发电；雨水循环利用，生态水池。<br>循环经济模式：<br>“秸秆处理+生态厕所+沼气池+沼气食堂” |
|  | 高原亚寒带干旱气候区 | 1.丰富的太阳能资源；<br>2.畜牧业较发达 | 校园科技展示：<br>沼气能利用，苹果园种植。<br>循环经济模式：<br>“生态厕所+沼气池+沼气食堂+苹果园种植” |
| 新疆 | 北疆温带大陆性干旱半干旱区 | 1. 丰富的太阳能资源；<br>2. 风力资源最好的优势地带；<br>3. 畜牧业发达 | 校园科技展示：<br>太阳房、太阳能板展示；风力发电；雨水循环利用，生态水池。<br>循环经济模式：<br>“牛羊养殖+生态厕所+沼气池” |
|  |  | 1. 丰富的太阳能资源；<br>2. 风力资源最好的优势地带；<br>3. 盛产瓜果 | 校园科技展示：<br>太阳房、太阳能板展示；风力发电；雨水循环利用，生态水池；沼气能利用；果园种植。<br>循环经济模式：<br>“生态厕所+沼气池+沼气食堂+苹果园种植” |
| 宁夏 | 北部引黄灌区 | 丰富的太阳能资源 | 校园科技展示：<br>太阳房、太阳能板展示；雨水循环利用，生态水池。<br>循环经济模式：<br>“旱厕+沼气池” |

续表

| 省区 | 气候区划 | 资源/能源 | 校园科技展示/循环经济利用 |
|---|---|---|---|
| 宁夏 | 中部干旱区 | 1. 丰富的太阳能资源；<br>2. 畜牧业发达 | 校园科技展示：<br>太阳房、太阳能板展示；雨水循环利用，生态水池。<br>循环经济模式：<br>“牛羊养殖+生态厕所+沼气池” |
| | 南部山区 | 1. 丰富的太阳能资源；<br>2. 宁夏自治区风力资源最好的优势地带 | 校园科技展示：<br>太阳房、太阳能板展示；风力发电；雨水循环利用，生态水池。<br>循环经济模式：<br>“旱厕+沼气池” |

根据校园规模及条件，可采取下述四种循环经济模式：

1）厕所—沼气池模式

针对没有条件采用复杂循环经济模式的校园，可采用“厕所—沼气池”的单一循环模式，解决旱厕问题，建立校园良性生态循环系统。厕所收集的粪便与尿液作为沼气池发酵的原料，通过过滤池过滤掉废渣，排到沼气池中发酵，生成沼气与沼液。沼液可排回厕所用来冲厕，沼气则可收集起来作为学校炊事燃料。此模式示意图如图2-2-1：

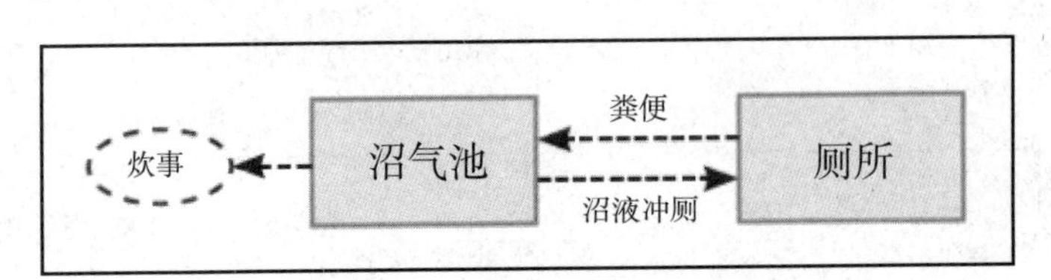


图 2-2-1　厕所—沼气池模式

2）种植 / 养殖模式—厕所—沼气池

有种植或者养殖的学校可在上述循环中加入种植或养殖模块。沼气发酵过后的沼渣可用作种植的肥料，而种植的秸秆或养殖产生的粪便则可作为沼气池的原料；厕所收集的粪便与尿液作为沼气池发酵的原料，通过过滤池过滤掉废渣，排到沼气池中发酵生成沼气与沼液。沼液可排回厕所用来冲厕，沼气则可收集起来作为学校炊事燃料。此模式示意图如图 2-2-2：

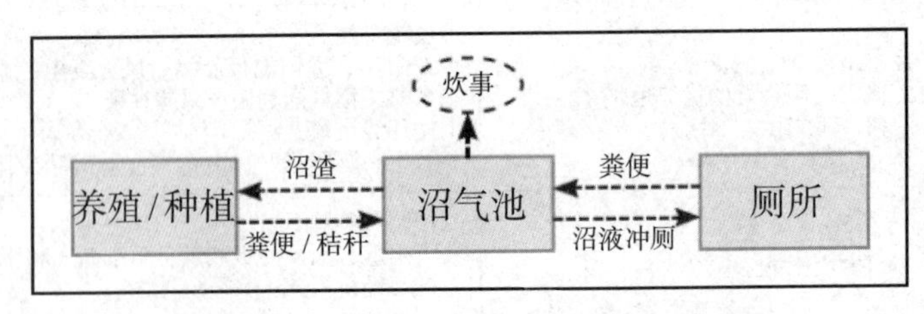


图 2-2-2　厕所—沼气池—种植 / 养殖模式

3）种植 / 养殖—厕所—沼气池—食堂、宿舍模式

将循环经济渗透到学校中，利用当地资源，使清洁能源与生态厕所联系起来，建立适宜西北农村校园的生态循环系统。如建立种植 / 养殖基地与沼气厕所、食堂结合形成校园良性的生态循环系统：厕所、养殖基地的粪便产生沼气，将沼气用于学校炊事和照明，沼液用来冲厕，具有杀菌作用，沼渣用于种植园施肥。如陕西范家寨中学种植园内苹果树、樱桃树就使用这样的天然肥料。

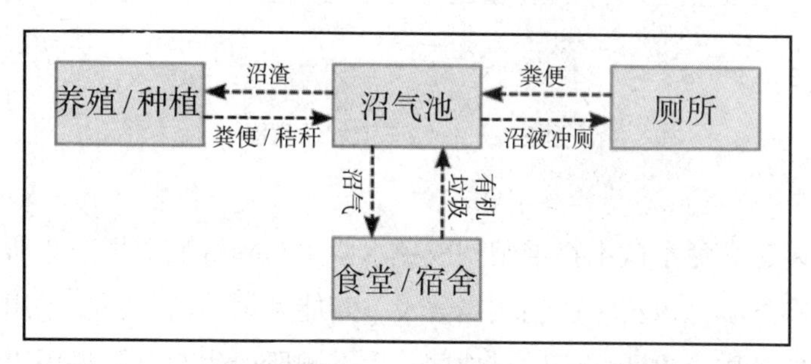


**图 2-2-3　厕所—沼气池—种植 / 养殖—食堂、宿舍模式**

4）种植 / 养殖—厕所—沼气池—食堂、宿舍—太阳能模式

西北地区冬季寒冷，不适宜沼气池的发酵，应重视池壁的保温性能，可利用太阳能对池壁加热，使四季沼气产量均匀。并且可以利用太阳能对食堂、宿舍等空间供热，保证热舒适性。模式示意图如图 2-2-4。

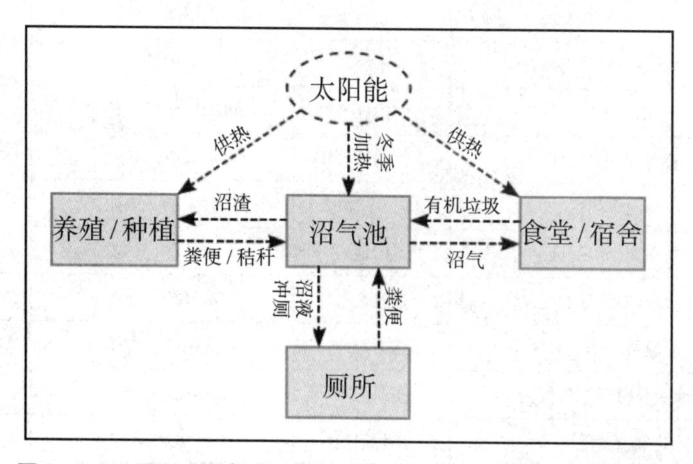


**图 2-2-4　厕所—沼气池—种植 / 养殖—食堂、宿舍—太阳能模式**

生态循环系统应与校园规划相结合，遵循管线最短原则：沼气池与厕所位置较近，便于粪污收集，沼液冲厕；沼气池与食堂位置较近，便于输送沼气，并与种植 / 养殖园位置较近，便于运输动物粪便、沼渣及输送沼气，见图 2-2-5。

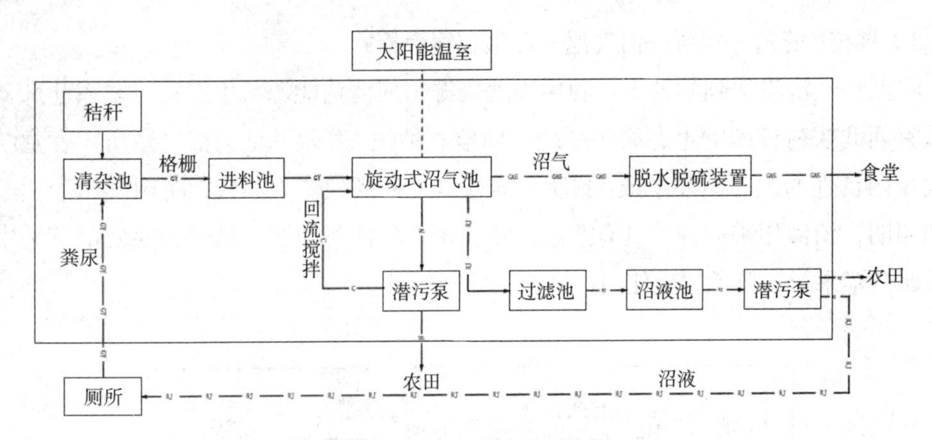


图 2-2-5　工艺流程示意图

此外，可以建立免水微生物堆肥型或免水微生物降解型的生态厕所，适应于缺水的西北地区。在日本，该技术已经相当普及。若能利用当前的新技术用玉米秆、秸秆等资源作为反应基质，更适用于农村地区，生态厕所产生有机肥料用于种植园地及农业生产。

各个气候区建议采用的循环经济模式如表 2-2-4。

各气候区建议采用的循环经济模式　　表 2-2-4

| 省区 | 气候区划 | 地貌区划 | 资源/能源 | 循环经济模式 |
|---|---|---|---|---|
| 陕西 | 陕北干旱寒冷区 | 风沙滩 | 太阳能、风能、畜牧业 | ② |
| | 渭北高原半干旱温凉区 | 黄土台塬 | 太阳能、种植 | ③ |
| | 渭河平原半干旱温暖区 | 平塬 | 种植 | ③ |
| | 秦岭山地半湿润区 | 山区 | 风能、地热、林业 | ② |
| | 陕南湿润温暖区 | 山区 | 水资源、林业 | ② |
| 甘肃 | 河西干旱区 | 沟谷小盆地 | 太阳能、风能 | ① |
| | 陇东南半湿润区 | 山地 | 水资源、林业 | ② |
| | 陇南西秦岭湿润区 | 丘陵宽谷 | 水资源、林业 | ② |
| 青海 | 高原温带干旱气候区 | 高山滩地 | 太阳能、种植 | ③ |
| | 高原亚寒带干旱气候区 | 高原沟壑 | 太阳能、畜牧业 | ③ |
| 宁夏 | 北部引黄灌区 | 洪积扇地 | 太阳能 | ① |
| | 中部干旱区 | 山区 | 太阳能、畜牧业 | ② |
| | 南部山区 | 黄土丘陵沟壑 | 太阳能、风能 | ① |
| 新疆 | 北疆温带大陆性干旱半干旱气候区 | 丘陵平原 | 太阳能、风能、畜牧业 | ② |
| | 北疆温带大陆性干旱半干旱气候区 | 盆地 | 太阳能、风能、种植 | ③ |

注：①厕所—沼气池模式；②厕所—沼气池—种植/养殖模式；③厕所—沼气池—种植/养殖—食堂、宿舍模式。

2. 实践案例

1）工艺流程简介

① 前处理工艺——厕所粪尿通过沼液冲厕系统自动汇集于前处理池，经过格栅清杂、重力沉砂和碳氮比、浓度、温度调配后，自动进入沼气池。

② 厌氧消化工艺——采用全地下旋动式沼气池处理厕所粪污，以满足自动进料、系统保温和结构安全的要求。沼气池和前后处理设施布置在由钢架和阳光板构成的保温室内，以满足系统保温、增温和安全美观的要求。通过搅拌和出料双功能切割型污物泵及微电脑控制装置，实现发酵原料无人值守自动搅拌。通过太阳能温室维持高常温发酵温度，达到全年均衡产气和使用的目的。

③ 后处理工艺——经沼气池厌氧消化后的上清液，通过过滤池自动进入沼液池，用作冲厕用水和植物生产有机液肥。通过无堵塞潜污泵及微电脑控制装置，实现无人值守沼液自动冲厕。厌氧消化后的半固体残留物（沼肥），通过出料泵和输肥管网，输送到农田或贮肥池，用作农作物生产的有机肥料。

④ 沼气利用工艺——由沼气发酵装置产生的沼气，通过脱水和脱硫净化处理后，用于幼儿园食堂生活用能。

2）实践案例——陕西咸阳渭城办幼儿园（图 2-2-6）

① 设计规格：

如 厕 量：300 ~ 400 人 /d

粪 尿 量：300 ~ 400kg/d

产 气 率：0.3 $m^3/d \cdot m^3$

② 设计规模：消化器 30$m^3$1 座；沼液池 26$m^2$1 座；太阳能温室 26$m^2$1 座。

③ 沼气、沼液、沼渣的去向：

a. 该工程产生的沼气用于食堂炊事。

b. 该工程产生的沼液可用于冲厕，沼渣、沼液可用于附近农田的浇灌、施肥。

**（三）基于物种多样性的校园规划策略**

植物的选择要遵循“三季有花、四季常青”的原则，考虑植物的不同生长期，避免“一荣俱荣、一损俱损”的情况。重视物种的多样性，尽量多设置典型的不同科属植物，做到落叶乔木和常绿乔木、花草与灌木、针叶树与阔叶树、藤蔓植物与竹本植物等搭配交织，形成立体、多结构、多层次的校园绿化系统。

根据西北地区的气候地质条件以及校园各空间的功能，适宜种植的植物见表 2-2-5。

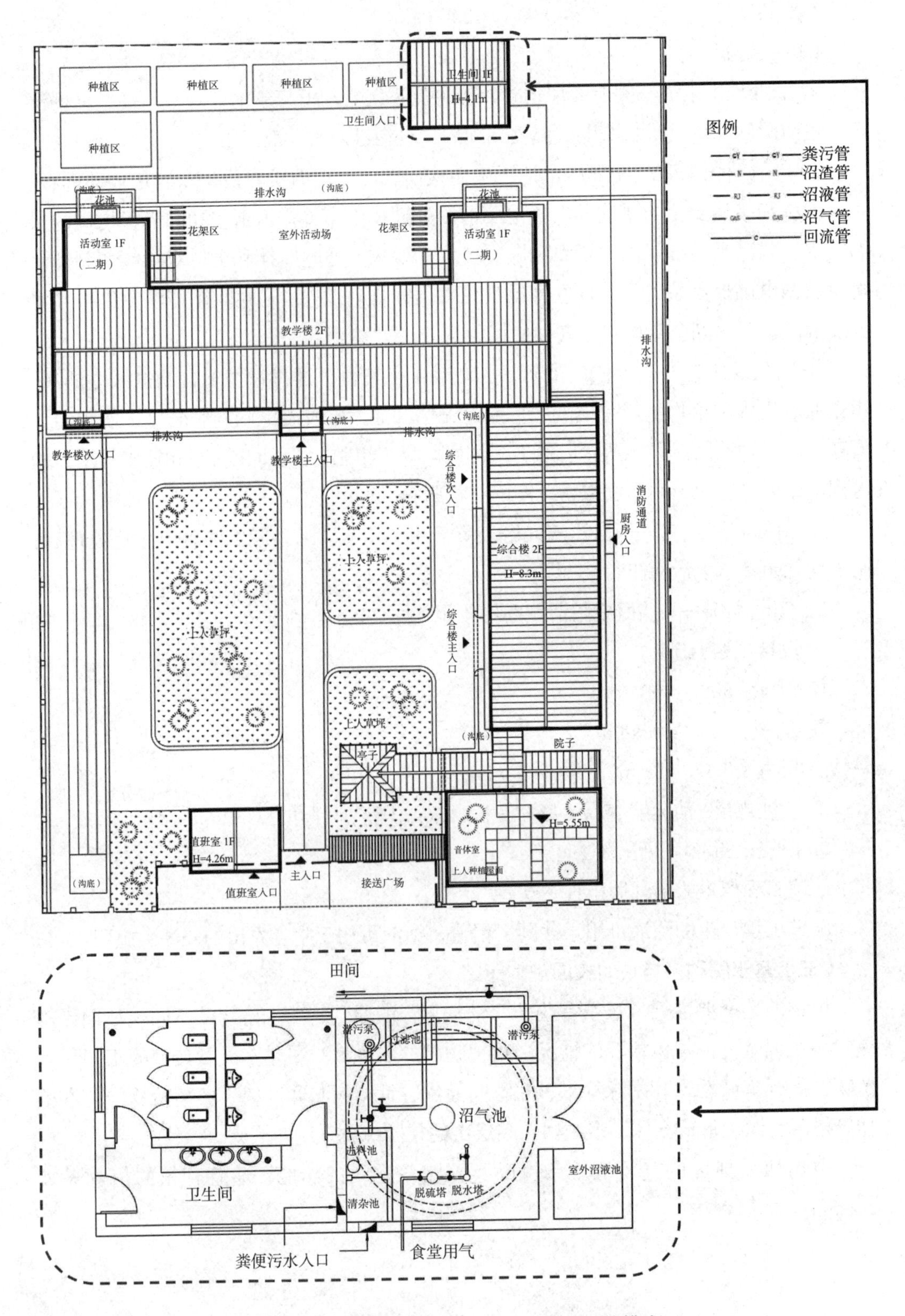


图 2-2-6　陕西咸阳渭城办幼儿园循环经济模式

西北地区适宜种植的植物　　表 2-2-5

| 种植位置 | 植物种类及举例 |
| --- | --- |
| 围墙 | 雪松、枫树、泡桐、龙爪槐、合欢等观赏树木 |
| 道路两侧 | 桐、银杏，绿篱隔离带：法国冬青、大叶黄杨、小叶女贞等 |
| 建筑周围 | 草坪，日本樱花、榆叶梅、圆柏等树配景 |
| 景观庭院 | 附近种植紫藤、常春藤等藤蔓类植物 |
| 实践科学园地 | 适合当地生长条件的花木、果树，如桃树、樱花、杏树、梨树等 |

### （四）基于生态科技展示的校园规划策略

校园通过运用生态环保的科技手段，可以达到节能、生态、环保的目的；同时，学校还具有环境育人的功能。因此，依托学校生态环保科技而构建的校园生态环保科技展示平台，形成供学生体验学习生态环保理念及科技的教育环境，以此引导激励学生从小树立绿色环保理念，培养环保意识。校园环境感知和科技展示构成校园环境教育系统，潜移默化地影响学生，对推广绿色校园建设发展和推进学生生态科技教育具有重要意义。

具体的做法是，通过校园中采用的生态科技技术措施、硬件设施及相应的图解说明的展示，寓教于境，使生态环保、节能减排的理念和科技知识在潜移默化中成为常识，并且让学生参与到部分生态科技技术措施的操作及环保活动中来，结合实践活动，加深学生对环保生态的理解和体会，强化环境教育效果。绿色设计理念在校园中的体现和应用都可将作为学校生态科技展示的内容，如：自然通风、自然采光、高效围护结构、太阳能供暖供热、太阳能—沼气—厕所—种植 / 养殖生态循环体、沼气照明、风能发电等工作原理、程序和效果，水资源循环，植物、水景等生态功效，废弃物回收再利用、垃圾分类等。学生可参与的实践互动如：生态技术硬件设施的调控，种植园的种植养护，室内温湿度的记录，废弃物回收利用，垃圾分类投放等。

西北农村地区的校园生态科技展示示例如下：

例 1　陕西省榆林市横山第六小学

横山第六小学的校园规划根据当地的地理气候特征合理布局，利于建筑冬季挡风，夏季通风，自然采光；采用集约式建筑布局，节地并控制建筑体形，降低建筑能耗；利用太阳能，教学楼采用南北暖廊的节能布局，冬季利用太阳能免费供暖，节能减排；建筑外围护结构保温节能；收集利用雨水做景观和校园绿化，共同调节校园微气候等。

这些生态技术措施均可进行生态科技展示，并结合学生实践活动加强环境教育。在此，以毗连阳光间供暖和雨水收集利用作为示例。

1. 毗连阳光间供暖及自然空调系统（图 2-2-7）

教学楼采用南北暖廊的节能布局，形成毗连阳光间。利用地道和烟囱效应，冬季加热室外冷空气给室内供暖，夏季给室外热空气降温送入室内，从而进行室内温度自然调节。学生冬季可在毗连阳光间玩耍，并参与每天温湿度的记录。在冬夏换季之际，通过调节风口来调控室内温度。

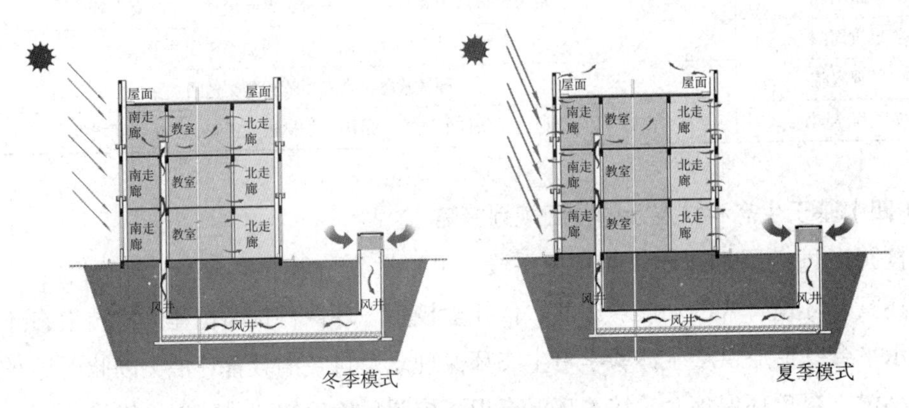


图 2-2-7　毗连阳光间

2. 雨水收集利用（图 2-2-8）

建筑屋面与散水做了收集雨水的装置，一部分流入散水花园，一部分汇集到小溪中，在教学楼与操场间形成生态池，最终通过自然高差流到校园西北角的种植园里，起到灌溉作用。学生可参与种植浇灌及维护水系通畅的工作。并且可以让教师给同学们讲解透水地面等生态措施的原理和优点。

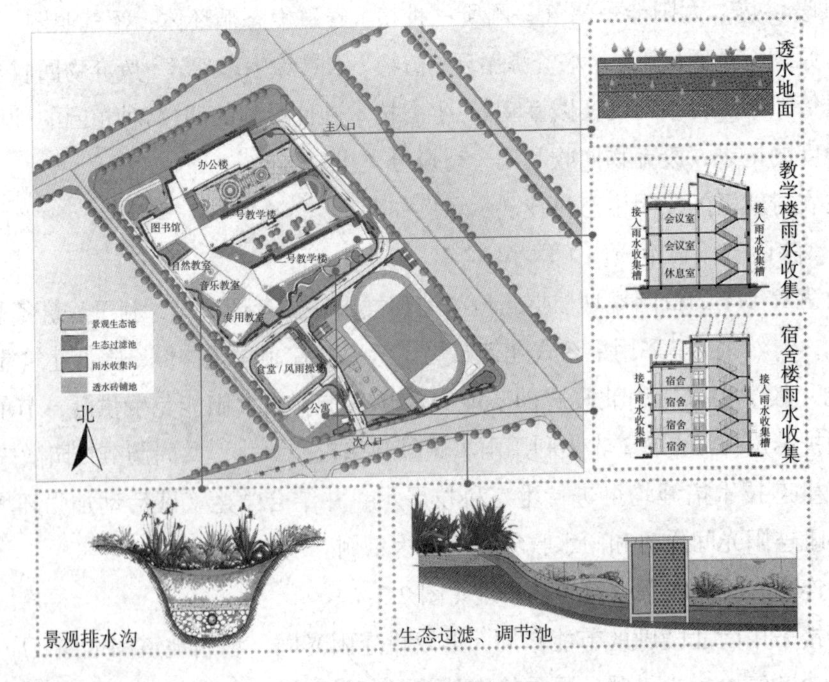


图 2-2-8　雨水收集利用

例 2　陕西省咸阳市渭城办中心幼儿园

老师带领幼儿园小朋友们观察雨水收集系统如何浇灌种植园，并让小朋友们参与种植活动；老师带领小朋友们收集树叶，由老师把树叶送到沼气池；小朋友在屋顶活动可见屋顶花园，由老师给小朋友讲解屋顶花园的生态作用（图 2-2-9）。

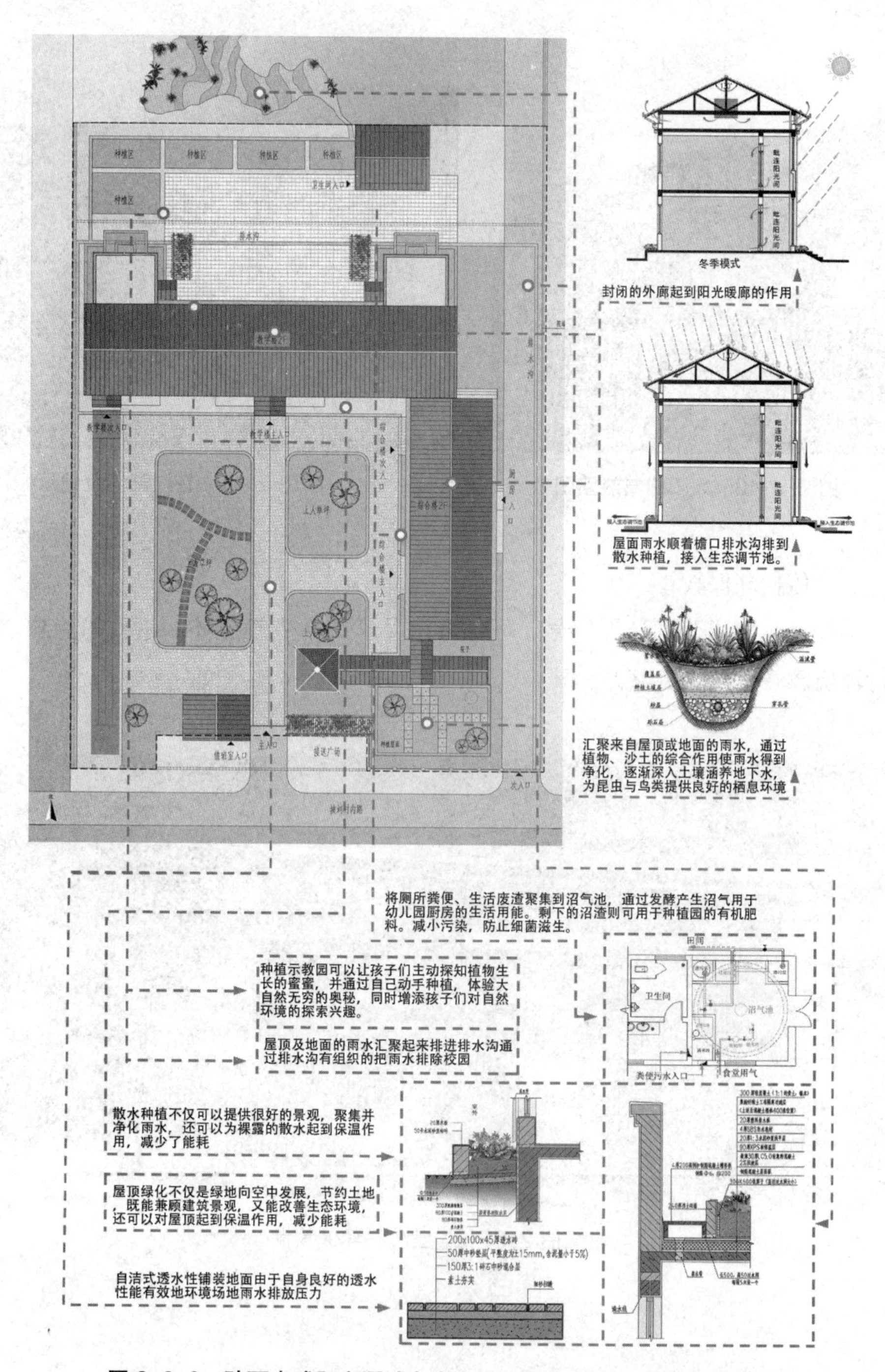


图 2-2-9　陕西省咸阳市渭城办中心幼儿园生态技术措施展示

例 3　甘肃省平凉市静宁县三合乡中心小学

1. 太阳能集热墙

学校教学楼外立面采用了太阳能集热墙的做法。为了宣传节能环保理念，加深学生对节能环保的体会，学校要求学生们轮流测量、记录教室内外温湿度（图 2-2-10、图 2-2-11）。

图 2-2-10　太阳能集热墙图

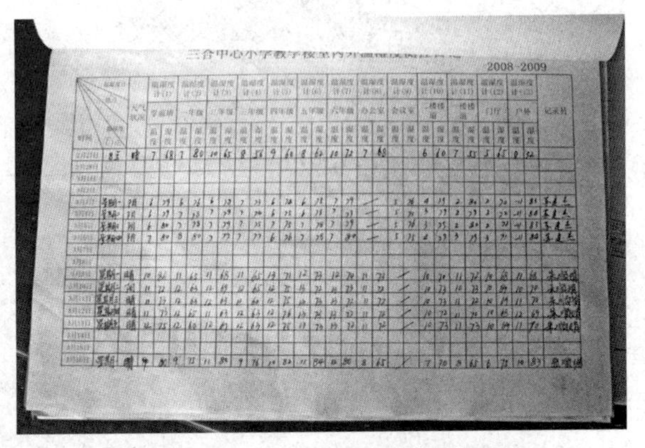


图 2-2-11　室内温湿度记录

2. 宣传栏环保教育

学校宣传栏里张贴环保口号、环保方法及学校学生参与环保活动的照片，对学生进行环境教育（图 2-2-12）。

图 2-2-12　宣传栏环保教育

## 二、基于软件模拟研究适应西北五省区气候环境的学校建筑朝向及空间组合

### （一）以陕西省靖边县为例确定适宜建筑朝向及空间组合

1. 模拟软件及模型设定

影响建筑布局的因素包括温度湿度、日照采光、风环境和地形条件，其中建筑群的日照采光和风环境是建筑布局节能设计的两个重要因素。日照采光模拟分析采用Ecotect软件，风环境模拟用Airpak软件。学校建筑的空间组合有很多种，针对西北五省农村学校常见的四种典型布局形式进行模拟分析，设定分析模型为行列式布局、“L”形布局、“U”形布局和围合式布局（表2-2-6），针对这四种形式模拟分析其光环境和风环境情况，并同时用WeatherTool得出理想的建筑朝向。

模拟模型设定　　表2-2-6

| a.行列式布局 | b.“L”形布局 | c.“U”形布局 | d.围合式布局 |
|---|---|---|---|
| | | | |

在陕西省地区及气候条件的选择上，分别选择典型的榆林市靖边县（地理气候条件与相邻的定边县类似，可采用定边县的气象数据进行模拟）、延安市洛川县、宝鸡市太白县（地理气候条件与所在的宝鸡市类似，可采用宝鸡市的气象数据进行模拟）和汉中市宁强县(地理气候条件与所在的汉中市类似,可采用汉中市的气象数据进行模拟)的气候数据依次进行模拟，气象数据来自清华大学《中国建筑环境分析专用气象数据库》，其中包含270个气象站的实测数据。

运用同样的方法，对甘肃省、宁夏回族自治区、青海省、新疆维吾尔自治区四个省份选定的城市进行模拟，确定西北五省适于当地气候的建筑规划设计策略。

2. 适宜的建筑朝向确定

良好的建筑朝向是指该朝向的建筑可获得较好的日照和通风环境。因此，气候中的太阳辐射和风力、风向是影响建筑朝向的两个重要因素。适宜建筑朝向并不是一个数值，而是一个区间范围。下面以靖边县为例详细介绍确定适宜建筑朝向的方法。

1）基于太阳辐射适宜的建筑朝向

太阳辐射是影响建筑朝向的重要因素之一，获得适宜的太阳辐射，对建筑节能有

显著作用。适宜的建筑朝向需要满足冬季能争取较多的太阳辐射，夏季避免过多的辐射得热。在 Ecotect 中运行 Weather Tool，导入定边气象数据，点击最佳朝向按钮，可根据太阳辐射气象数据计算该地区建筑最佳朝向，如图 2-2-13。其中 a 线表示夏季不同朝向的太阳辐射，箭头 1 位于太阳辐射最大的位置表示夏季得热最多的方位；b 线表示冬季不同朝向的太阳辐射，箭头 2 位于太阳辐射最大的位置表示冬季得热最多的方位；c 线表示两者的平均值。综合冬季增加太阳辐射和夏季减少太阳辐射两方面因素，计算得出带形圆圈中弧段 A 为最佳朝向，弧段 B 为最不利朝向。其中箭头 3 所指为最佳朝向角度 175°，即南偏东 5°。因此，基于日照辐射的建筑最佳朝向为 145°~196°。

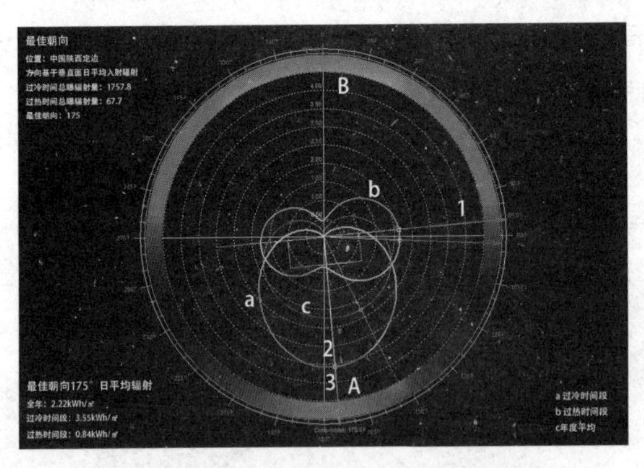


图 2-2-13　太阳辐射最佳朝向

2）基于风向、风力适宜的建筑朝向

通风也是影响建筑朝向的重要因素，适宜的建筑朝向需要考虑建筑与风力、风向的关系，避开冬季主导风，防止风沙，达到建筑节能的目的。Ecotect 中分析基于定边气象数据的风力、风向见图 2-2-14。

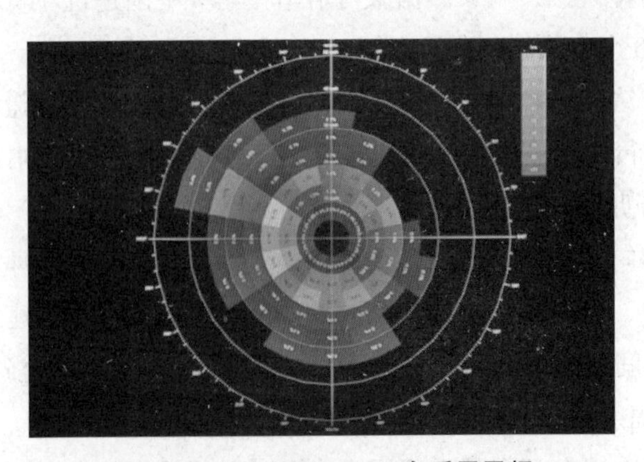

图 2-2-14　Weather tool 冬季风风频

靖边县属于严寒地区，人居环境的主要矛盾集中于冬季。其中冬季风主要风频集中在 2.1% ~ 8.7% 区段，我们以风频率达到 8.7% 以上为最优朝向，可得靖边自然通风的朝向结果，最优朝向为 240° ~ 310° 。

3）综合太阳辐射及风力、风向的适宜建筑朝向

进行建筑设计时，应综合太阳辐射和风力、风向两个因素，取两个因素下适宜朝向范围的交集，即为最优建筑朝向。靖边县属于干旱寒冷区，模拟以冬季为主，如图 2-2-15，最佳朝向为 160° ~ 196° 。

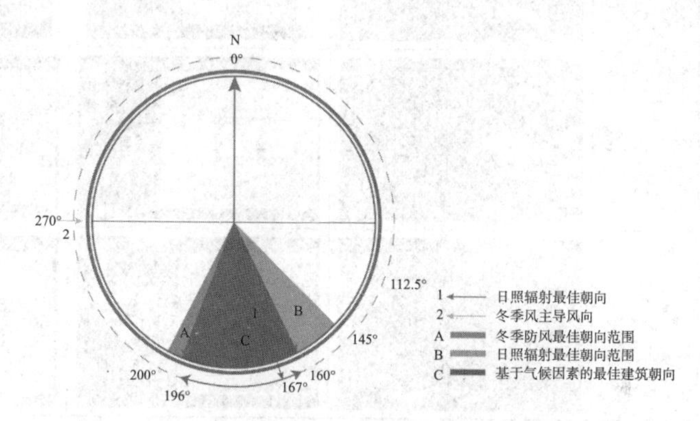


**图 2-2-15　靖边基于气候因素的最佳建筑朝向范围**

3. 适宜空间组合的确定（表 2-2-7、表 2-2-8）

**靖边光环境模拟**　　　　**表 2-2-7**

| 空间形式 | 朝向取值 | 全年工况 | 冬季工况 | 大寒日工况 |
| --- | --- | --- | --- | --- |
| 行列式布局 | 180° | | | |
| “L” 形布局 | 180° | | | |
| “U” 形布局 | 180° | | | |
| 围合式布局 | 180° | | | |

靖边风环境模拟　　表 2-2-8

| 风环境 | 朝向取值 | 模拟时间 | 风向量 | 风压 | 风速 |
|---|---|---|---|---|---|
| 行列式布局 | 180° | 冬季工况 | 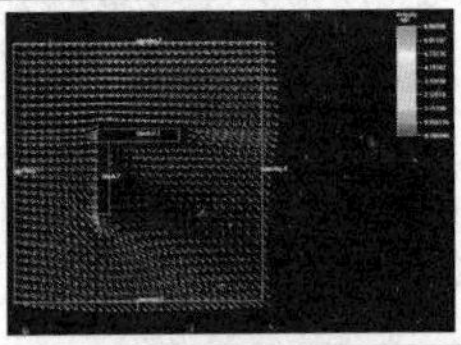 | 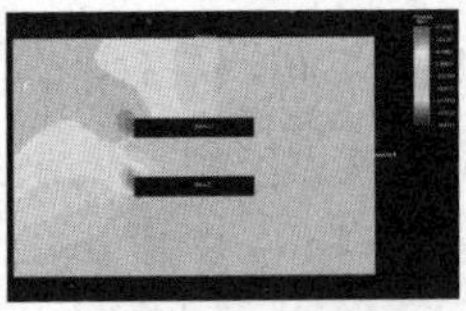 | 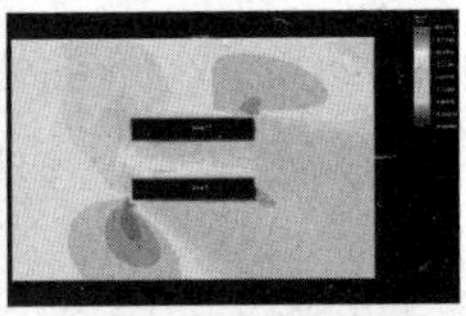 |
| "L"形布局 | 180° | 冬季工况 |  |  | 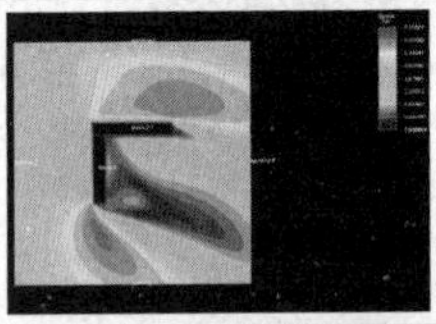 |
| "U"形布局 | 180° | 冬季工况 | 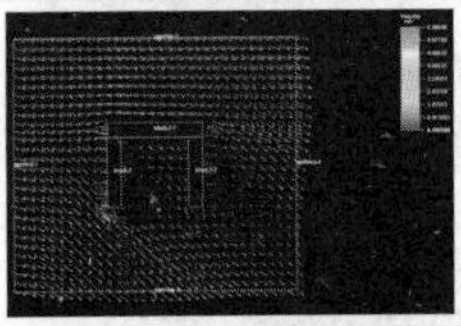 | 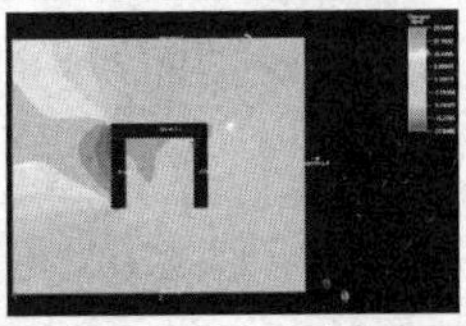 | 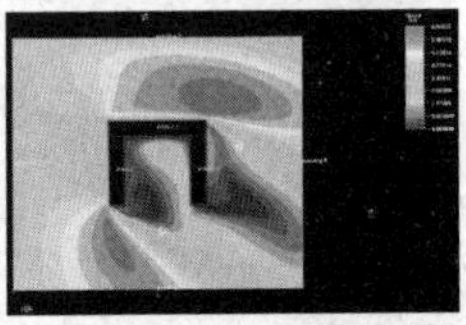 |
| 围合式布局 | 180° | 冬季工况 | 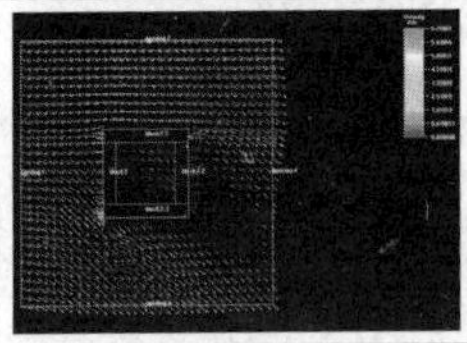 | 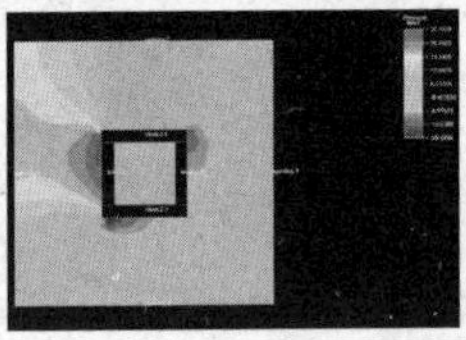 | 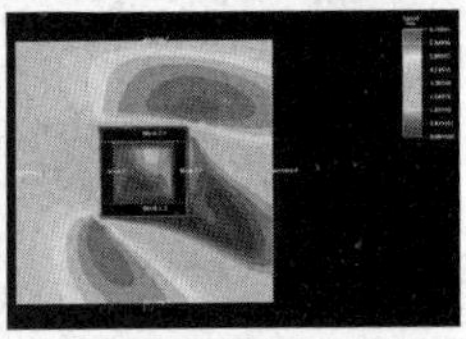 |

通过对干旱寒冷区的代表地点靖边县的不同建筑空间组合进行光环境与风环境的模拟（表 2-2-7、表 2-2-8），可得出以下结论：为最大程度地防寒保温，并考虑到外部活动场地冬季宜提供避风处，应采用围合式，"U"形和"L"形也可采用。

**（二）适应西北五省区不同气候区的学校建筑朝向及空间组合**

用相同的方法可以对其他气候区进行模拟，各气候区模拟分析结果如下（表 2-2-9 ~表 2-2-13）：

适应陕西省不同气候区的学校建筑朝向及空间组合　　表 2-2-9

| 气候区划 | | 最佳朝向范围 | 模拟朝向选值 | 主要模拟季节 | 综合优化布局 |
|---|---|---|---|---|---|
| 靖边 | 干旱寒冷区 | 160° ~196° | 180° | 冬季 | 1.为减小体形系数宜采用行列式；<br>2.为最大程度地防寒保温也可采用围合式；<br>3.考虑到外部活动场地冬季宜提供避风处，则"U"形和"L"形也可采用 |
| 洛川 | 半干旱温凉温暖区 | 145° ~150° | 150° | 冬季、夏季 | 最大程度地冬季防寒保温，夏季通风散热"L"形和"U"形为最佳选择 |
| 太白 | 湿润寒冷区 | 150° ~200° | 175° | 冬季 | 1.为减小体形系数宜采用行列式；<br>2.为最大程度地防寒保温也可采用围合式；<br>3.为适应当地多雨的气候，可在建筑间适当加上连廊 |
| 宁强 | 湿润半湿润温和区 | 165° ~180° | 170° | 冬季、夏季 | 为最大程度地冬季防寒保温，夏季通风散热"L"形和"U"形为最佳选择 |

适应甘肃省不同气候区的学校建筑朝向及空间组合　　表 2-2-10

| 气候区划 | | 适宜朝向范围 | 模拟朝向选值 | 主要模拟季节 | 综合优化布局 |
|---|---|---|---|---|---|
| 酒泉市 | 河西干旱区 | 135°～165° | 165° | 冬季 | 1.为减小体形系数宜采用行列式；<br>2.为最大程度地防寒保温也可采用围合式；<br>3.考虑到外部活动场地冬季宜提供避风处，则"U"形和"L"形也可采用 |
| 平凉 | 陇东南半湿润区 | 180°～225° | 200° | 冬季 | |
| 天水 | 陇南西秦岭湿润区 | 150°～180° | 165° | 冬季 | |

适应宁夏回族自治区不同气候区的学校建筑朝向及空间组合　　表 2-2-11

| 气候区划 | | 适宜朝向范围 | 模拟朝向选值 | 主要模拟季节 | 综合优化布局 |
|---|---|---|---|---|---|
| 银川市 | 引黄灌溉区 | 150°～180° | 165° | 冬季 | 1.为最大程度地防寒保温也可采用围合式；<br>2.考虑到外部活动场地冬季宜提供避风处，则"U"形和"L"形也可采用 |
| 盐池 | 中部干旱区 | 157.5°～200° | 180° | 冬季 | |
| 固原 | 南部山区 | 160°～210° | 185° | 冬季 | |

适应青海省不同气候区的学校建筑朝向及空间组合　　表 2-2-12

| 气候区划 | | 适宜朝向范围 | 模拟朝向选值 | 主要模拟季节 | 综合优化布局 |
|---|---|---|---|---|---|
| 民和县 | 高原亚寒带干旱气候区 | 190°～200° | 195° | 冬季 | 1.为减小体形系数宜采用行列式；<br>2.围合式的场地日照及冬季防风效果不理想，应当尽量避免；<br>3.考虑到外部活动场地冬季宜提供避风处，高原亚寒带干旱气候区可采用"U"形和"L"形，高原温带干旱气候区可采用"U"形，不宜采用"L"形 |
| 互助县 | 高原温带干旱气候 | 135°～165° | 150° | 冬季 | |

适应新疆维吾尔自治区不同气候区的学校建筑朝向及空间组合　　表 2-2-13

| 气候区划 | | 适宜朝向范围 | 模拟朝向选值 | 主要模拟季节 | 综合优化布局 |
|---|---|---|---|---|---|
| 乌鲁木齐 | 温带大陆性干旱半干旱气候区 | 135°～165° | 150° | 冬季 | 为最大程度地冬季防寒保温，夏季通风散热"L"形和"U"形为最佳选择 |
| 吐鲁番 | 温带大陆性气候区 | 165°～180° | 150° | 冬季 | |

## 三、基于软件模拟提出的不同气候区下的学校主要建筑特点、节能策略及优化模式

### （一）走廊式布局

1. 基于建筑用能现状分析，提出走廊式布局的不同平面形式的节能效果

依据前面所做的关于西北农村中小学校教学建筑走廊式布局不同平面形式下能耗及舒适度的现状调查分析，对比出走廊形式的不同对于西北农村中小学校教学建筑的影响状况，提出适合于各典型气候区的走廊形式节能模式。

走廊形式及节能效果　　表 2-2-14

| 省区 | 气候分区 | 走廊形式节能策略 |
|---|---|---|
| 陕西 | 陕北地区 | 采用南北双廊形式，用能效率最高，室内最容易满足热舒适度的需求；采用中廊形式次之；采用开敞南外廊更差；最应该避免使用平房形式 |
| | 关中地区 | 采用中廊形式，能量使用率最高，室内最容易满足热舒适度的需求；采用开敞南外廊以及平房形式的建筑用能效率较低，应尽量避免 |
| | 陕南地区 | 采用中廊形式，用能效率略高于采用开敞南外廊形式 |
| 甘肃 | 甘肃西部地区 | 采用中廊式形式，能量使用率最高，室内最容易满足热舒适度的需求；采用开敞南外廊以及平房式形式的建筑用能效率较低，应尽量避免 |
| | 甘肃中部地区 | 结合太阳能采暖的封闭北外廊形式，能量使用效率高，更容易达到室内舒适度的需求，中廊形式次之，应尽量避免开敞南外廊及平房形式 |
| 宁夏 | 宁夏地区 | 结合太阳能采暖的封闭北外廊形式，能量使用效率高，更容易达到室内舒适度的需求，中廊形式次之，应尽量避免开敞南外廊及平房形式 |
| 青海 | 海东东部地区 | 结合太阳能采暖的封闭北外廊形式，能量使用效率高，更容易达到室内舒适度的需求，中廊形式次之，应尽量避免开敞南外廊及平房形式 |
| | 海东北部地区 | 采用中廊形式，能量使用率最高，室内最容易满足热舒适度的需求；采用开敞南外廊以及平房形式的建筑用能效率较低，应尽量避免 |
| 新疆 | 吐鲁番地区 | 采用中廊形式，能量使用率最高，室内最容易满足热舒适度的需求；采用开敞南外廊形式的建筑用能效率较低，应尽量避免 |
| | 乌鲁木齐地区 | 采用中廊形式 |

通过 WEATHERTOOL 及 ECOTECT 等软件对西北农村学校常见的几种走廊形式的建筑模型，在达到热舒适度状况下能耗状况模拟，通过模拟的结果研究不同走廊形式对建筑舒适度和能耗的影响，从而验证西北地区农村中小学校节能策略的正确性。

2. 通过软件模拟研究不同走廊形式对建筑舒适度和能耗的影响

1）软件模拟的原理与方法

走廊形式是影响建筑舒适度和能耗的主要因素之一，按照西北地区农村学校常用的几种走廊形式的不同，可将走廊形式划分为六种大的类型：

①封闭式南外廊；②封闭式北外廊；③开敞式南外廊；④开敞式北外廊；⑤中廊式；⑥双廊式（分为封闭式双廊、开敞式双廊、南侧封闭式双廊、南侧开敞式双廊、北侧封闭式双廊、北侧开敞式双廊）。

在体形系数、功能布局、平面形式以及围护结构和气候条件都不变的前提下，为了方便模拟实验，建立一个常用的规模和类型的学校建筑，即六个开间教室规模的基本建筑模型，由基本建筑模型按照不同的走廊形式衍生出如下 11 种建筑模型（表 2-2-15）：

建筑模型类型　　表 2-2-15

| | |
|---|---|
| 1）封闭式南外廊 | 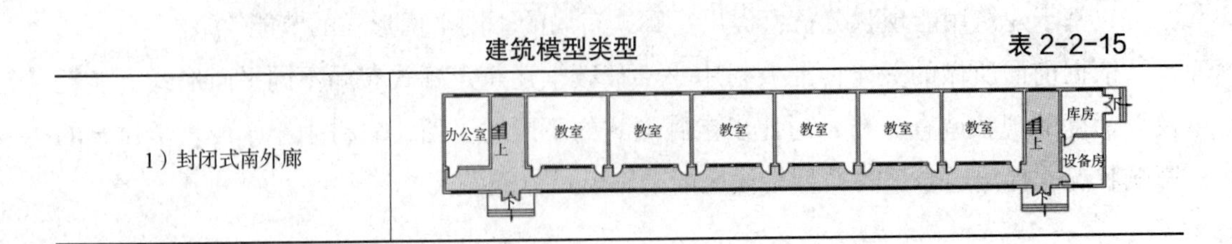 |

续表

| | | |
|---|---|---|
| 2）封闭式北外廊 | | |
| 3）开敞式南外廊 | | |
| 4）开敞式北外廊 | | |
| 5）中廊式 | | |
| 6）双廊式 | ①封闭式双廊 | |
| | ②开敞式双廊 | |
| | ③南侧封闭式双廊 | |
| | ④南侧开敞式双廊 | |
| | ⑤北侧封闭式双廊 | |
| | ⑥北侧开敞式双廊 | |

在以上 11 种建筑模型的基础上，通过 Ecotect 软件模拟得出它们在三种气候区（以建筑热工分区为依据陕西可以划分为：严寒气候、寒冷气候、夏热冬冷气候）下的能耗和舒适度的具体情况，从而分析在每一种气候区下不同的走廊形式对建筑舒适度和能耗的影响。

2）模拟过程示例（以下模拟过程以封闭式南外廊为例）

按照假设条件，当走廊为封闭式南外廊时，得到以下建筑平面图和模型（图 2-2-16、图 2-2-17）：

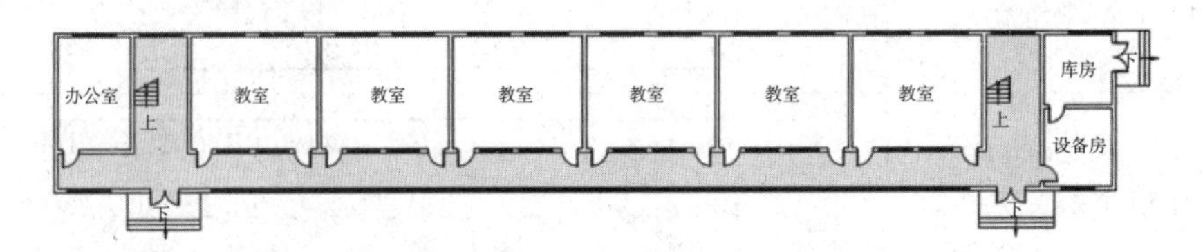


图 2-2-16　封闭式南外廊

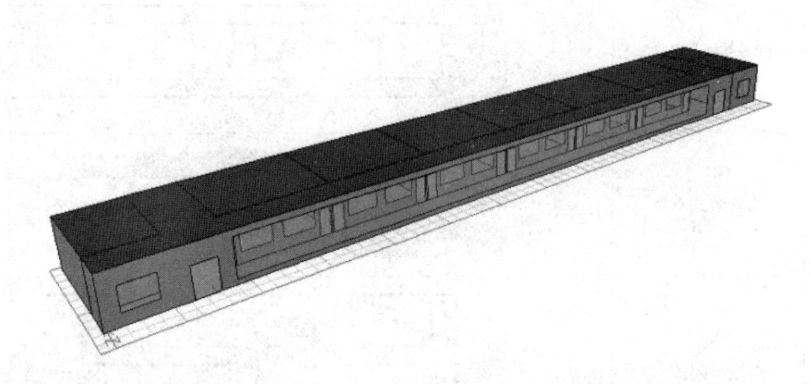

图 2-2-17　封闭式南外廊模型（图片来源：Ecotect 模型）

通过 Ecotect 软件模拟，得到该走廊形式下，建筑舒适度和能耗的具体情况如下：

（1）舒适度情况

a）照度

模拟结果如图 2-2-18 所示，可以看出：封闭式南外廊，室内自然采光良好的

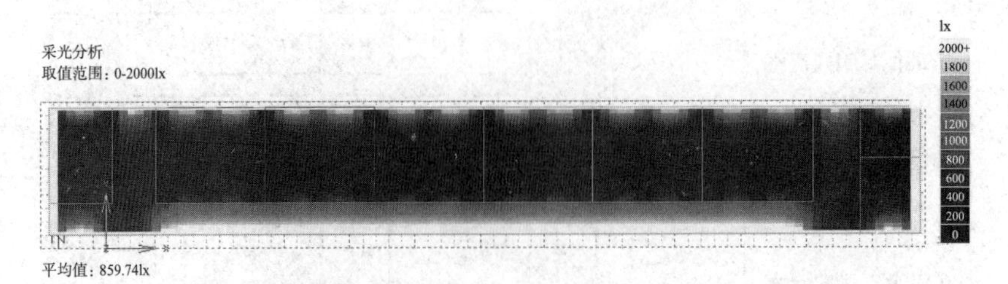


注：模拟假设条件为榆林地区（属严寒气候）在冬至日（12月22日）当天早上9：00教室室内自然采光情况，天空条件为CIE全阴天，临界照度值为7000lx，测试高度为中、小学生课桌高度750mm。

图 2-2-18　室内照度分布图（图片来源：Ecotect 软件模拟）

地方主要集中在南侧走廊内以及教室南、北侧靠近窗户处。室内照度值范围为18～5618Lux，室内平均照度为859.74lx。

b）温度

模拟结果如图2-2-19～图2-2-21所示，可以看出：走廊形式为封闭式南外廊时，全年最冷天（2月3日）室内的平均温度为-9.3℃，全年最热天（8月6日）室内的平均温度为31.9℃，全年舒适温度（18.0～26.0℃）时数为786h，占31.5%。

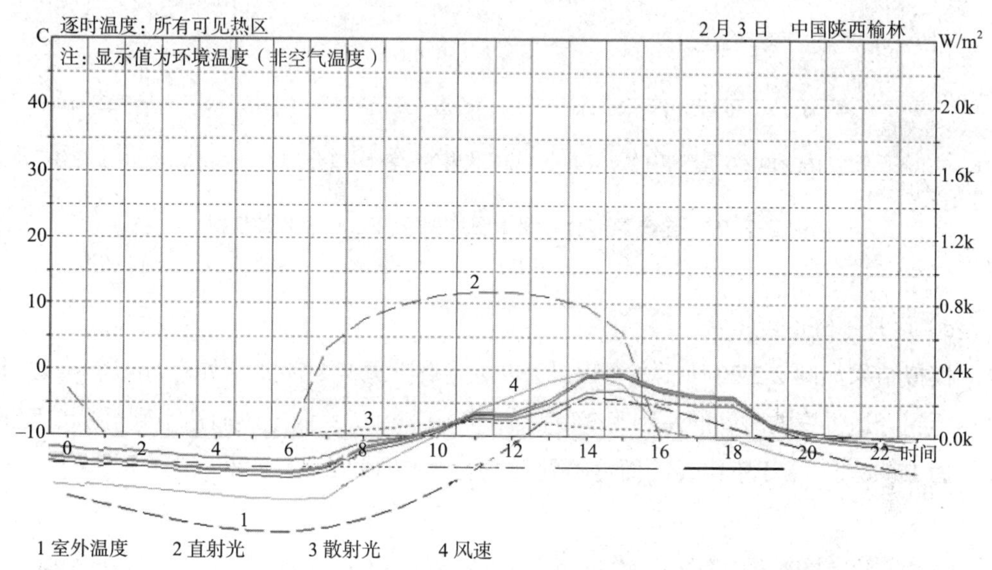


注：模拟假设条件为榆林地区（属严寒气候），根据软件模拟得出，全年最冷日为2月3日。

**图2-2-19　最冷天逐时温度曲线图（图片来源：Ecotect软件模拟）**

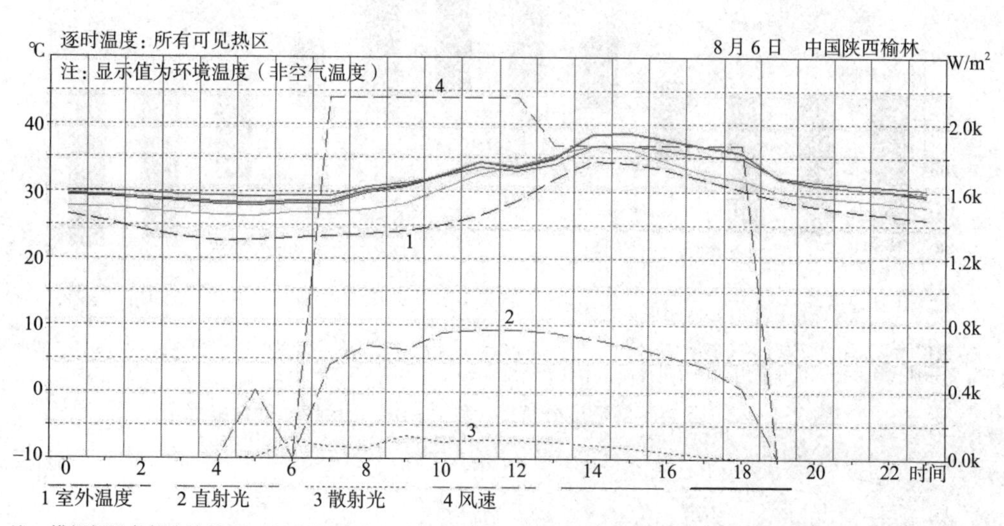


注：模拟假设条件为榆林地区（属严寒气候），根据软件模拟得出，全年最热日为8月6日。

**图2-2-20　最热天逐时温度曲线图（图片来源：Ecotect软件模拟）**

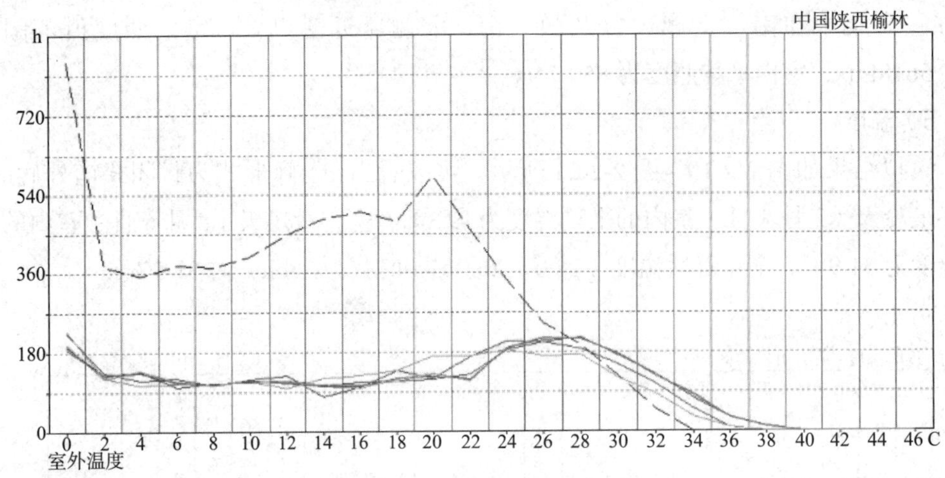


注：模拟假设条件为榆林地区（属严寒气候）。其中，虚线代表建筑室外温度分布曲线，实线代表建筑室内各活动空间温度分布曲线。

图 2-2-21　全年温度分布图（图片来源：Ecotect 软件模拟）

c）逐月不舒适度

模拟结果如图 2-2-22 所示，可以计算出：走廊形式为封闭式南外廊时，全年 12 个月达不到舒适温度的时间的总和为 3693.7h，其中，由于室内过热而达不到舒适温度的时间为 1276.7h，由于室内过冷而达不到舒适温度的时间为 2417.0h。

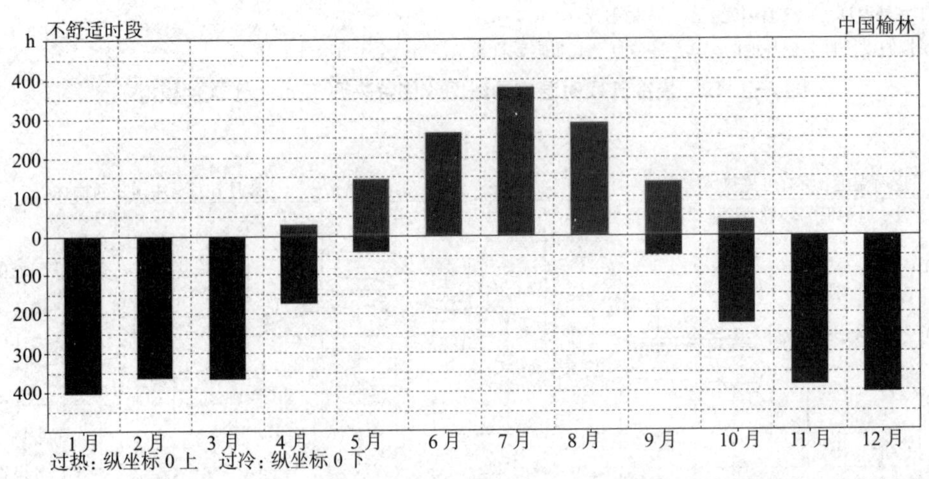


注：模拟假设条件为榆林地区（属严寒气候）。根据每个空间设定的舒适温度计算逐月的不舒适度，其中纵坐标0上和0下部分分别代表每个月由于室内过热和过冷而达不到舒适温度的时间总和。

图 2-2-22　逐月不舒适度分析图（图片来源：Ecotect 软件模拟）

2）能耗情况

通过 Ecotect 软件模拟建筑被动得热、失热情况，侧面反映出建筑在夏季隔热、冬季采暖方面的能耗。例如，建筑冬季失热量大，则说明采暖所需的能耗大；建筑夏季得热量大，则说明隔热所需的能耗大。

a）逐时得热、失热分析

模拟结果如图 2-2-23 ~图 2-2-24 所示，可以看出：走廊形式为封闭式南外廊时，全年最冷天（2 月 3 日）建筑全天的失热主要来源于围护结构失热和冷风渗透失热，总失热量为 3498729Wh，单位面积失热量为 5448Wh/m²；得热主要来源于太阳直射辐

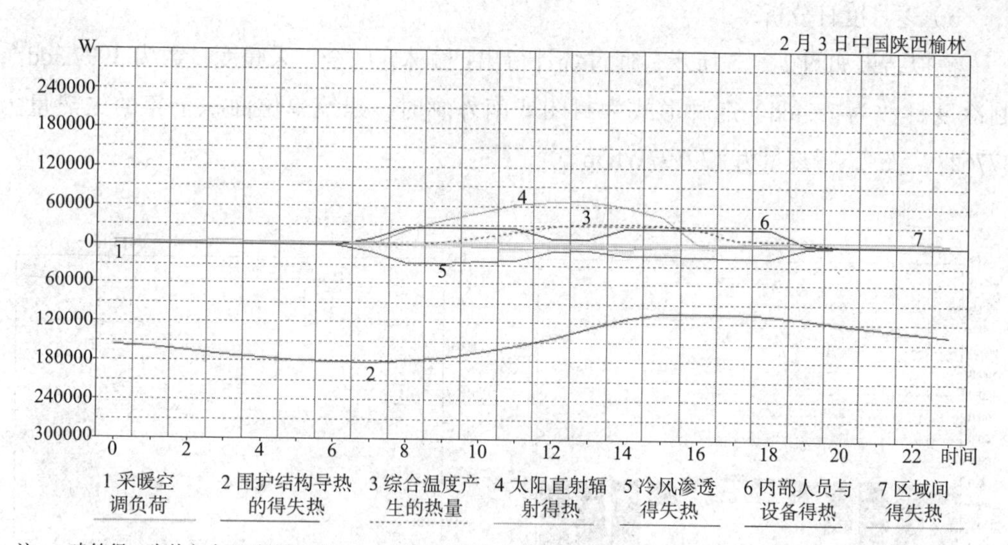


注：1.建筑得、失热包含逐时的HVAV Load（采暖空调负荷）、Conduction（围护结构导热的得失热）、Sol-Air（综合温度产生的热量）、Direct Solar（太阳直射辐射得热）、Ventilation（冷风渗透得失热）、Internal（内部人员与设备得热）、Inter-Zonal（区域间得失热）7项内容；

2.模拟假设条件为榆林地区（属严寒气候），根据软件模拟得出，全年最冷日为2月3日。

图 2-2-23　最冷天逐时得热 / 失热分析图（图片来源：Ecotect 软件模拟）

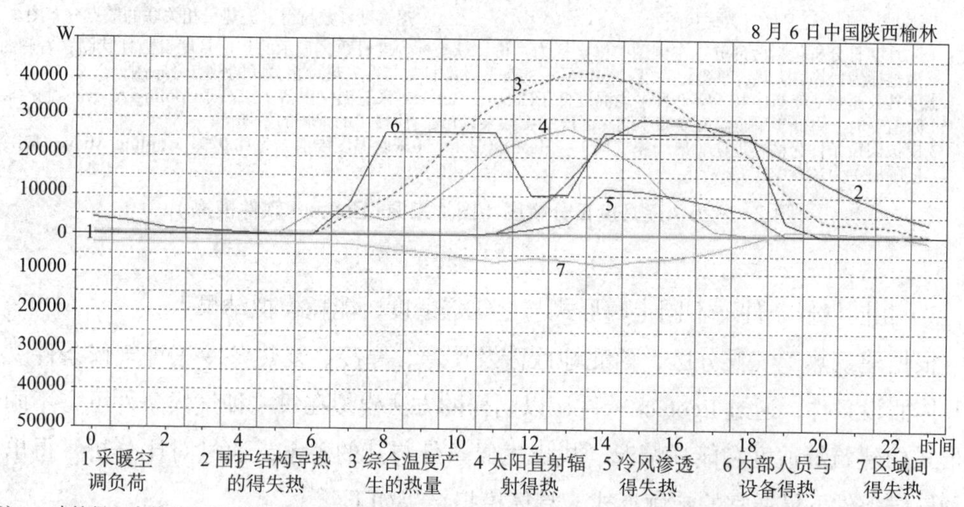


注：1.建筑得、失热包含逐时的HVAV Load（采暖空调负荷）、Conduction（围护结构导热的得、失热）、Sol-Air（综合温度产生的热量）、Direct Solar（太阳直射辐射得热）、Ventilation（冷风渗透得、失热）、Internal（内部人员与设备得热）、Inter-Zonal（区域间得、失热）7项内容；

2.模拟假设条件为榆林地区（属严寒气候），根据软件模拟得出，全年最热日为8月6日。

图 2-2-24　最热天逐时得热、失热分析图（图片来源：Ecotect 软件模拟）

射得热、内部人员与设备得热以及建筑区域间得热，总得热量为 748838Wh，单位面积得热量为 1166Wh/m$^2$。全年最热天（8 月 6 日）建筑全天的得热主要来源于围护结构得热、太阳直射辐射得热以及内部人员与设备得热，总得热量为 1046233Wh，单位面积得热量为 1629Wh/m$^2$；失热主要来源于建筑区域间失热，总失热量为 74311Wh，单位面积失热量为 116Wh/m$^2$。

b）逐月度日分析

模拟结果如图 2-2-25 所示，通过统计得出：榆林地区全年采暖度日数为 3997.3dd[1]，制冷度日数为 73.4dd。走廊形式为封闭式南外廊时，建筑单位面积全年的失热量为 377627Wh/m$^2$，得热量为 179197Wh/m$^2$。

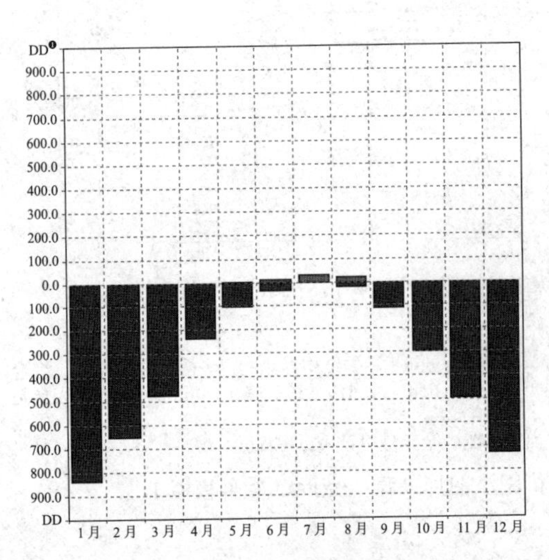


逐月度日数柱状图

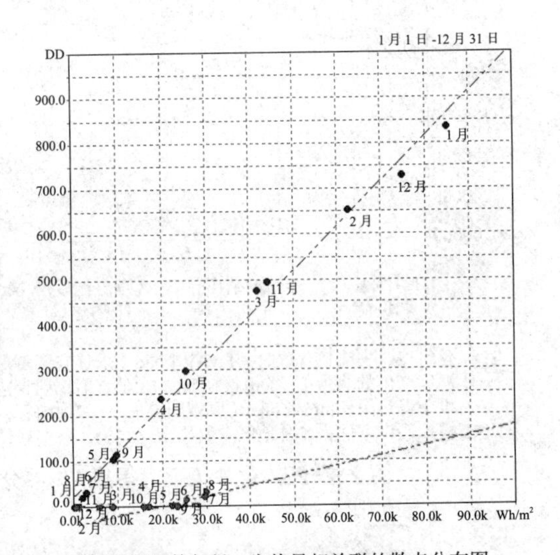


逐月度日数与得、失热量相关联的散点分布图

注：1.逐月度日分析包括两部分：左侧图中横坐标为月份，纵坐标为度日数，显示的是逐月度日数柱状图；右侧图中横坐标为得热、失热，纵坐标为度日数，显示的是逐月度日数与得失热量相关联的散点分布图；
2.度日数是指一年当中某天室外日平均温度低于Heating Below（采暖温度限值）或高于Cooling Above（制冷温度限值）时，将低于采暖温度或高于制冷温度的度数乘以1天，所得出的乘积的累加值；
3.模拟假设条件为榆林地区（属严寒气候），Heating Below（采暖温度限值）为18.0℃，Cooling Above（制冷温度限值）为26.0℃。

**图 2-2-25　逐月度日分析图（图片来源：Ecotect 软件模拟）**

3）相同气候条件下不同走廊形式与建筑舒适度、能耗模拟结果

根据建筑热工气候分区，西北地区涉及严寒、寒冷、夏热冬冷三种气候条件。按照具体假设条件，通过 Ecotect 软件，以同样的方法模拟在每一种气候条件下，不同走廊形式的建筑舒适度和能耗情况，找出气候条件与其的关系，通过对比分析，得出在每种气候条件下最适宜的走廊形式，具体模拟结果如下：

[1] dd 为度日数

（1）严寒气候

严寒气候下不同走廊形式的建筑舒适度和能耗模拟结果　表 2-2-16

| 走廊形式＼舒适能耗 | 照度（lx） | 温度（℃） | | | 逐月不舒适度（h） | 逐时得热/失热（$Wh/m^2$） | | 逐月度日（$Wh/m^2$） | |
|---|---|---|---|---|---|---|---|---|---|
| | | 最冷天 | 最热天 | 舒适温度时数（h） | | 最冷天 | 最热天 | 失热 | 得热 |
| 封闭式南外廊 | 859.74 | -9.3 | 31.9 | 786 | 3693.7 | 5448 | 1629 | 377627 | 179197 |
| 开敞式南外廊 | 1042.87 | -9.5 | 31.9 | 774 | 3706.6 | 4380 | 1416 | 325967 | 137484 |
| 封闭式北外廊 | 917.61 | -9.4 | 31.9 | 776 | 3700.7 | 4964 | 1446 | 370784 | 138069 |
| 开敞式北外廊 | 1366.10 | -9.4 | 31.9 | 775 | 3705.0 | 4395 | 1410 | 327882 | 135976 |
| 中廊式 | 655.77 | -9.5 | 31.9 | 761 | 3768.3 | 4478 | 1539 | 382859 | 192779 |
| 封闭式双廊 | 956.53 | -9.2 | 32.0 | 789 | 3704.0 | 4840 | 1380 | 392618 | 132690 |
| 开敞式双廊 | 1562.90 | -9.2 | 32.0 | 667 | 3713.2 | 3465 | 1097 | 343558 | 131628 |
| 南侧封闭式双廊 | 722.36 | -9.5 | 31.9 | 750 | 3738.4 | 4591 | 1438 | 413835 | 171847 |
| 南侧开敞式双廊 | 1026.65 | -8.6 | 32.4 | 738 | 3761.1 | 3851 | 1344 | 348134 | 161097 |
| 北侧封闭式双廊 | 699.19 | -8.6 | 32.4 | 741 | 3754.1 | 4159 | 1385 | 375782 | 165463 |
| 北侧开敞式双廊 | 1000.81 | -8.6 | 32.4 | 737 | 3761.5 | 3857 | 1341 | 349511 | 159989 |

注：1.照度值为建筑室内照度平均值；
2.温度值包括建筑室内全年最冷天温度平均值、最热天温度平均值、全年舒适温度（18.0~26.0℃）时数；
3.逐月不舒适度为建筑室内全年达不到舒适温度（18.0~26.0℃）的时间总和；
4.逐时得热、失热只统计建筑全年最冷天单位面积的失热量和全年最热天单位面积的得热量；
5.逐月度日只统计建筑单位面积全年的失热量和得热量。

（2）寒冷气候

寒冷气候下不同走廊形式的建筑舒适度和能耗模拟结果　表 2-2-17

| 走廊形式＼舒适能耗 | 照度（lx） | 温度（℃） | | | 逐月不舒适度（h） | 逐时得热/失热（$Wh/m^2$） | | 逐月度日（$Wh/m^2$） | |
|---|---|---|---|---|---|---|---|---|---|
| | | 最冷天 | 最热天 | 舒适温度时数（h） | | 最冷天 | 最热天 | 失热 | 得热 |
| 封闭式南外廊 | 1055.07 | 1.5 | 37.3 | 759 | 3638.3 | 3244 | 2085 | 246834 | 195580 |
| 开敞式南外廊 | 1257.10 | 1.2 | 37.7 | 742 | 3662.5 | 3563 | 2157 | 297620 | 233479 |
| 封闭式北外廊 | 1118.91 | 1.2 | 37.7 | 743 | 3671.4 | 4317 | 2136 | 250162 | 191577 |
| 开敞式北外廊 | 1562.78 | 1.3 | 37.7 | 737 | 3692.2 | 3748 | 2151 | 294014 | 194419 |
| 中廊式 | 951.19 | 1.0 | 38.2 | 730 | 3672.4 | 3831 | 2239 | 315115 | 241109 |
| 封闭式双廊 | 1109.12 | 1.2 | 38.7 | 752 | 3693.6 | 3270 | 2126 | 264928 | 191192 |
| 开敞式双廊 | 1630.05 | 1.2 | 38.3 | 704 | 3666.2 | 3766 | 1838 | 305946 | 195058 |
| 南侧封闭式双廊 | 917.98 | 1.4 | 38.3 | 747 | 3670.3 | 3368 | 2153 | 266103 | 188281 |
| 南侧开敞式双廊 | 1251.71 | 1.2 | 38.1 | 701 | 3686.8 | 3628 | 2085 | 320402 | 218900 |
| 北侧封闭式双廊 | 894.19 | 1.3 | 38.3 | 741 | 3652.9 | 3450 | 2209 | 267938 | 211708 |
| 北侧开敞式双廊 | 1202.13 | 1.1 | 38.2 | 697 | 3715.1 | 3644 | 2082 | 321810 | 226212 |

（3）夏热冬冷气候

夏热冬冷气候下不同走廊形式的建筑舒适度和能耗模拟结果　表 2-2-18

| 走廊形式＼舒适能耗 | 照度（lx） | 温度（℃） | | | 逐月不舒适度（h） | 逐时得热/失热（$Wh/m^2$） | | 逐月度日（$Wh/m^2$） | |
|---|---|---|---|---|---|---|---|---|---|
| | | 最冷天 | 最热天 | 舒适温度时数（h） | | 最冷天 | 最热天 | 失热 | 得热 |
| 封闭式南外廊 | 1121.01 | 6.4 | 34.8 | 795 | 3549.7 | 2475 | 1738 | 202511 | 174710 |
| 开敞式南外廊 | 1130.18 | 6.2 | 35.0 | 769 | 3532.5 | 2724 | 1878 | 244584 | 135609 |
| 封闭式北外廊 | 1397.81 | 6.3 | 34.8 | 801 | 3564.4 | 3149 | 1715 | 206888 | 136511 |
| 开敞式北外廊 | 1463.63 | 6.2 | 34.8 | 798 | 3549.8 | 2917 | 1793 | 240587 | 136273 |
| 中廊式 | 1012.50 | 6.5 | 34.6 | 821 | 3491.0 | 2467 | 1694 | 191865 | 135533 |
| 封闭式双廊 | 1344.22 | 6.1 | 35.2 | 806 | 3517.5 | 2505 | 1802 | 212040 | 142891 |
| 开敞式双廊 | 1459.98 | 6.1 | 35.1 | 767 | 3533.6 | 2916 | 1745 | 258676 | 145118 |
| 南侧封闭式双廊 | 886.30 | 6.3 | 34.8 | 797 | 3532.9 | 2627 | 1702 | 220387 | 149264 |
| 南侧开敞式双廊 | 1121.02 | 6.1 | 34.8 | 757 | 3546.4 | 2816 | 1780 | 267276 | 162148 |
| 北侧封闭式双廊 | 903.18 | 6.3 | 35.0 | 791 | 3525.0 | 2714 | 1824 | 218718 | 152904 |
| 北侧开敞式双廊 | 1034.10 | 6.1 | 34.8 | 753 | 3535.4 | 2869 | 1779 | 269735 | 165263 |

3. 三种气候区下不同走廊形式的建筑舒适度和能耗模拟结果对比

通过对三种气候区下 11 种不同走廊形式的建筑模型进行模拟，将得出的模拟结果进行对比得到以下图示：

1）严寒气候下不同走廊形式的建筑舒适度和能耗模拟结果（图 2-2-26）

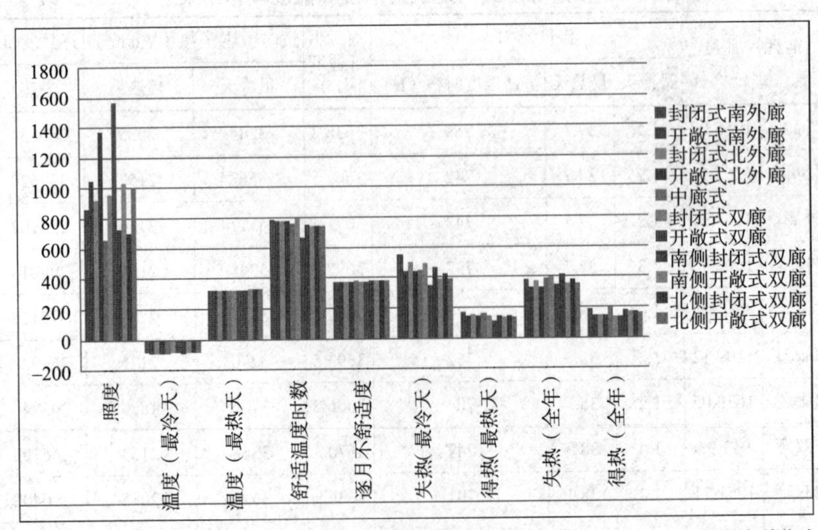


注：为了便于统计比较，照度单位为lx，温度单位为$10^{-1}$℃，舒适温度时数单位为h，逐月不舒适度单位为10h，最冷、最热天失热、得热单位为10$Wh/m^2$，全年失热、得热单位为$10^3Wh/m^2$。

图 2-2-26　严寒气候下不同走廊形式的建筑舒适度和能耗模拟结果对比

通过对比可得出：

（1）舒适度方面

①照度——室内平均照度对比：

开敞式＞封闭式②北廊式＞南廊式③单廊式＞双廊式。

其中，开敞式双廊的室内平均照度最高，为1562.90lx；中廊式室内平均照度最低，为655.77lx。

②温度——不同走廊形式的建筑，在全年最冷天和最热天的室内平均温度差别不明显。其中，双廊式，在最冷天的室内平均温度略高于其他走廊形式的建筑，为-8.6℃；单廊式，在最热天的室内平均温度略低于其他走廊形式的建筑，为31.9℃。封闭式双廊，全年舒适温度时数最高，为789h；北侧开敞式双廊的建筑，全年舒适温度时数最低，为737h。

③逐月不舒适度——不同走廊形式的建筑，全年由于室内过冷、过热而不满足舒适度条件的时数略有差别。

ⓐ 封闭式南外廊的建筑，全年12个月的不舒适度时数总和最低，为3693.7h；

ⓑ 中廊式的建筑，全年12个月的不舒适度时数总和最高，为3768.3h。

（2）能耗方面

①逐时得热 / 失热：

| 走廊形式 | 全年最冷天单位面积失热量 | 全年最热天单位面积得热量 |
| --- | --- | --- |
| 封闭/开敞 | 封闭式＜开敞式 | 封闭式＜开敞式 |
| 南廊/北廊 | 南廊式＜北廊式 | 南廊式＜北廊式 |
| 双廊/单廊 | 双廊式＜单廊式（明显） | 双廊式＜单廊式（略微） |

其中，封闭式双廊的建筑，全年最冷天单位面积失热量最少，为3465Wh/m²；全年最热天单位面积得热量亦最少，为1097Wh/m²。开敞式北外廊的建筑，全年最冷天单位面积失热量最多，为5448Wh/m²；全年最热天单位面积得热量亦最多，为1629Wh/m²。

②逐月度日：

|  | 单位面积全年的失热量 | 单位面积全年的得热量 |
| --- | --- | --- |
| 封闭/开敞 | 封闭式＜开敞式 | 封闭式＜开敞式 |
| 南廊/北廊 | 南廊式≈北廊式 | 南廊式≈北廊式 |
| 双廊/单廊 | 双廊式＜单廊式 | 双廊式＜单廊式 |

其中，封闭式双廊的建筑，单位面积全年的失热量最少，为 325967Wh/m$^2$；开敞式北外廊的建筑，单位面积全年的失热量最多，为 413835Wh/m$^2$。开敞式双廊的建筑，单位面积全年的得热量最少，为 131628Wh/m$^2$；中廊式的建筑，单位面积全年的得热量最多，为 192779Wh/m$^2$。

结论：

ⓐ 建筑所需的照明用能：开敞式廊、北廊及单廊式低于其他走廊形式（依据：自然条件下室内采光好于其他形式）。

ⓑ 冬季保暖和夏季隔热效果：双廊式的建筑略好于其他走廊形式。

ⓒ 冬季采暖和夏季隔热所需的能耗：封闭式廊、南廊及双廊式均低于其他走廊形式。

综上比较分析得出，处于严寒气候地区的西北农村学校，舒适度最高、能耗最低的走廊形式为封闭式双廊。

2）寒冷气候下不同走廊形式的建筑舒适度和能耗模拟结果（图 2-2-27）

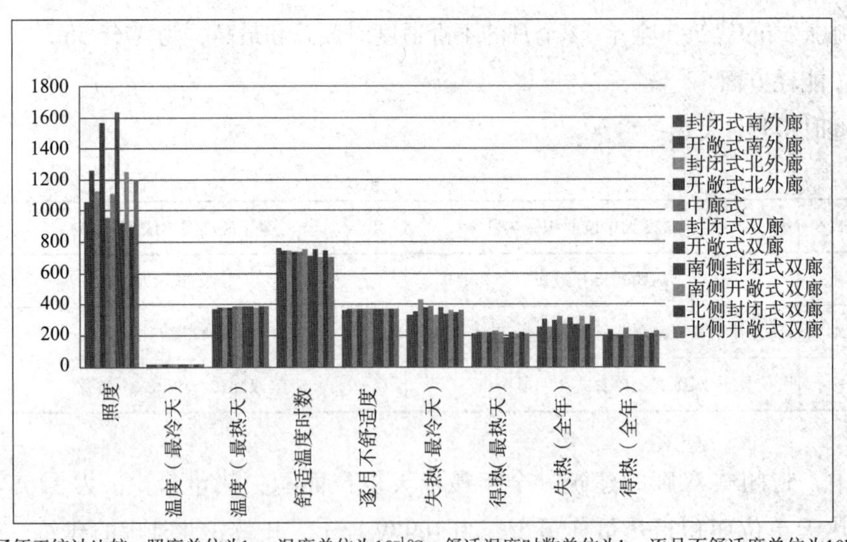


注：为了便于统计比较，照度单位为lx，温度单位为$10^{-1}$℃，舒适温度时数单位为h，逐月不舒适度单位为10h，最冷、最热天失热、得热单位为10Wh/m$^2$，全年失热、得热单位为$10^3$Wh/m$^2$。

**图 2-2-27　寒冷气候下不同走廊形式的建筑舒适度和能耗模拟结果对比**

通过对比可得出：

①建筑所需的照明用能：开敞式廊、北廊、单廊式低于其他走廊形式。

②冬季保暖和夏季隔热效果：单廊形式，略好于其他走廊形式。

③冬季采暖和夏季隔热所需的能耗：封闭、南廊及单廊式均低于其他走廊形式。

综上比较分析得出，处于寒冷气候地区的西北农村学校，舒适度最高、能耗最低的走廊形式为封闭式南外廊。

3）冬冷夏热气候下不同走廊形式的建筑舒适度和能耗模拟结果（图 2-2-28）

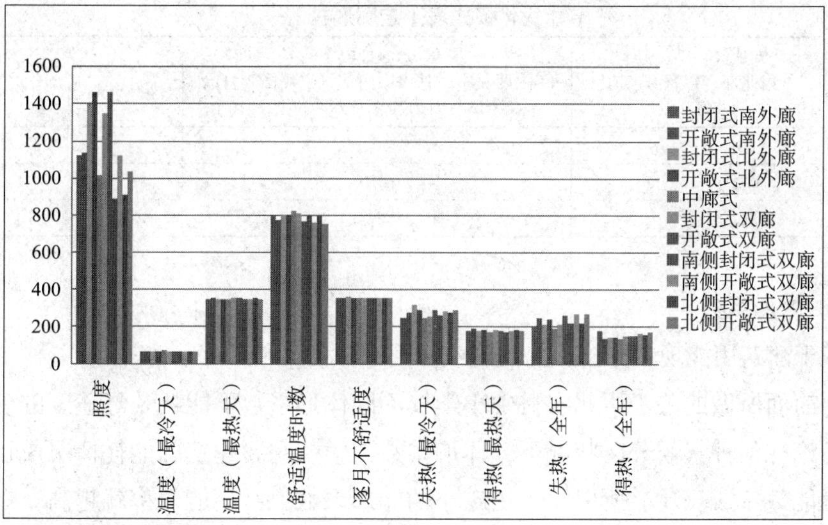

注：为了便于统计比较，照度单位为lx，温度单位为$10^{-1}$℃，舒适温度时数单位为h，逐月不舒适度单位为10h，最冷、最热天失热、得热单位为$10Wh/m^2$，全年失热、得热单位为$10^3Wh/m^2$。

**图 2-2-28　夏热冬冷气候下不同走廊形式建筑舒适度和能耗模拟结果对比**

通过对比可得出：

①建筑所需的照明用能：开敞、单廊式低于其他走廊形式。

②冬季保暖和夏季隔热效果：中廊走廊形式，好于其他走廊形式。

③冬季采暖和夏季隔热所需的能耗：封闭、中廊式均低于其他走廊形式。

综上比较分析得出，处于夏热冬冷气候地区的西北农村学校，舒适度最高、能耗最低的走廊形式为中廊式。

4. 西北地区农村学校主要走廊形式的节能优化模式

| 建筑特点 | 严寒地区（陕北、甘肃西部、海东地区北部、新疆北部） | | 寒冷地区（关中、甘肃中南部、宁夏回族自治区、海东地区东部、新疆南部） | | 夏热冬冷地区（陕南、甘肃东南部） | |
|---|---|---|---|---|---|---|
| | 优化模式 | 最优排序 | 优化模式 | 最优排序 | 优化模式 | 最优排序 |
| 走廊形式 | ①开敞、北廊及单廊式的光环境最优，照明用能最低；<br>②双廊式，保暖隔热效果最好；<br>③封闭、南廊及双廊式的能耗最低 | 封闭式双廊>南侧封闭式双廊>封闭式南外廊>北侧封闭式双廊>封闭式北外廊>中廊式>南侧开敞式双廊>开敞式南外廊>北侧开敞式双廊>开敞式双廊>开敞式北外廊 | ①开敞、北廊及单廊式的光环境最优，照明用能最低；<br>②单廊式，保暖隔热效果最好；<br>③封闭、南廊及单廊式的能耗最低 | 封闭式南外廊>封闭式北外廊>封闭式双廊>中廊式>南侧封闭式双廊>北侧封闭式双廊>南侧开敞式双廊>北侧开敞式双廊>开敞式南外廊>开敞式北外廊>开敞式双廊 | ①开敞、单廊式，光环境最优，照明用能最低；<br>②中廊式，保暖隔热效果最好；<br>③封闭、中廊式，能耗最低。 | 中廊式>封闭式北外廊>封闭式双廊>封闭式南外廊>南侧封闭式双廊>北侧封闭式双廊>开敞式北外廊>开敞式南外廊>开敞式双廊>南侧开敞式双廊>北侧开敞式双廊 |

总结：

节能优化模式表（走廊形式）

| 严寒地区（陕西北部、甘肃北部、青海海东地区北部、新疆北部） | 寒冷地区（陕西关中、甘肃中南部、宁夏回族自治区、青海海东地区东部） | 夏热冬冷地区（陕西南部、甘肃东南部） |
|---|---|---|
| 封闭 | 封闭 | 封闭 |
| 南廊 | 南廊 | |
| 双廊式 | 单廊式 | 中廊式 |

### （二）体形系数

1. 基于建筑用能现状分析，提出建筑体形系数的节能策略

依据前面所做的关于西北农村中小学校不同体形系数下能耗及舒适度的现状可以得知，不论在何种气候分区状况下，体形系数与学校主要建筑的能耗情况成正比，与学校的用能效率成反比。所以，采用越小的体形系数，其用能效率就越高，在其他影响因素相似的状况下，越容易满足热舒适度的需求。

体形系数：体形系数与建筑能耗成正比，与室内热舒适度成反比。降低体形系数可以在达到室内热舒适度的状况下，降低能耗量。在寒冷地区以及严寒地区，采用将开敞南外廊建筑形式封闭的方法，可以有效地通过减少建筑表面积减少建筑体形系数，达到的降低建筑能耗，提高室内热舒适度状况的目的。

2. 通过软件模拟研究不同体形系数对建筑舒适度和能耗的影响

1）软件模拟的原理与方法

体形系数是影响建筑舒适度和能耗的主要因素之一，而建筑的开间、进深以及走廊宽度等因素都会影响建筑的体形系数，从而影响到建筑的形式。

分别按照建筑的开间、进深以及走廊宽度的不同，将建筑按特点进行划分。在走廊形式、功能布局、平面形式、围护结构和气候条件都不变的前提下，建立一个基本建筑模型，通过 Ecotect 软件模拟，分析在建筑的开间、进深以及走廊宽度的影响下，不同的体形系数对建筑舒适度和能耗的影响。

此分析的具体假设条件为：普通六班教室，建筑层数为一层，走廊为封闭式南外廊，辅助功能位于建筑端部；“一字形”的平面形式，教室的层高 3.9m，围护结构的传热系数 $K$=1.0（其中，门的传热系数：$K_{门}$=1.5，屋面的传热系数：$K_{屋面}$=0.95）；气候条件为严寒地区，建筑朝向为南北朝向；教室开间分别选取 7.8m、8.4m、9.0m，教室进深分别选取 6.6m、7.2m、7.8m，走廊宽度分别选取 2.1m、2.4m、3.0m。

2）模型构建

（1）教室开间不同

按照假设条件，仅当教室开间不同，而教室进深和走廊宽度都一定的情况下，得

到以下三种建筑平面图（表 2-2-19）：

不同开间教室模型建构　　　　表 2-2-19

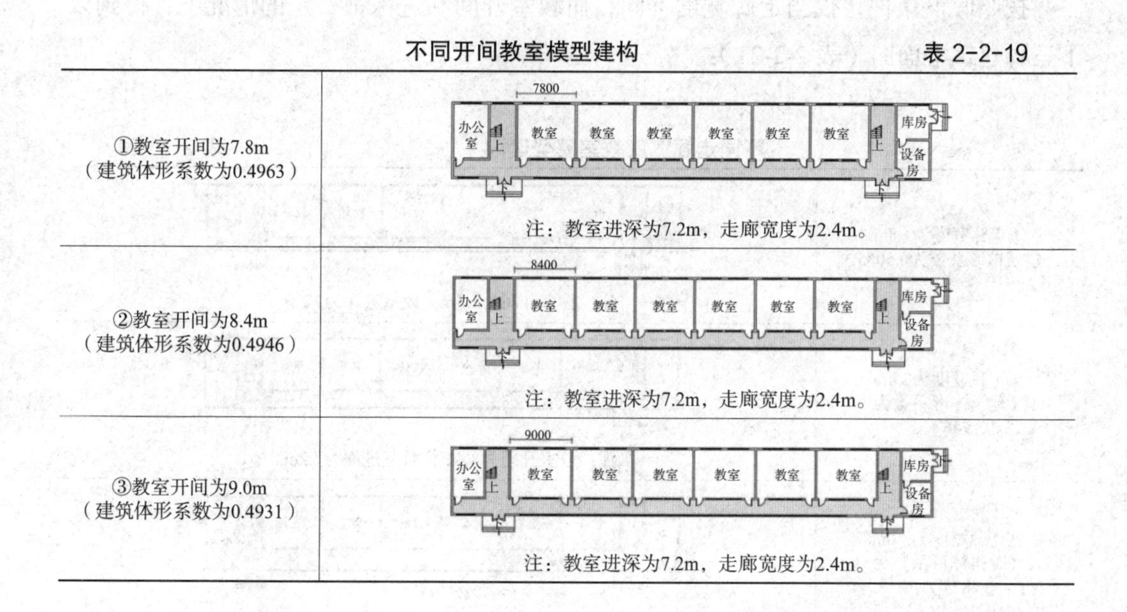


| | |
|---|---|
| ①教室开间为7.8m（建筑体形系数为0.4963） | 注：教室进深为7.2m，走廊宽度为2.4m。 |
| ②教室开间为8.4m（建筑体形系数为0.4946） | 注：教室进深为7.2m，走廊宽度为2.4m。 |
| ③教室开间为9.0m（建筑体形系数为0.4931） | 注：教室进深为7.2m，走廊宽度为2.4m。 |

通过 Ecotect 软件模拟得到，由于教室开间不同而引起建筑体形系数不同时，建筑舒适度和能耗的具体情况。

（2）教室进深不同

按照假设条件，仅当教室进深不同，而教室开间和走廊宽度都一定的情况下，得到以下三种建筑平面图（表 2-2-20）：

不同进深教室模型建构　　　　表 2-2-20

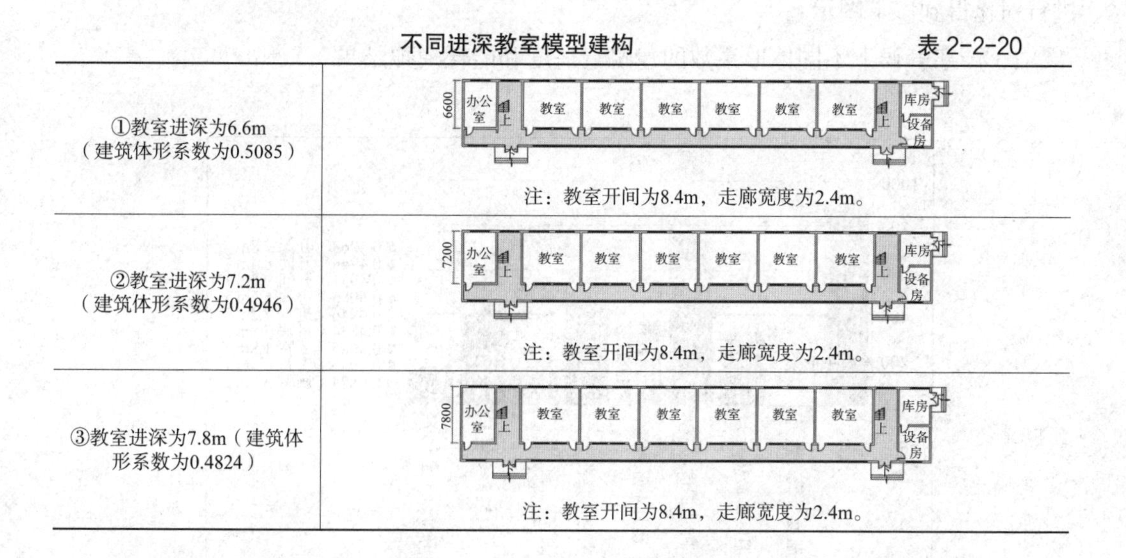


| | |
|---|---|
| ①教室进深为6.6m（建筑体形系数为0.5085） | 注：教室开间为8.4m，走廊宽度为2.4m。 |
| ②教室进深为7.2m（建筑体形系数为0.4946） | 注：教室开间为8.4m，走廊宽度为2.4m。 |
| ③教室进深为7.8m（建筑体形系数为0.4824） | 注：教室开间为8.4m，走廊宽度为2.4m。 |

通过 Ecotect 软件模拟得到，由于教室进深不同而引起建筑体形系数不同时，建筑舒适度和能耗的具体情况。

（3）走廊宽度不同

按照假设条件，仅当走廊宽度不同，而教室开间和进深都一定的情况下，得到以下三种建筑平面图（表 2-2-21）：

不同走廊宽度教室模型建构　　表 2-2-21

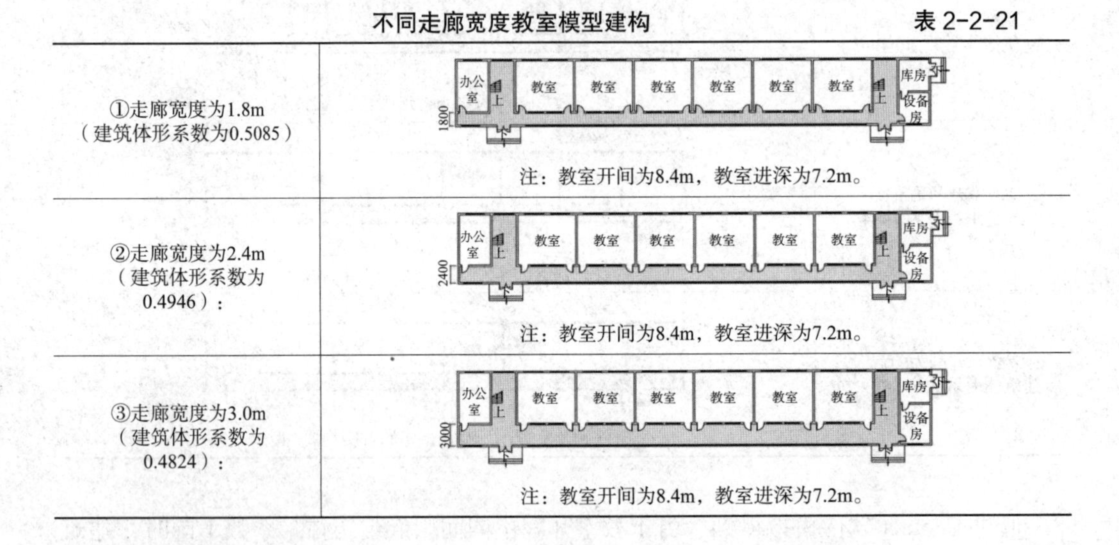

| | |
|---|---|
| ①走廊宽度为1.8m（建筑体形系数为0.5085） | 注：教室开间为8.4m，教室进深为7.2m。 |
| ②走廊宽度为2.4m（建筑体形系数为0.4946）： | 注：教室开间为8.4m，教室进深为7.2m。 |
| ③走廊宽度为3.0m（建筑体形系数为0.4824）： | 注：教室开间为8.4m，教室进深为7.2m。 |

通过 Ecotect 软件模拟得到，由于走廊宽度不同而引起建筑体形系数不同时，建筑舒适度和能耗的具体情况。

3. 在三种气候区下不同体形系数的建筑舒适度和能耗模拟结果对比（图 2-2-29）

通过对三种气候区下 9 种不同体形系数的建筑模型进行模拟，将得出的模拟结果进行对比得到以下图示：

1）严寒气候下不同体形系数的建筑舒适度和能耗模拟结果

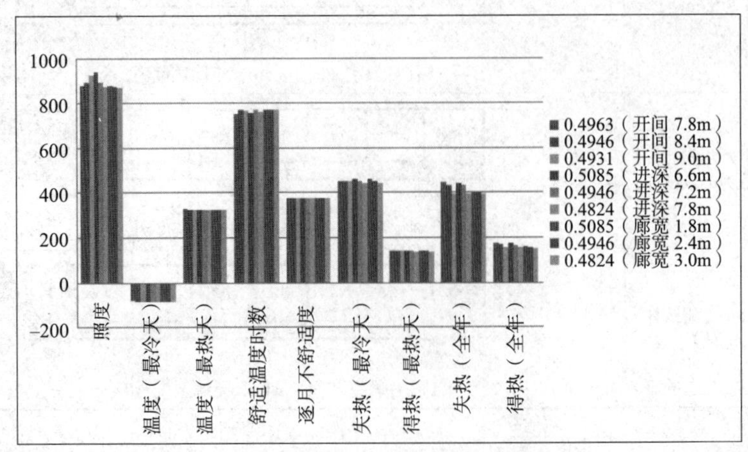


注：为了便于统计比较，照度单位为lx，温度单位为$10^{-1}$℃，舒适温度时数单位为h，逐月不舒适度单位为10h，最冷、最热天失热、得热单位为$10Wh/m^2$，全年失热、得热单位为$10^3Wh/m^2$。

**图 2-2-29　在严寒气候下不同体形系数的建筑舒适度和能耗模拟结果对比**

通过对比可得出结论：

①在体形系数不变的条件下，建筑开间越大，进深和走廊宽度越小，自然条件下室内采光效果越好，建筑所需的照明用能也越低。

②建筑体形系数越小，保暖隔热效果越好，满足舒适度条件的时间也越长。

③建筑体形系数越小，冬季采暖和夏季隔热所需的能耗均越低。

④为了减小体形系数，建筑的房间进深和走廊宽度越大，效果越明显，降低能耗的比率也越大。

⑤相同体形系数下，房间进深大、走廊宽的建筑要比房间开间大的建筑更节能。

综上比较分析得出，处于严寒气候地区的西北农村学校，体形系数越小的建筑，舒适度越高，能耗越低。当建筑体形系数不能改变时，采取增大进深长度的措施更节能。

2）在寒冷气候下不同体形系数的建筑舒适度和能耗模拟结果（图 2-2-30）

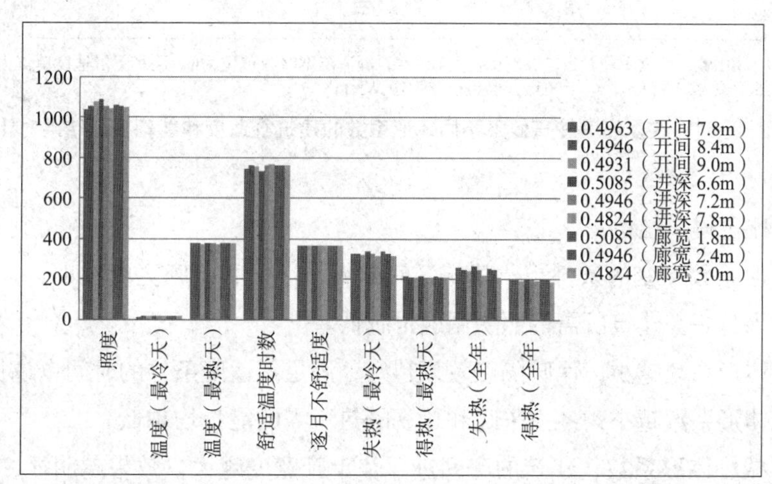


注：为了便于统计比较，照度单位为lx，温度单位为$10^{-1}$℃，舒适温度时数单位为h，逐月不舒适度单位为10h，最冷、最热天失热、得热单位为$10Wh/m^2$，全年失热、得热单位为$10^3Wh/m^2$。

**图 2-2-30　在寒冷气候下不同体形系数的建筑舒适度和能耗模拟结果对比**

通过对比可得出结论：

①体形系数不变的条件下，建筑开间越大，进深和走廊宽度越小，自然条件下室内采光效果越好，建筑所需的照明用能也越低。

②建筑体形系数越小，保暖隔热效果越好，满足舒适度条件的时间也越长。

③建筑体形系数越小，冬季采暖和夏季隔热所需的能耗均越低。

④为了减小体形系数，建筑的房间进深和走廊宽度越大，效果越明显，降低能耗的比率也越大。

⑤在相同体形系数下，房间进深大、走廊宽的建筑要比房间开间大的建筑更节能。

综上比较分析得出，处于寒冷气候地区的西北农村学校，体形系数越小的建筑，舒适度越高，能耗越低。当建筑体形系数不能改变时，采取增大进深长度的措施更节能。

3）在冬冷夏热气候下不同体形系数的建筑舒适度和能耗模拟结果（图 2-2-31）

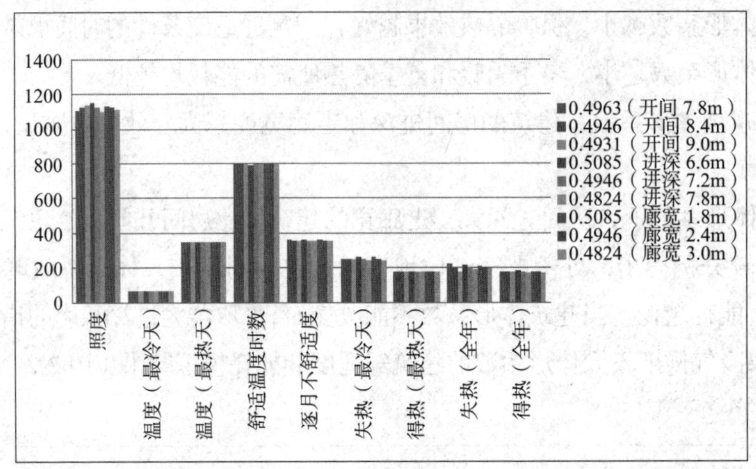


注：为了便于统计比较，照度单位为lx，温度单位为$10^{-1}$℃，舒适温度时数单位为h，逐月不舒适度单位为10h，最冷、最热天失热、得热单位为10Wh/m$^2$，全年失热、得热单位为$10^3$Wh/m$^2$。

**图 2-2-31　在夏热冬冷气候下不同体形系数的建筑舒适度和能耗模拟结果对比**

通过对比可得出结论：

①在体形系数不变的条件下，建筑开间越大，进深和走廊宽度越小，自然条件下室内采光效果越好，建筑所需的照明用能也越低。

②建筑体形系数越小，保暖隔热效果越好，满足舒适度条件的时间也越长。

③建筑体形系数越小，冬季采暖和夏季隔热所需的能耗均越低。

④为了减小体形系数，建筑的房间进深和走廊宽度越大，效果越明显，降低能耗的比率也越大。

⑤在相同体形系数下，房间进深大、走廊宽的建筑要比房间开间大的建筑更节能。

综上比较分析得出，处于夏热冬冷气候地区的西北农村学校，体形系数越小的建筑，舒适度越高、能耗越低。当建筑体形系数不能改变时，采取增大进深长度的措施更节能。

4. 西北农村学校主要建筑体形系数的节能优化模式

| 建筑特点 | 严寒地区<br>（陕北、甘肃西部、海东地区北部、新疆北部） | 寒冷地区<br>（关中、甘肃中南部、宁夏、海东地区东部、新疆南部） | 夏热冬冷地区<br>（陕南、甘肃东南部） |
|---|---|---|---|
| | 优化模式 | 优化模式 | 优化模式 |
| 体形系数 | ①若体形系数不变，则开间越大、进深和走廊宽度越小，光环境越好，照明用能越低；<br>②体形系数越小，保暖隔热效果越好，满足舒适度时间越长； | ①若体形系数不变，则开间越大、进深和走廊宽度越小，光环境越好，照明用能越低；<br>②体形系数越小，保暖隔热效果越好，满足舒适度时间越长； | ①若体形系数不变，则开间越大、进深和走廊宽度越小，光环境越好，照明用能越低；<br>②体形系数越小，保暖隔热效果越好，满足舒适度时间越长； |

续表

| 建筑特点 | 严寒地区<br>（陕北、甘肃西部、海东地区北部、新疆北部） | 寒冷地区<br>（关中、甘肃中南部、宁夏、海东地区东部、新疆南部） | 夏热冬冷地区<br>（陕南、甘肃东南部） |
|---|---|---|---|
| | 优化模式 | 优化模式 | 优化模式 |
| 体形系数 | ③体形系数越小，能耗越低；<br>④进深和走廊宽度越大，体形系数减小越明显，能耗降低比率越大；<br>⑤若体形系数相同，则进深大、走廊宽要比开间大更节能 | ③体形系数越小，能耗越低；<br>④进深和走廊宽度越大，体形系数减小越明显，能耗降低比率越大；<br>⑤若体形系数相同，则进深大、走廊宽要比开间大更节能 | ③体形系数越小，能耗越低；<br>④进深和走廊宽度越大，体形系数减小越明显，能耗降低比率越大；<br>⑤若体形系数相同，则进深大、走廊宽要比开间大更节能 |
| 最优排序 | 越小越好，增大进深＞增大廊宽＞增大开间 | 越小越好，增大进深＞增大廊宽＞增大开间 | 越小越好，增大进深＞增大廊宽＞增大开间 |

总结：体形系数与建筑能耗成正比，若体形系数不变，则开间越大、进深和走廊宽度越小，光环境越好，照明用能越低。体形系数越小，建筑的保暖隔热效果越好，满足舒适度时间越长，建筑能耗越低。减小体形系数，可以在达到室内热舒适度的状况下，降低建筑能耗。例如，在严寒及寒冷地区，采用将开敞南外廊封闭的方法，可以有效地通过减少建筑表面积从而减少建筑体形系数，达到降低建筑能耗，并且提高室内热舒适度的目的。进深和走廊宽度越大，体形系数减小越明显，建筑能耗降低比率越大。若体形系数相同，则进深大，走廊宽要比开间大更节能。

**（三）功能布局**

1. 不同功能布局对建筑舒适度和能耗的影响

基于前面章节所做的建筑用能现状分析，可以得出功能布局是影响建筑舒适度和能耗的主要因素之一。根据主要功能空间与辅助功能空间在建筑平面上的位置不同，建筑空间形式可分为辅助功能位于端部、辅助功能位于内部、辅助功能位于端部和内部三种类型。在走廊形式、体形系数、平面形式以及围护结构和气候条件都不变的前提下，建筑的辅助功能空间（如设备用房、库房等）是位于该层平面的端部、内部还是内部和端部都有，对其舒适度和能耗都有影响。

接下来通过 WEATHERTOOL 及 ECOTECT 等软件对合适的建筑模型进行模拟，进一步验证不同功能布局与建筑舒适度、能耗的关系。

2. 通过软件模拟验证不同功能布局对建筑舒适度和能耗的影响

1）软件模拟的原理与方法

功能布局是影响建筑舒适度和能耗的又一重要因素。根据主要功能空间与辅助功能空间在建筑平面上的位置不同，可将建筑空间形式划分为三种类型：辅助功能位于端部、辅助功能位于内部、辅助功能位于端部和内部。在走廊形式、体形系数、平面形式以及围护结构和气候条件都不变的前提下，建立一个基本建筑模型，通过 Ecotect 软件模拟，分析不同的功能布局对建筑舒适度和能耗的影响。

此分析的具体假设条件为：普通六班教室，建筑层数为一层，走廊形式为封闭式南外廊，体形系数为 0.45，“一字形”的平面形式，教室的层高 3.9m，围护结构的传热系数 $K$=1.0（其中，门的传热系数：$K_{门}$=1.5，屋面的传热系数：$K_{屋面}$=0.95），气候条件为严寒地区，建筑朝向为南北朝向，教室开间为 8.4m，教室进深为 7.2m，走廊宽度为 2.4m。

2）模型构建（表 2-2-22）

不同功能布局模型建构　　　　表 2-2-22

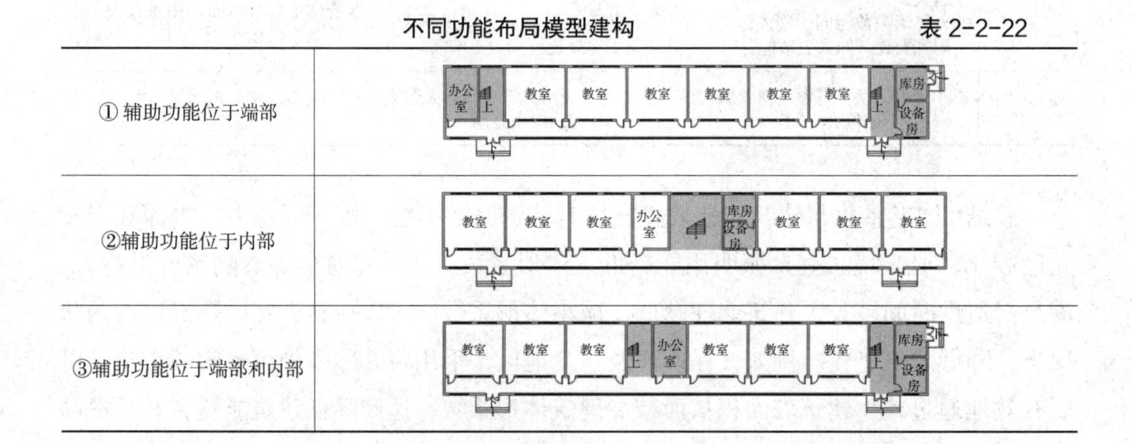


通过 Ecotect 软件模拟得到，由于辅助功能位置不同而引起建筑功能布局不同时，建筑舒适度和能耗的具体情况。

3. 在三种气候区下不同功能布局的建筑舒适度和能耗模拟结果对比

通过对三种气候区下 3 种不同功能布局的建筑模型进行模拟，将得出的模拟结果进行对比得到以下图示：

1）严寒气候下不同功能布局的建筑舒适度和能耗模拟结果（图 2-2-32）

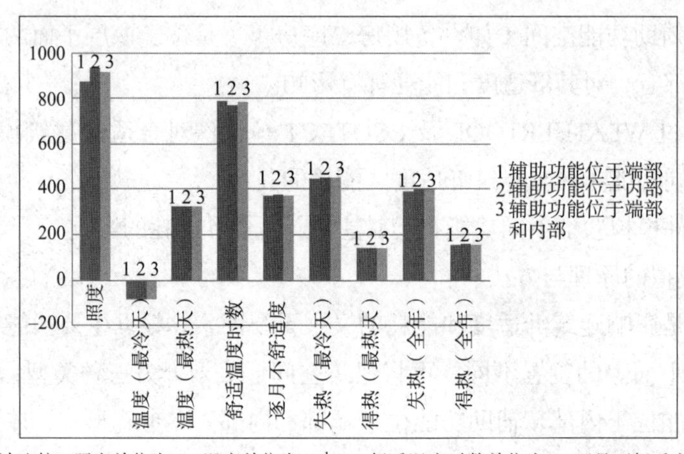


注：为了便于统计比较，照度单位为lx，温度单位为$10^{-1}$℃，舒适温度时数单位为h，逐月不舒适度单位为10h，最冷、最热天失热、得热单位为10Wh/m$^2$，全年失热、得热单位为$10^3$Wh/m$^2$。

图 2-2-32　在严寒气候下不同功能布局的建筑舒适度和能耗模拟结果对比

通过对比可得出结论：

①当建筑的辅助功能空间位于内部时，自然条件下室内采光效果好于其他功能布局，即建筑所需的照明用能也最低。

②当建筑的辅助功能空间位于端部时，冬季保暖和夏季隔热效果均为最好，全年满足舒适度条件的时间也最长。

③当建筑的辅助功能空间位于端部时，冬季采暖和夏季隔热所需的能耗相比其他功能布局的建筑均为最低。

综上比较分析得出，处于严寒气候地区的西北农村学校，舒适度最高、能耗最低的建筑功能布局为辅助功能空间位于建筑端部。

2）在寒冷气候下不同功能布局的建筑舒适度和能耗模拟结果（图 2-2-33）

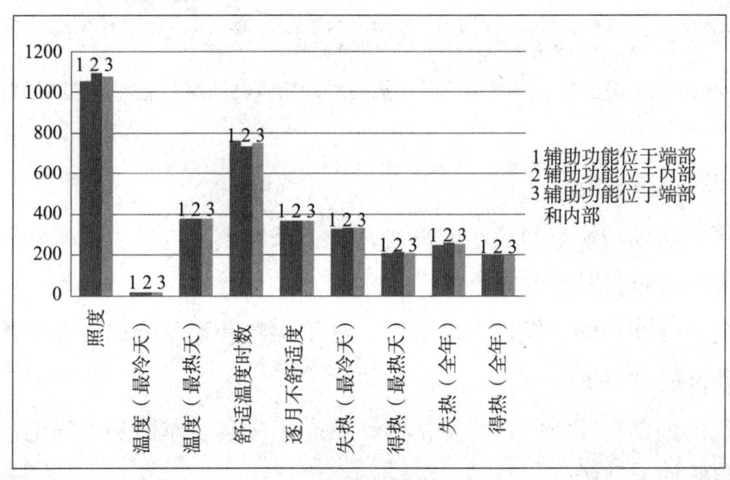


注：为了便于统计比较，照度单位为lx，温度单位为$10^{-1}$℃，舒适温度时数单位为h，逐月不舒适度单位为10h，最冷、最热天失热、得热单位为10Wh/m²，全年失热、得热单位为$10^3$Wh/m²。

**图 2-2-33 寒冷气候下不同功能布局的建筑舒适度和能耗模拟结果对比**

通过对比可得出结论：

①当建筑的辅助功能空间位于内部时，自然条件下室内采光效果好于其他功能布局，即建筑所需的照明用能也最低。

②当建筑的辅助功能空间位于端部时，冬季保暖和夏季隔热效果均为最好，全年满足舒适度条件的时间也最长。

③当建筑的辅助功能空间位于端部时，冬季采暖和夏季隔热所需的能耗相比其他功能布局的建筑均为最低。

综上比较分析得出，处于寒冷气候地区的西北农村学校，舒适度最高、能耗最低的建筑功能布局为辅助功能空间位于建筑端部。

3）在冬冷夏热气候下不同功能布局的建筑舒适度和能耗模拟结果（图 2-2-34）

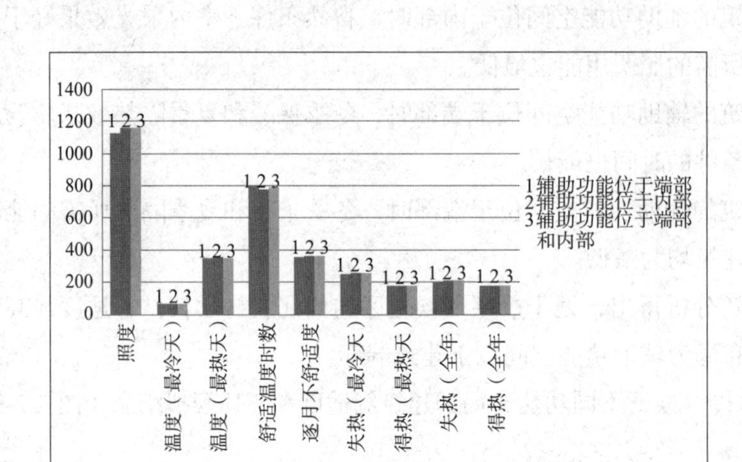


注：为了便于统计比较，照度单位为lx，温度单位为$10^{-1}$℃，舒适温度时数单位为h，逐月不舒适度单位为10h，最冷、最热天失热、得热单位为$10Wh/m^2$，全年失热、得热单位为$10^3Wh/m^2$。

**图 2-2-34　夏热冬冷气候下不同功能布局的建筑舒适度和能耗模拟结果对比**

通过对比可得出结论：

①当建筑的辅助功能空间位于内部时，自然条件下室内采光效果好于其他功能布局，即建筑所需的照明用能也最低。

②当建筑的辅助功能空间位于端部时，冬季保暖和夏季隔热效果均为最好，全年满足舒适度条件的时间也最长。

③当建筑的辅助功能空间位于端部时，冬季采暖和夏季隔热所需的能耗相比其他功能布局的建筑均为最低。

综上比较分析得出，处于夏热冬冷气候地区的西北农村学校，舒适度最高、能耗最低的建筑功能布局为辅助功能空间位于建筑端部。

4. 西北地区农村学校主要建筑功能布局的节能优化模式

| 建筑特点 | 严寒地区（陕北、甘肃西部、海东地区北部、新疆北部）、<br>寒冷地区（关中、甘肃中南部、宁夏、海东地区东部、新疆南部）、<br>夏热冬冷地区（陕南、甘肃东南部） | |
|---|---|---|
| | 优化模式 | 最优排序 |
| 功能布局 | ①辅助功能位于内部，光环境最好，照明用能最低；<br>②辅助功能位于端部，保暖隔热效果最好，满足舒适度时间最长；<br>③辅助功能位于端部，能耗最低 | 辅助功能位于端部>辅助功能位于端部和内部>辅助功能位于内部 |

总结：将建筑的辅助功能空间（如设备用房、库房等）位于该层平面的内部，能够提高室内采光环境。在这样的功能布局下也能减少照明用能。建筑的辅助功能空间位于该层平面的端部，全年的保暖隔热效果最好，满足舒适度条时间最长，建筑能耗

也最低。由于西北农村绝大部分地区的日照时间长，太阳辐射量大，但冬季严寒且建筑保暖效果差，因此，应尽量选择辅助功能位于端部的建筑功能布局形式。例如，在保持教室平面形式不变的前提下，在教室的左右两侧增加办公室、设备用房和库房。

**（四）建筑平面形式**

1. 不同建筑平面形式对建筑舒适度和能耗的影响

平面形式是影响建筑舒适度和能耗的主要因素之一，建筑平面形式可分为“一字形”、“L、I、E 形”、天井形和不规则形这四种类型。在走廊形式、体形系数、功能布局以及围护结构和气候条件都不变的前提下，建筑平面形式不同，其舒适度和能耗存在相当的差别。

接下来通过 WEATHERTOOL 及 ECOTECT 等软件对合适的建筑模型进行模拟，进一步验证不同平面形式与建筑舒适度和能耗的关系。

2. 通过软件模拟研究不同平面形式对建筑舒适度和能耗的影响

1）软件模拟的原理与方法

平面形式是影响建筑舒适度和能耗的又一重要因素。西北地区农村学校常用的几种建筑平面形式可划分为四种：一字形、“L、I、E”形、天井形和不规则形。在走廊形式、体形系数、功能布局以及围护结构和气候条件都不变的前提下，建立一个基本建筑模型，通过 Ecotect 软件模拟，分析不同的平面形式对建筑舒适度和能耗的影响。

此分析的具体假设条件为：普通教学楼，教室为南北朝向，建筑层数为一层，走廊形式为封闭式外廊，体形系数为 0.45，功能布局为辅助功能位于建筑端部和内部，教室的层高 3.9m，围护结构的传热系数 $K$=1.0（其中，门的传热系数：$K_{门}$=1.5，屋面的传热系数：$K_{屋面}$=0.95），气候条件为严寒地区，教室开间为 8.4m，教室进深为 7.2m，走廊宽度为 2.4m。

2）模型构建（表 2-2-23）

**不同平面形式模型构建**　　表 2-2-23

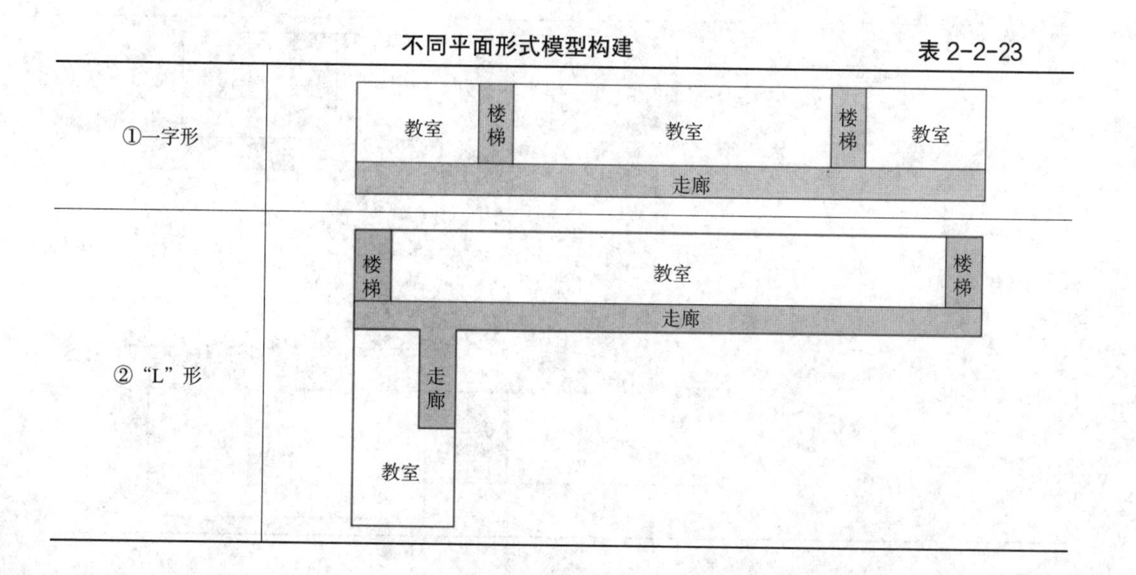

续表

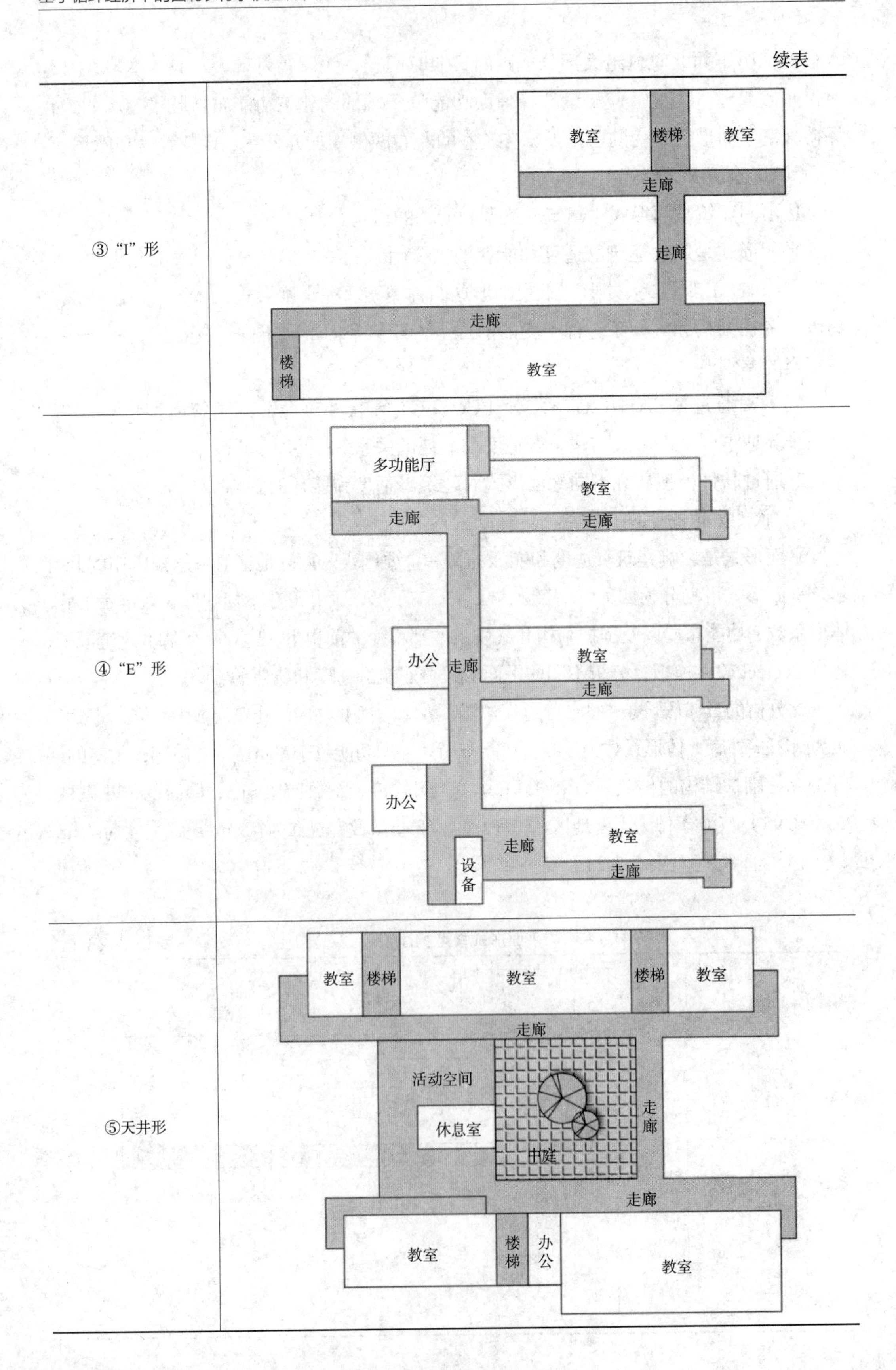
③“I”形
教室
楼梯
教室
走廊
走廊
走廊
楼梯
教室
④“E”形
多功能厅
教室
走廊
走廊
办公
走廊
教室
走廊
办公
走廊
教室
设备
走廊
⑤天井形
教室
楼梯
教室
楼梯
教室
走廊
活动空间
休息室
中庭
走廊
走廊
教室
楼梯
办公
教室

续表

| ⑥不规则形（注：按照假设条件，当建筑的平面形式为不规则形时，形式种类很多，按本建筑平面示意图为例） | 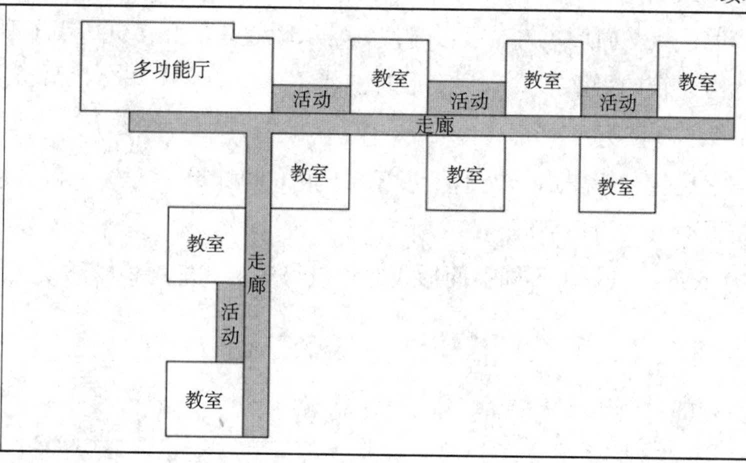 |
|---|---|



通过 Ecotect 软件模拟，分别得到以上 6 种不同平面形式的基本建筑模型，其分别在三种气候区下的建筑舒适度和能耗的具体情况。

3. 在三种气候区下不同平面形式的建筑舒适度和能耗模拟结果对比

通过对三种气候区下 6 种不同平面形式的建筑模型进行模拟，将得出的模拟结果进行对比，得到以下图示：

1）严寒气候下不同平面形式的建筑舒适度和能耗模拟结果（图 2-2-35）

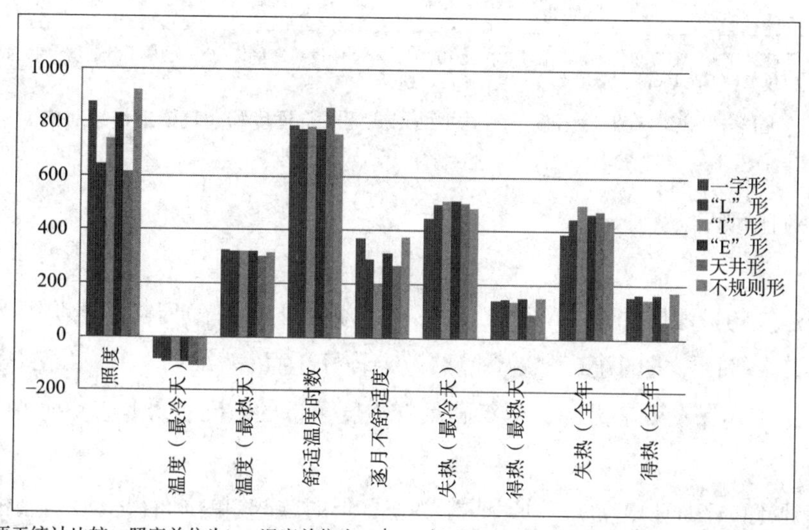



注：为了便于统计比较，照度单位为lx，温度单位为$10^{-1}$℃，舒适温度时数单位为h，逐月不舒适度单位为10h，最冷、最热天失热、得热单位为10Wh/$m^2$，全年失热、得热单位为$10^3$Wh/$m^2$。

**图 2-2-35　在严寒气候下不同平面形式建筑舒适度和能耗模拟结果对比**

通过对比可得出结论：

①当建筑的平面形式为一字形、"E" 形和不规则形时，建筑所需的照明用能也最低。

②虽然天井形平面形式的建筑夏季隔热效果最好，全年满足舒适度条件的时间也最长。但建筑平面形式为一字形时，冬季保暖效果最好，更适用于严寒地区。

③当建筑的平面形式为一字形时，建筑单位面积全年失热最少，冬季采暖所需的能耗最低。

综上比较分析得出，处于严寒气候地区的西北农村学校，舒适度最高、能耗最低的建筑平面形式为一字形。

2）在寒冷气候下不同平面形式的建筑舒适度和能耗模拟结果（图 2-2-36）

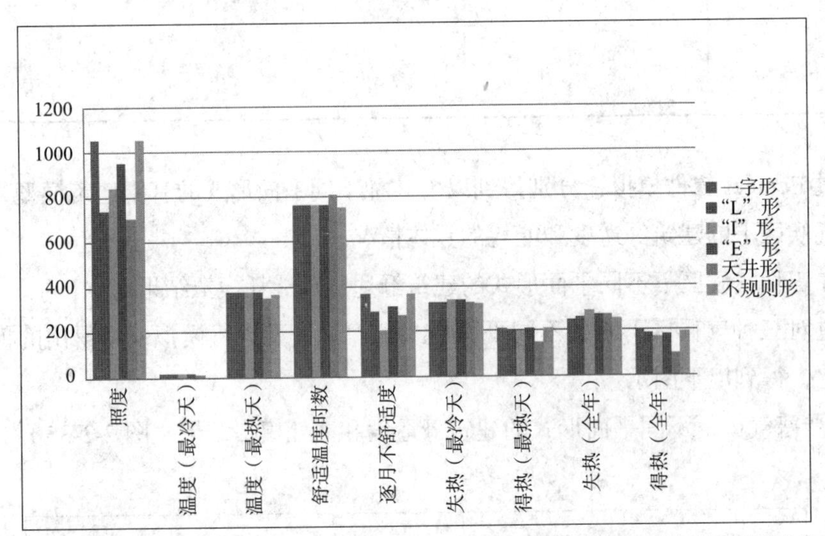


注：为了便于统计比较，照度单位为lx，温度单位为$10^{-1}$℃，舒适温度时数单位为h，逐月不舒适度单位为10h，最冷、最热天失热、得热单位为$10Wh/m^2$，全年失热、得热单位为$10^3Wh/m^2$。

图 2-2-36 在寒冷气候下不同平面形式建筑舒适度和能耗模拟结果对比

通过对比可得出：

结论：

①当建筑的平面形式为一字形、"E" 形和不规则形时，建筑所需的照明用能也最低。

②天井形平面形式的建筑，夏季隔热效果较好。而一字形和 "L、I、E" 形平面形式的建筑，冬季保暖效果更好，全年满足舒适度条件的时间也最长，更适用于寒冷气候地区。

③当建筑的平面形式为一字形和 "L、I、E" 形时，建筑单位面积全年失热相对较少。冬季采暖所需的能耗相对较低。而建筑的平面形式为 "L、I、E" 形和天井形时，建筑单位面积全年得热相对较少，夏季隔热所需的能耗相对较低。权衡之下，寒冷地区 "L、I、E" 形的建筑平面形式更节能。

综上比较分析得出，处于寒冷气候地区的西北农村学校，舒适度最高、能耗最低的建筑平面形式为 "L、I、E" 形。

3）在冬冷夏热气候下不同平面形式的建筑舒适度和能耗模拟结果（图 2-2-37）

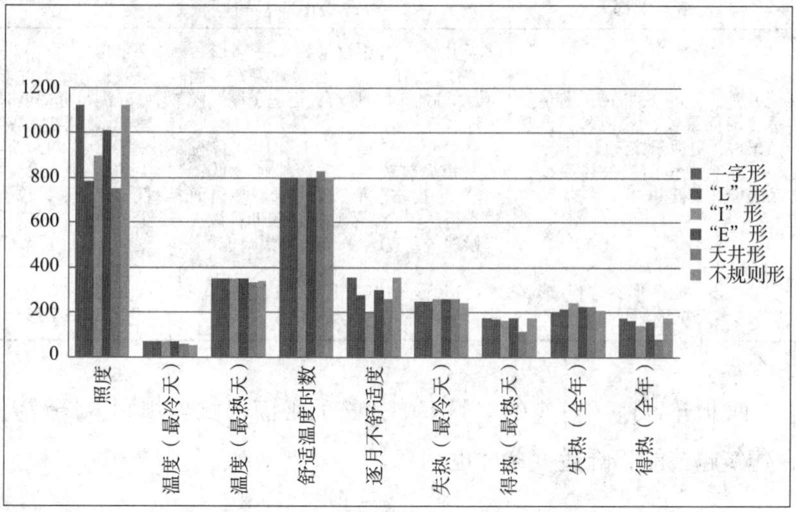

注：为了便于统计比较，照度单位为lx，温度单位为$10^{-1}$℃，舒适温度时数单位为h，逐月不舒适度单位为10h，最冷、最热天失热、得热单位为10Wh/m$^2$，全年失热、得热单位为$10^3$Wh/m$^2$。

**图 2-2-37 夏热冬冷气候下不同平面形式的建筑舒适度和能耗模拟结果对比**

通过对比可得出结论：

①当建筑的平面形式为一字形、“E”形和不规则形时，建筑所需的照明用能也最低。

②一字形和“L、I、E”形平面形式的建筑，冬季保暖效果较好，而天井形平面形式的建筑，夏季隔热效果更好，全年满足舒适度条件的时间也最长，更适用于夏热冬冷气候地区。

③当建筑的平面形式为一字形和“L”形时，建筑单位面积全年失热相对较少，冬季采暖所需的能耗相对较低。而建筑的平面形式为天井形时，建筑单位面积全年得热相对较少，夏季隔热所需的能耗相对较低。因此，天井形的建筑平面形式更适宜于夏热冬冷气候地区，更节能。

综上比较分析得出，处于夏热冬冷气候地区的西北农村学校，舒适度最高、能耗最低的建筑平面形式为天井形。

4. 西北地区农村学校主要建筑平面形式的节能优化模式（表 2-2-24、表 2-2-25）

**不同平面形式节能优化模式** 表 2-2-24

| 建筑特点 | 严寒地区（陕北、甘肃西部、海东地区北部、新疆北部） | 寒冷地区（关中、甘肃中南部、宁夏、海东地区东部、新疆南部） | 夏热冬冷地区（陕南、甘肃东南部） |
|---|---|---|---|
| 平面形式优化模式 | ①一字形、“E”形、不规则形，光环境最优，照明用能最低； | ①一字形、“E”形、不规则形，光环境最优，照明用能最低； | ①一字形、“E”形、不规则形，光环境最优，照明用能最低； |

续表

| 建筑特点 | 严寒地区（陕北、甘肃西部、海东地区北部、新疆北部） | 寒冷地区（关中、甘肃中南部、宁夏、海东地区东部、新疆南部） | 夏热冬冷地区（陕南、甘肃东南部） |
|---|---|---|---|
| 平面形式优化模式 | ②天井形，隔热效果好，满足舒适度时间最长；一字形，保暖效果好，更适于该气候地区；<br>③一字形，单位面积失热最少，采暖能耗最低。 | ②天井形，隔热效果好；一字形、“L、I、E”形，保暖效果好，满足舒适度时间最长，更适于该气候地区；<br>③一字形、“L、I、E”形，单位面积失热较少，采暖能耗较低；“L、I、E”形、天井形，单位面积得热较少，隔热能耗较低；该气候地区，“L、I、E”形更节能。 | ②一字形、“L、I、E”形，保暖效果好；天井形，隔热效果好，满足舒适度时间最长，更适于该气候地区；<br>③一字形、“L”形，单位面积失热较少，采暖能耗相对较低；天井形，单位面积得热较少，隔热能耗较低，更适于该气候地区，更节能。 |
| 最优排序 | 一字形＞“L”形＞“I”形＞“E”形＞天井形＞不规则形 | “I”形＞“E”形＞“L”形＞一字形＞天井形＞不规则形 | 天井形＞“E”形＞“I”形＞“L”形＞一字形＞不规则形 |

总结：在西北五省地区对应的气候下，建筑的平面形式越规则，接触大气的外表面积越小，建筑越节能，舒适度条件也越高。

**不同气候区平面形式节能优化模式** 表 2-2-25

| 气候分区 | 严寒地区（陕西北部、甘肃北部、青海海东地区北部、新疆北部） | 寒冷地区（陕西关中、甘肃中南部、宁夏、青海海东地区东部） | 夏热冬冷地区（陕西南部、甘肃东南部） |
|---|---|---|---|
| 最优组合形式 | 一字形 | L、I、E形 | 天井形 |

# 四、不同气候区学校主要建筑外围护结构节能优化的构造形式

## （一）外墙节能

基于前面对现有学校的实地调研、测试和能耗数据统计、比较，以及外墙对建筑能耗和热舒适度的影响分析，提出外墙的节能策略；再通过外墙节能的设计方法与DeST软件模拟计算的方式得出结果反向验证节能策略的正确性，同时进一步提出西北不同气候区更为具体的外墙节能优化模式。

1. 建筑外墙的节能策略（表 2-2-26）

**建筑外墙的节能策略表** 表 2-2-26

| 省区 | 气候分区 | |
|---|---|---|
| 陕西 | 陕北地区 | 采用370砖墙的学校用能效率更高，更容易满足热舒适度的需求，采用240砖墙无保温的次之，砖木结构应尽量避免 |
| | 关中地区 | 采用240砖墙围护结构体系的学校，能耗效率与热舒适度状况优于采用240砖墙无保温结构体系 |
| | 陕南地区 | 采用240砖墙围护结构体系的学校，用能效率与热舒适度状况优于采用240砖墙无保温结构体系 |
| 甘肃 | 甘肃西部地区 | 采用370砖墙围护结构体系的学校用能效率最高，其次为采用240砖墙带保温与200砌块围护结构，240砖墙无保温结构体系最差 |

续表

| 省区 | 气候分区 | |
|---|---|---|
| 甘肃 | 甘肃中部地区 | 370砖墙围护结构体系最佳，其次为240砖墙带保温 |
| 宁夏 | 宁夏地区 | 采用新型保温墙体的学校能耗效率最高，室内热舒适度状况最好，其效率高于使用370砖墙围护结构体系学校，240砖墙最差 |
| 青海 | 海东东部地区 | 采用240砖墙带保温体系学校用能效率高于240砖墙无保温结构体系 |
| | 海东北部地区 | 采用370砖墙围护结构体系的学校用能效率最高，其次为采用240砖墙带保温与200砌块围护结构，240砖墙无保温结构体系最差 |
| 新疆 | 吐鲁番地区 | 采用270砖墙围护结构体系用能效率高，更容易达到热舒适度状况，240砖墙带保温结构次之 |
| | 乌鲁木齐地区 | 采用370砖墙形式 |

注 表中数字单位为mm。

2. 外墙节能设计方法

中小学校教学楼建筑外墙节能设计有效的方法是给墙体附加保温材料。在设计原则上为达到最好的节能、节材以及防火要求，应当尽量选择传热系数小、耐火等级高的外墙组合。通过实地调研总结出西北学校常用的外墙墙体类型、常用保温材料以及外墙附加保温层的墙体构造类型。

1）外墙墙体的类型

① 240mm 厚砖墙（包括黏土实心砖和黏土空心砖）

② 370mm 厚砖墙

③ 200mm 厚加气混凝土砌块墙体。

2）墙体常用的保温材料（表 2-2-27）

**墙体常用保温材料**　　表 2-2-27

| 有机类 | 无机类 | 复合材料类 |
|---|---|---|
| 苯板、聚苯板、挤塑板、聚苯乙烯泡沫板、硬质泡沫聚氨酯、聚碳酸酯及酚醛等 | 珍珠岩水泥板、泡沫混凝土板、复合硅酸盐、岩棉、蒸压砂加气混凝土砌块、传统保温砂浆等 | 金属夹芯板，芯材为聚苯、玻化微珠、聚苯颗粒等 |

根据相关规定，中小学校教学楼建筑外墙保温材料的防火等级应为 A 级，满足此要求的建筑保温材料有（表 2-2-28）：

**满足 A 级的常用建筑保温材料**　　表 2-2-28

| | 导热系数 | 特点 | 应用 |
|---|---|---|---|
| 水泥发泡保温板 | 0.045W/（m · K） | 导热系数小，施工方便，价格适中，使用寿命长 | 适合做严寒地区、寒冷地区外墙保温材料 |
| 玻化微珠保温砂浆 | 0.07W/（m · K） | 导热系数相对于水泥发泡保温板、岩棉板较大 | 较适合做夏热冬冷地区的外墙保温材料 |
| 岩棉板 | 0.045W/（m · K） | 导热系数小，但施工难度高，使用寿命较短 | |

为了达到最大限度的节能、节材效果以及防火安全的考虑，应尽量选用耐火等级高的保温材料以及传热系数小的保温材料，因此水泥发泡保温板为最佳选择。

3）外墙附加不同厚度保温材料的传热系数和几种构造做法

在水泥发泡保温板的不同厚度选择上，以 30mm 为一个跨度设置了 0mm、30mm、60mm、90mm、120mm、150mm 六个规格（表 2-2-29）。

240mm 厚砖墙、370mm 厚砖墙、200mm 厚加气混凝土砌块墙体
附加不同厚度水泥发泡保温板时外墙传热系数近似值　　表 2-2-29

| 附加水泥发泡保温板厚度（mm） | 外墙传热系数近似值[W/（m² · K）] | | |
|---|---|---|---|
| | 240mm厚砖墙（包括黏土实心砖和黏土空心砖） | 370mm厚砖墙 | 200mm厚加气混凝土砌块墙体 |
| 0 | 2.0 | 1.6 | 0.85 |
| 30 | 0.85 | 0.8 | 0.55 |
| 60 | 0.55 | 0.5 | 0.4 |
| 90 | 0.4 | 0.4 | 0.3 |
| 120 | 0.3 | 0.3 | 0.25 |
| 150 | 0.25 | 0.25 | 0.22 |

外墙保温体系还有墙或钢框架墙体系、保温中空墙体系、保温混凝土夹芯墙体系，表 2-2-30 为几种典型的外墙节能构造类型。

几种外墙类型的构造　　表 2-2-30

| 外墙类型 | 砖砌块或混凝土砌块附加保层温体系 | 墙或钢框架墙体系 | 保温中空墙体系 | 保温混凝土夹芯墙体系 |
|---|---|---|---|---|
| 常规构造 | 砖砌块或混凝土砌块墙体、保温层、外装饰砖 | 轻钢龙骨、25mm厚空气间层、保温层、外墙装饰砖 | 190mm厚空心砌块、25mm空气隔层、保温层、外墙装饰砖 | 结构内墙、保温层、现浇混凝土、外装饰面墙 |
| 构造简图 | 外墙饰面砖<br>保温层<br>混凝土砌块（砖砌块） | 外墙饰面砖<br>保温层<br>隔气层<br>轻钢龙骨，玻璃棉毡 | 外墙饰面砖<br>保温层<br>隔气层<br>混凝土砌块 | 外墙饰面砖<br>保温层<br>隔气层<br>混凝土砌块 |
| 传热系数近似值[W/（m² · K）] | 0.3 | 0.4 | 0.4 | 0.35 |

4）保温材料、墙体结构选择的模拟计算组合

为了达到最大限度的节能、节材效果以及从防火安全考虑，应尽量选用耐火等级高的保温材料以及传热系数小的保温材料和外墙类型，通过对以上各种材料及墙体做

法的传热系数进行对比，最终选择 240mm 厚砖墙、370mm 厚砖墙、200mm 厚加气混凝土砌块墙附加不同厚度的水泥发泡保温板为最符合要求的模拟计算组合。

3. 通过软件模拟计算得出不同气候区几种外墙结构的能耗结果

1）模拟计算方法（以陕北延长县气候区为例）

分析过程使用了 DeST 软件进行模拟计算，研究模型为封闭式北外走廊教学楼模型。模拟计算外墙为 240mm 厚砖墙、370mm 厚砖墙、200mm 厚加气混凝土砌块墙附加不同厚度的水泥发泡保温板时，教室最冷月平均自然室温，教室最热月平均自然室温，教室一年每平方米采暖能耗，教室一年每平方米制冷能耗。水泥发泡保温板在不同厚度选择上，以 30mm 为一个跨度设置了 0mm、30mm、60mm、90mm、120mm、150mm 六个规格进行测试，模拟计算结果见表 2-2-31，计算结果分析图见图 2-2-38 ~图 2-2-42。

**陕北延长县气候区外墙节能研究模拟计算结果**　　表 2-2-31

| 外墙墙体类型 | 墙体附加水泥发泡保温板厚度（mm） | 外墙传热系数近似值[W/（$m^2$·K）] | 教室最冷月平均自然室温（℃） | 教室最热月平均自然室温（℃） | 教室一年每平方米采暖能耗[kWh/$m^2$] | 教室一年每平方米制冷能耗[kWh/$m^2$] | 教室一年每平方米能耗[kWh/$m^2$] |
|---|---|---|---|---|---|---|---|
| 240mm厚砖墙 | 0 | 2.0 | 1.06 | 26.76 | 55.01 | 2.79 | 57.8 |
| | 30 | 0.85 | 2.47 | 27.29 | 41.24 | 4.36 | 45.6 |
| | 60 | 0.55 | 3 | 27.47 | 37.25 | 4.99 | 42.24 |
| | 90 | 0.4 | 3.29 | 27.57 | 35.34 | 5.32 | 40.66 |
| | 120 | 0.3 | 3.46 | 27.62 | 34.19 | 5.53 | 39.73 |
| | 150 | 0.25 | 3.58 | 27.66 | 33.45 | 5.68 | 39.12 |
| 370mm厚砖墙 | 0 | 1.6 | 1.53 | 26.96 | 50.04 | 3.1 | 53.14 |
| | 30 | 0.8 | 2.62 | 27.35 | 39.95 | 4.47 | 44.42 |
| | 60 | 0.5 | 3.08 | 27.5 | 36.65 | 5.03 | 41.67 |
| | 90 | 0.4 | 3.33 | 27.58 | 34.98 | 5.34 | 40.32 |
| | 120 | 0.3 | 3.5 | 27.64 | 33.96 | 5.54 | 39.49 |
| | 150 | 0.25 | 3.61 | 27.67 | 33.28 | 5.67 | 38.95 |
| 200mm厚加气混凝土砌块墙体 | 0 | 0.85 | 2.47 | 27.26 | 42.15 | 4.13 | 46.28 |
| | 30 | 0.55 | 3.01 | 27.47 | 37.38 | 4.93 | 42.31 |
| | 60 | 0.4 | 3.29 | 27.57 | 35.38 | 5.3 | 40.68 |
| | 90 | 0.3 | 3.47 | 27.62 | 34.22 | 5.52 | 39.74 |
| | 120 | 0.25 | 3.58 | 27.66 | 33.46 | 5.67 | 39.13 |
| | 150 | 0.22 | 3.67 | 27.69 | 32.92 | 5.78 | 38.7 |

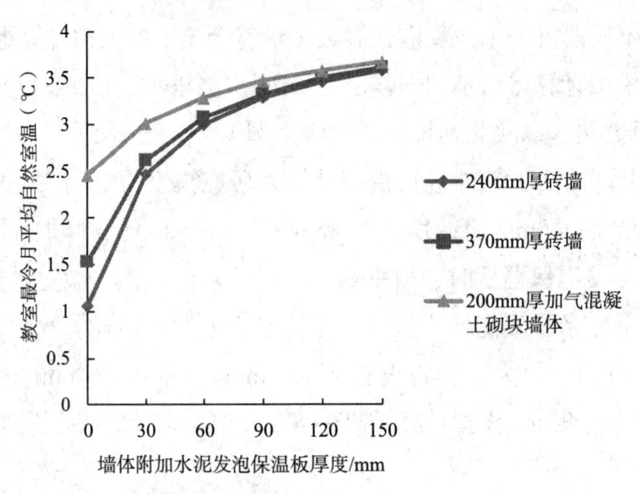


图 2-2-38　陕北延长县气候区外墙节能研究（教室最冷月平均自然室温分析图）

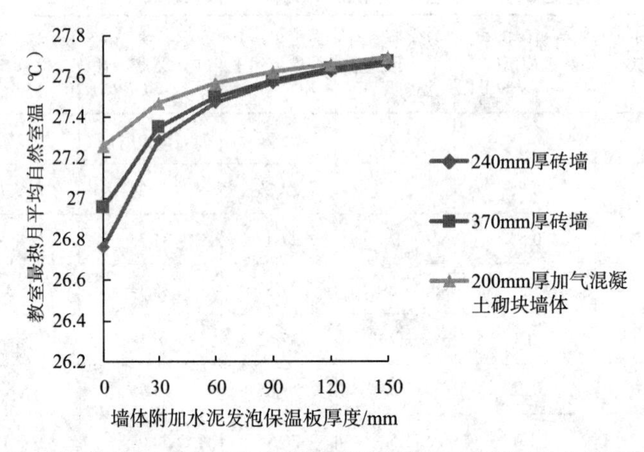


图 2-2-39　陕北延长县气候区外墙节能研究（教室最热月平均自然室温分析图）

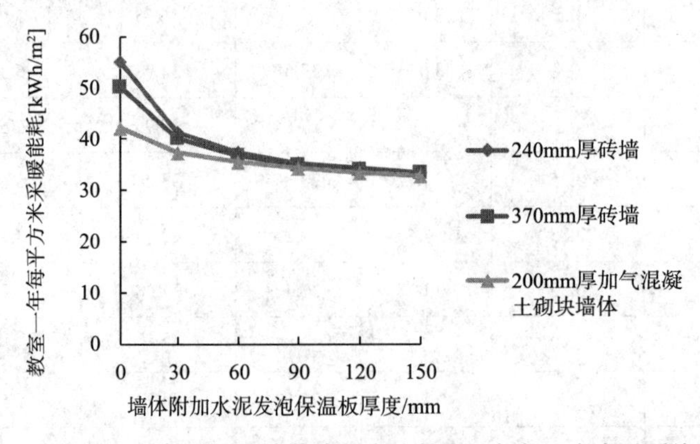


图 2-2-40　陕北延长县气候区外墙节能研究（教室一年每平方米采暖能耗分析图）

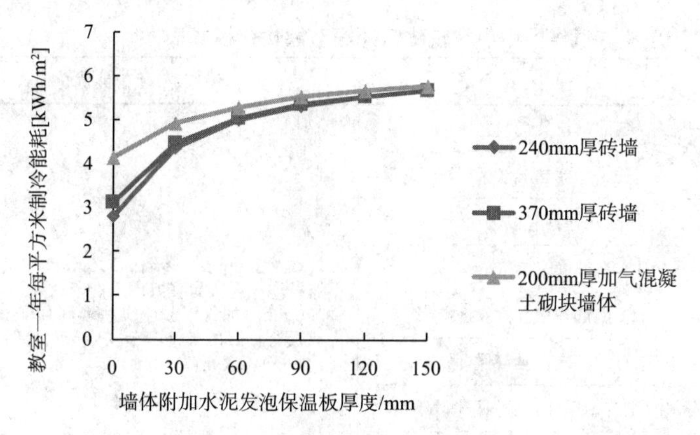


**图 2-2-41　陕北延长县气候区外墙节能研究（教室一年每平方米制冷能耗分析图）**

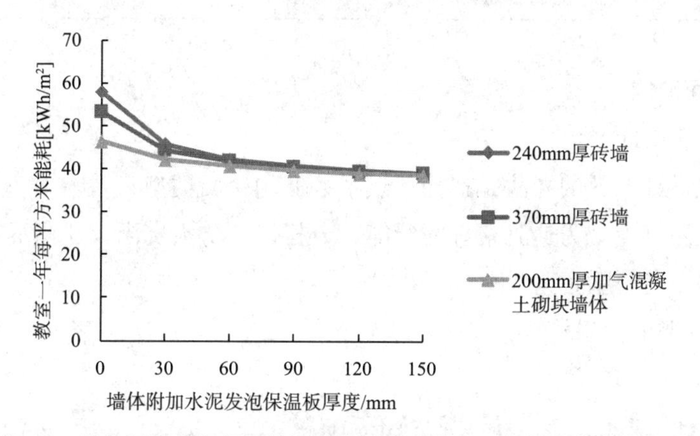


**图 2-2-42　陕北延长县气候区外墙节能研究（教室一年每平方米能耗分析图）**

2）模拟计算结论（以陕北延长县气候区为例）

从图 2-2-31～图 2-2-35 中可以看出，陕北延长县气候区，240mm 厚砖墙、370mm 厚砖墙附加 90mm 厚的水泥发泡保温板有良好的节能效果，再增大保温层厚度对能耗的减少影响不明显，不利于节约材料。200mm 厚加气混凝土砌块墙附加超过 60mm 厚的水泥发泡保温板有良好的节能效果，再增大保温层厚度对能耗的减少影响不明显，不利于节约材料。外墙为 240mm 厚砖墙、370mm 厚砖墙附加 90mm 厚的水泥发泡保温板有良好的节能、节材效果，200mm 厚加气混凝土砌块墙附加 60mm 厚的水泥发泡保温板有良好的节能、节材效果。此时，外墙的传热系数约为 0.4W/（$m^2$·K）。

4. 西北地区不同气候区中小学校建筑外墙节能优化模式

按照以上的模拟计算方法，对其他不同的气候区进行模拟计算，把得出来的能耗结果进行对比，从而得出各气候区外墙节能的最优模式（表 2-2-32）。

不同气候区中小学校建筑外墙节能优化模式表　　表 2-2-32

<table>
<tr><th>省区</th><th>气候区</th><th>外墙节能优化模式</th></tr>
<tr><td rowspan="3">陕西</td><td>陕北延长县气候区</td><td rowspan="9">①外墙为240mm厚砖墙、370mm厚砖墙附加90mm厚的水泥发泡保温板有良好的节能节材效果。<br>②200mm厚加气混凝土砌块墙附加60mm厚的水泥发泡保温板有良好的节能、节材效果。此时，外墙的传热系数约为0.4W/（$m^2$ · K）</td></tr>
<tr><td>关中凤翔县气候区</td></tr>
<tr><td>陕南洋县气候区</td></tr>
<tr><td>甘肃</td><td>甘肃东部静宁县气候区</td></tr>
<tr><td rowspan="2">宁夏</td><td>宁夏南部隆德县气候区</td></tr>
<tr><td>宁夏北部永宁县气候区</td></tr>
<tr><td rowspan="2">新疆</td><td>新疆乌鲁木齐地区昌吉榆树沟镇气候区</td></tr>
<tr><td>新疆吐鲁番地区恰特勒克乡气候区</td></tr>
<tr><td>青海</td><td>青海东部民和县气候区</td></tr>
</table>

### （二）屋面节能

1. 屋面节能设计方法

屋面节能设计有效的办法是选择传热系数低的屋面类型，并附加一定厚度的保温材料。在设计原则上，为达到最好的节能、节材以及防火要求，应当尽量选择传热系数小、耐火等级高的屋面类型。

1）屋面常用的保温材料（表 2-2-33）

屋面常用的保温材料　　表 2-2-33

| 有机类 | 无机类 | 复合材料类 |
|---|---|---|
| 苯板、聚苯板、挤塑板、聚苯乙烯泡沫板、硬质泡沫聚氨酯、聚碳酸酯及酚醛等 | 珍珠岩水泥板、泡沫混凝土板、复合硅酸盐、岩棉、蒸压砂加气混凝土砌块、传统保温砂浆等 | 金属夹芯板，芯材为聚苯、玻化微珠、聚苯颗粒等 |

根据规定，中小学校教学楼建筑屋面保温材料的防火等级应为 A 级，可以选用的建筑保温材料有水泥发泡保温板、玻化微珠保温砂浆、岩棉板、玻璃棉板等。因为水泥发泡保温板的导热系数小，施工方便，使用寿命长，遵循节能、节材的设计原则，本文建议使用水泥发泡保温板作为外墙保温材料。

2）各类型屋面的构造及附加不同厚度保温板的传热系数

西北学校常用的建筑屋面类型主要有轻质保温屋面、倒置型屋面、架空型屋面、种植屋面等。轻质保温屋面适合做上人屋面；倒置型屋面利于延缓防水层老化进程，延长其使用年限；架空型屋面有隔热效果，适用于夏热冬冷地区；种植屋面保温隔热效果突出，并可以净化空气。

各屋面类型的构造见表 2-2-34。表 2-2-35 为轻质保温屋面、架空型屋面、种植屋面附加不同厚度水泥发泡保温板厚度的传热系数。

几种屋面类型的构造　　表 2-2-34

| 屋面类型 | 轻质保温屋面 | 倒置型屋面 | 架空型屋面 | 种植屋面 |
|---|---|---|---|---|
| 常规构造 | 结构层、保温层、找坡层、找平层、防水层 | 结构层、找坡层、找平层、防水层、保温层、保护层 | 结构层、找坡层、保温层，保温层上以2~3皮实心黏土砖砌的砖墩为肋，上铺钢筋混凝土板，架空层内铺轻质保温材料 | 结构层、防水层、混凝土层、保温层、防水层、混凝土层、排水层、过滤层、栽培层 |
| 构造简图 | 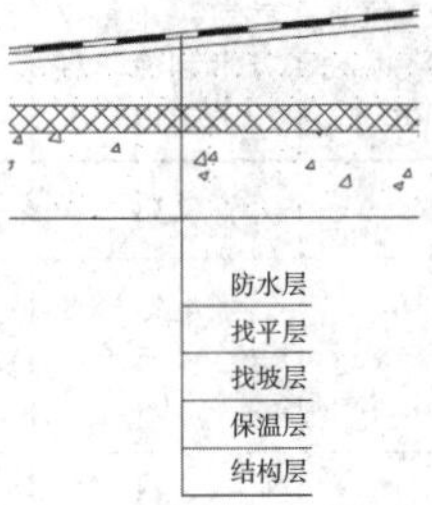 防水层<br>找平层<br>找坡层<br>保温层<br>结构层 | 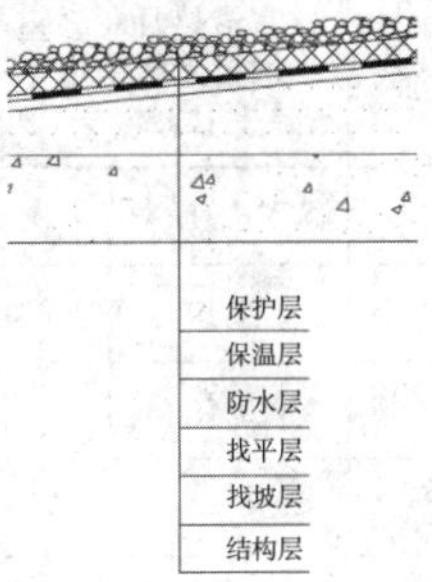 保护层<br>保温层<br>防水层<br>找平层<br>找坡层<br>结构层 | 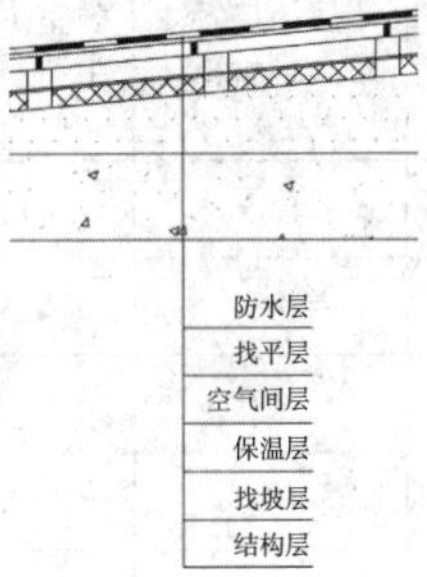 防水层<br>找平层<br>空气间层<br>保温层<br>找坡层<br>结构层 | 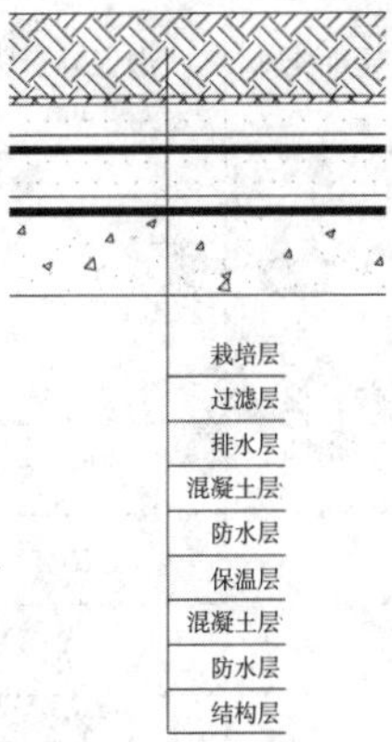 栽培层<br>过滤层<br>排水层<br>混凝土层<br>防水层<br>保温层<br>混凝土层<br>防水层<br>结构层 |
| 特点 | 轻质，保温性能好，适合做上人屋面 | 保温性能好，利于延缓防水层老化进程，延长其使用年限 | 有利于屋面的保温效果，同时也有利于屋面夏季的隔热效果 | 种植屋面具有较好的保温隔热效果，有净化空气的效果 |

轻质保温屋面、架空型屋面、种植屋面附加不同厚度水泥发泡保温板厚度的传热系数　表 2-2-35

| 附加水泥发泡保温板厚度（mm） | 外墙传热系数近似值[W/（m$^2$·K）] | | |
|---|---|---|---|
| | 轻质保温屋面 | 架空型屋面 | 种植屋面 |
| 0 | 1.85 | 1.7 | 0.7 |
| 30 | 0.8 | 0.8 | 0.45 |
| 60 | 0.50 | 0.5 | 0.35 |
| 90 | 0.4 | 0.4 | 0.3 |
| 120 | 0.3 | 0.3 | 0.25 |
| 150 | 0.25 | 0.25 | 0.2 |

3）保温材料、屋面类型选择的模拟计算组合

为了达到最大限度的节能、节材效果以及防火安全的考虑，应尽量选用耐火等级高的保温材料、传热系数小的保温材料和屋面类型，通过对以上各种材料及屋面做法的传热系数进行对比，最终选择轻质保温屋面、架空型屋面、种植屋面附加不同厚度的水泥发泡保温板为最符合要求的模拟计算组合。

2. 通过软件模拟计算得出不同气候区几种屋面构造的能耗结果

1）模拟计算方法（以陕北延长县气候区为例）

分析过程使用了 DeST 软件进行模拟计算，研究模型为封闭式北外走廊教学楼模型，模拟计算轻质保温屋面、架空型屋面、种植屋面附加不同厚度的水泥发泡保温板

时的教室最冷月平均自然室温、教室最热月平均自然室温、教室一年每平方米采暖能耗、教室一年每平方米制冷能耗。模拟计算结果见表2-2-36，计算结果分析图见图2-2-43～图2-2-47。

陕北延长县气候区屋面节能研究模拟计算结果　　表2-2-36

| 屋面类型 | 屋面附加水泥发泡保温板厚度（mm） | 屋面传热系数近似值[W/（$m^2$·K）] | 教室最冷月平均自然室温（℃） | 教室最热月平均自然室温（℃） | 教室一年每平方米采暖能耗（$kWh/m^2$） | 教室一年每平方米制冷能耗（$kWh/m^2$） | 教室一年每平方米能耗[$kWh/m^2$] |
|---|---|---|---|---|---|---|---|
| 轻质保温屋面 | 0 | 1.85 | -0.32 | 26.91 | 68 | 3.33 | 71.32 |
| | 30 | 0.8 | 1.55 | 27.29 | 48.36 | 4.43 | 52.79 |
| | 60 | 0.50 | 2.4 | 27.46 | 41.49 | 5.04 | 46.53 |
| | 90 | 0.4 | 2.89 | 27.54 | 38.04 | 5.42 | 43.45 |
| | 120 | 0.3 | 3.21 | 27.6 | 35.95 | 5.65 | 41.6 |
| | 150 | 0.25 | 3.43 | 27.64 | 34.56 | 5.82 | 40.39 |
| 架空型屋面 | 0 | 1.7 | -0.12 | 26.97 | 65.34 | 3.22 | 68.56 |
| | 30 | 0.8 | 1.63 | 27.33 | 47.36 | 4.45 | 51.81 |
| | 60 | 0.5 | 2.44 | 27.47 | 40.97 | 5.07 | 46.05 |
| | 90 | 0.4 | 2.91 | 27.56 | 37.71 | 5.44 | 43.15 |
| | 120 | 0.3 | 3.22 | 27.61 | 35.72 | 5.68 | 41.4 |
| | 150 | 0.25 | 3.44 | 27.65 | 34.39 | 5.85 | 40.24 |
| 种植屋面 | 0 | 0.7 | 2.08 | 27.44 | 44.93 | 3.93 | 48.85 |
| | 30 | 0.45 | 2.7 | 27.54 | 39.29 | 4.73 | 44.02 |
| | 60 | 0.35 | 3.08 | 27.6 | 36.57 | 5.16 | 41.73 |
| | 90 | 0.3 | 3.34 | 27.64 | 34.91 | 5.43 | 40.34 |
| | 120 | 0.25 | 3.53 | 27.67 | 33.75 | 5.63 | 39.38 |
| | 150 | 0.2 | 3.67 | 27.69 | 32.92 | 5.78 | 38.7 |

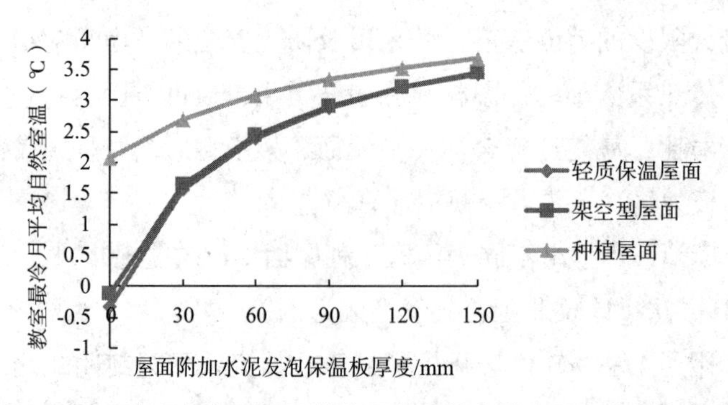


图2-2-43　陕北延长县气候区屋面节能研究（教室最冷月平均自然室温分析图）

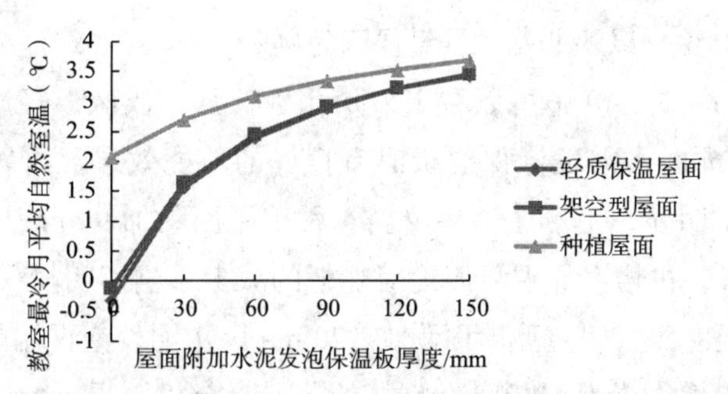


图 2-2-44　陕北延长县气候区屋面节能研究（教室最冷月平均自然室温分析图）

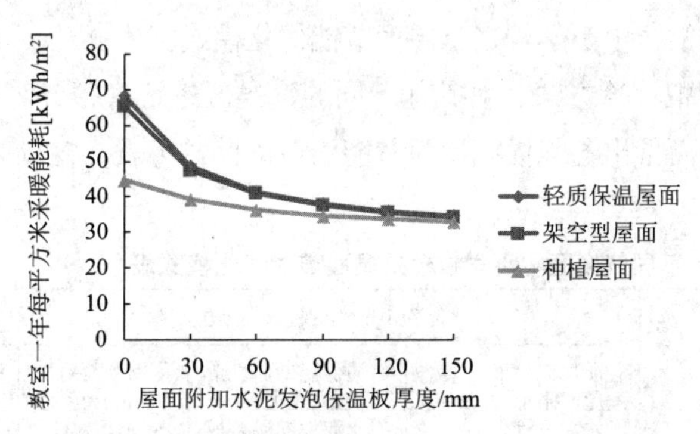


图 2-2-45　陕北延长县气候区屋面节能研究（教室一年每平方米采暖能耗分析图）

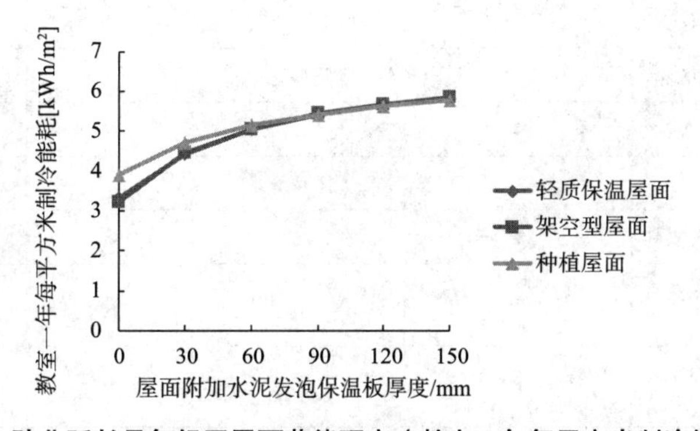


图 2-2-46　陕北延长县气候区屋面节能研究（教室一年每平方米制冷能耗分析图）

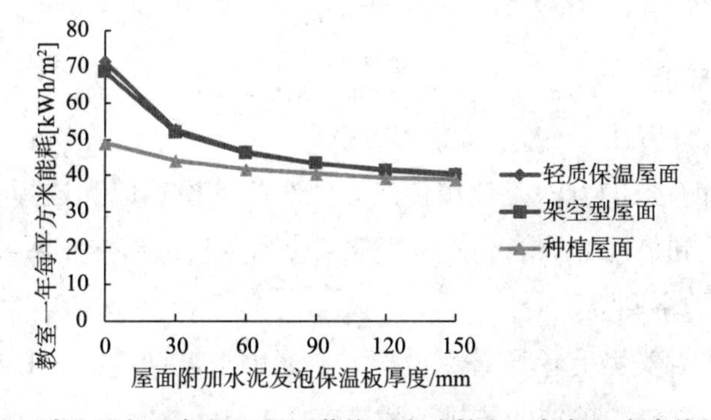


图 2-2-47　陕北延长县气候区屋面节能研究（教室一年每平方米能耗分析图）

2）模拟计算结论（以陕北延长县气候区为例）

从图 2-2-36 ~图 2-2-40 中可以看出，陕北延长县气候区，轻质保温屋面、架空型屋面附加 120mm 厚水泥发泡保温板时有良好的节能效果，再增大保温层厚度对能耗的减少影响不明显，不利于节约材料。种植屋面附加 90mm 厚水泥发泡保温板有良好的节能效果，再增大保温层厚度对能耗的减少影响不明显，不利于节约材料。因此选用轻质保温屋面、架空型屋面附加 120mm 厚水泥发泡保温板，或选用种植屋面附加 90mm 厚水泥发泡保温板时有良好的节能、节材效果，此时屋面的传热系数约为 0.3W/（$m^2$·K）。

3. 西北不同气候区中小学校建筑屋面节能优化模式

按照以上的模拟计算方法，对其他不同的气候区进行模拟计算，把得出来的能耗结果进行对比，从而得出各气候区屋面节能的最优模式（表 2-2-37）。

**不同气候区中小学校建筑屋面节能优化模式表** 表 2-2-37

| 省份 | 气候区 | 屋面节能优化模式（节能节材） | | | | 传热系数 [W/（$m^2$·K）] |
|---|---|---|---|---|---|---|
| | | 轻质保温屋面、架空型屋面附加120mm厚水泥发泡保温板 | 轻质保温屋面、架空型屋面附加60mm厚水泥发泡保温板 | 种植屋面附加90mm厚水泥发泡保温板 | 种植屋面无保温层 | |
| 陕西 | 陕北延长县气候区 | ● | | ● | | 0.3 |
| | 关中凤翔县气候区 | ● | | ● | | 0.3 |
| | 陕南洋县气候区 | | ● | | ● | 0.5~0.7 |
| 甘肃 | 甘肃东部静宁县气候区 | ● | | ● | | 0.3 |
| 宁夏 | 宁夏南部隆德县气候区 | | ● | | ● | 0.5~0.7 |
| | 宁夏北部永宁县气候区 | ● | | ● | | 0.3 |
| 新疆 | 新疆乌鲁木齐地区昌吉榆树沟镇气候区 | ● | | ● | | 0.3 |
| | 新疆吐鲁番地区恰特勒克乡气候区 | ● | | ● | | 0.3 |
| 青海 | 青海东部民和县气候区 | ● | | ● | | 0.3 |

注：●——表示该气候区适宜的屋面做法。

## （三）外门窗节能

1. 外窗节能设计方法

外窗节能设计有效的方法是选用传热系数小的外窗玻璃和选择合理的窗墙比。在设计原则上，为达到最好的节能、节材要求，应当尽量选择传热系数小的外窗类型。

1）外窗玻璃的主要类型

外窗玻璃的主要类型有单层普通玻璃、普通中空玻璃、Low-E 高透射中空玻璃及 Low-E 低透射中空玻璃。玻璃的传热系数见表 2-2-38。

各类外窗玻璃传热系数　　表 2-2-38

| 外窗玻璃类型 | 传热系数[W/（$m^2$·K）] |
| --- | --- |
| 单层普通玻璃 | 4.7 |
| 普通中空玻璃 | 3.1 |
| Low-E高透射中空玻璃 | 2.4 |
| Low-E低透射中空玻璃 | 2.1 |

对于中小学校教学楼建筑，外窗选择 Low-E 中空玻璃最有利于节能，在对外窗传热系数要求低的夏热冬冷地区，可以选择普通中空玻璃。普通玻璃比外墙的保温性能差很多，一般外窗面积越大，建筑的节能效果越差。Low-E 中空玻璃的传热系数小，冬季能够获得南向的太阳辐射。在某些地区南向外窗面积越大节能效果越好，因此在不同气候区，应当选择合理的窗墙比。

2）外窗玻璃和窗墙比选择的模拟计算组合

为了达到最大限度的节能、节材效果以及教室采光的要求，应尽量选用传热系数小的外窗类型。通过对以上各种外窗玻璃的传热系数进行对比，最终把单层普通玻璃、普通中空玻璃、Low-E 高透射中空玻璃、Low-E 低透射中空玻璃都选为模拟计算的组合，再根据教室采光的要求及不影响使用功能的原则，设置三种不同的窗墙比值 0.28、0.36、0.44，把各类型的外窗与这些窗墙比进行组合，再模拟计算得出结论。

2. 通过软件模拟计算得出不同气候区几种外窗类型的能耗结果

1）模拟计算方法（以陕北延长县气候区为例）

分析过程使用了 DeST 软件进行模拟计算，研究模型为封闭式北外走廊教学楼模型。为满足教室采光要求，此模型窗墙比最小比值为 0.28，认为窗墙比过大会影响教室的使用功能，窗墙比最大比值定为 0.44，再取中间值 0.36 三个值进行节能研究。外窗玻璃类型分别为单层普通玻璃、普通中空玻璃、Low-E 高透射中空玻璃、Low-E 低透射中空玻璃时的教室最冷月平均自然室温、教室最热月平均自然室温、教室一年每平方米采暖能耗、教室一年每平方米制冷能耗，模拟计算结果见表 2-2-39。

陕北延长县气候区外窗节能研究　　表 2-2-39

| 教室窗墙比值 | 外窗玻璃类型 | 教室最冷月平均自然室温（℃） | 教室最热月平均自然室温（℃） | 教室一年每平方米采暖能耗（kWh/$m^2$） | 教室一年每平方米制冷能耗（kWh/$m^2$） | 教室一年每平方米能耗（kWh/$m^2$） |
| --- | --- | --- | --- | --- | --- | --- |
| 0.28 | 单层普通玻璃 | 1.02 | 27.21 | 54.17 | 4.61 | 58.77 |
| | 普通中空玻璃 | 2.48 | 27.33 | 39.93 | 4.28 | 44.21 |
| | Low-E高透射中空玻璃 | 2.55 | 27.18 | 39.11 | 3.62 | 42.73 |
| | Low-E低透射中空玻璃 | 2.36 | 26.95 | 38.27 | 3.18 | 41.45 |
| 0.36 | 单层普通玻璃 | 0.92 | 27.23 | 53.06 | 6.25 | 59.31 |

续表

| 教室窗墙比值 | 外窗玻璃类型 | 教室最冷月平均自然室温（℃） | 教室最热月平均自然室温（℃） | 教室一年每平方米采暖能耗（kWh/m²） | 教室一年每平方米制冷能耗（kWh/m²） | 教室一年每平方米能耗（kWh/m²） |
|---|---|---|---|---|---|---|
| 0.36 | 普通中空玻璃 | 3.18 | 27.71 | 37.12 | 5.84 | 42.96 |
| | Low-E高透射中空玻璃 | 3.26 | 27.57 | 35.07 | 5.16 | 40.23 |
| | Low-E低透射中空玻璃 | 3.05 | 27.33 | 35.37 | 4.38 | 39.75 |
| 0.44 | 单层普通玻璃 | 1.36 | 27.51 | 45.13 | 8.62 | 53.75 |
| | 普通中空玻璃 | 3.18 | 27.71 | 34.83 | 7.75 | 42.58 |
| | Low-E高透射中空玻璃 | 3.91 | 27.93 | 32.59 | 6.84 | 39.42 |
| | Low-E低透射中空玻璃 | 3.67 | 27.69 | 32.92 | 5.78 | 38.7 |

2）模拟计算结论（以陕北延长县气候区为例）

从表 2-2-39 中可以看出，在陕北延长县气候区，窗墙比值为 0.44 时较节能，普通中空玻璃、Low-E 高透射中空玻璃、Low-E 低透射中空玻璃三种玻璃类型较为节能。最节能的外窗类型为 Low-E 低透射中空玻璃。

3. 西北不同气候区中小学校建筑外窗节能优化模式

按照以上的模拟计算方法，对其他不同的气候区进行模拟计算，把得出来的能耗结果进行对比，从而得出各气候区外窗节能的最优模式。

**不同气候区中小学校建筑外窗节能优化模式表** 表 2-2-40

<table>
<tr><th rowspan="2">省份</th><th rowspan="2">气候区</th><th colspan="2">外窗节能优化模式</th></tr>
<tr><th>窗墙比</th><th>外窗类型</th></tr>
<tr><td rowspan="3">陕西</td><td>陕北延长县气候区</td><td>0.44</td><td rowspan="9">最节能：Low-E低透射中空玻璃<br>较节能：<br>普通中空玻璃<br>Low-E高透射中空玻璃<br>Low-E低透射中空玻璃</td></tr>
<tr><td>关中凤翔县气候区</td><td rowspan="3">0.28</td></tr>
<tr><td>陕南洋县气候区</td></tr>
<tr><td>甘肃</td><td>甘肃东部静宁县气候区</td></tr>
<tr><td rowspan="2">宁夏回族自治区</td><td>宁夏南部隆德县气候区</td><td rowspan="2">0.44</td></tr>
<tr><td>宁夏北部永宁县气候区</td></tr>
<tr><td rowspan="2">新疆</td><td>新疆乌鲁木齐地区昌吉榆树沟镇气候区</td><td rowspan="2">0.28</td></tr>
<tr><td>新疆吐鲁番地区恰特勒克乡气候区</td></tr>
<tr><td>青海</td><td>青海东部民和县气候区</td><td>0.44</td></tr>
</table>

# 第三章　设计实践

设计实践是实际应用研究结论所提出的设计模式及策略。

本课题有两个设计实践研究项目，一是新建项目——陕西省榆林市横山县第六小学，二是改造项目——陕西省咸阳渭城办中心幼儿园。

# 第一节　新建项目——陕西省榆林市横山县第六小学

## 一、项目简介及区位

1. 基地现状及区位

陕西省榆林市横山县第六小学，位于怀远五街西、榆横三路 A 段南、榆横五路北，占地面积 129.9 亩[1]（其中小学校园实际占地 38 亩，道路占地 12 亩。规划横山县初级中学及开发区第二幼儿园预留地 79.9 亩），规划新建校舍建筑总面积 1.4 万 $m^2$，其中教学及辅助用房、办公用房 1 万 $m^2$，生活用房及其他用房 0.4 万 $m^2$，建设总投资 8360 万元。建成后可设置 24 个教学班，容纳学生 1200 人。区位如图 3-1-1。

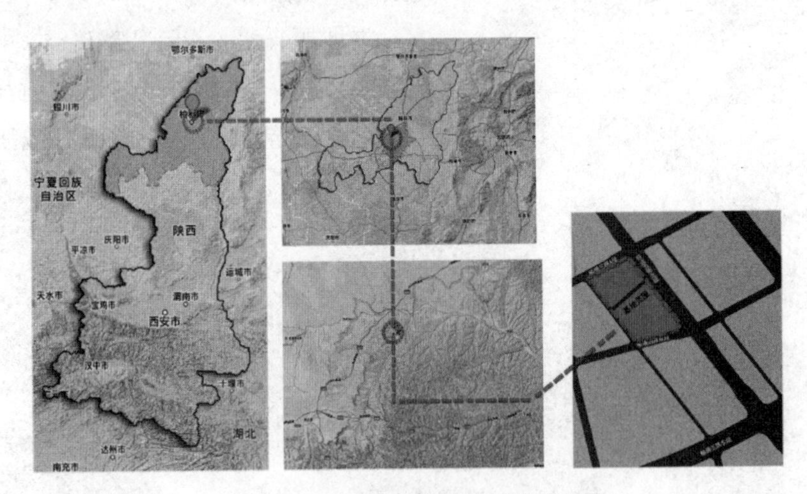


图 3-1-1　横山县第六小学区位分析图

2. 地形地貌

该区地形在地质构造单元上属华北地台的鄂尔多斯台斜、陕北台凹的中北部。东北部靠近东胜台凸，是块古老的地台，未见岩浆岩生成和岩浆活动，地震极少。地势由西部向东倾斜，西南部平均海拔 1600 ~ 1800m，其他各地平均海拔 1000 ~ 1200m。最高点是定边南部的魏梁，海拔 1907m，最低点是清涧无定河入黄河口，海拔 560m。

[1] 1 亩 =666.67$m^2$

地貌分为风沙草滩区、黄土丘陵沟壑区、梁状低山丘陵区三大类。大体以长城为界，北部是毛乌素沙漠南缘风沙草滩区，面积约 15813km$^2$，占榆林市面积的 36.7%。南部是黄土高原的腹地，沟壑纵横，丘陵峁梁交错，面积约 22300km$^2$，占榆林市面积的 51.75%。梁状低山丘陵区主要分布在西南部白于山区一带无定河、大理河、延河、洛河的发源地。面积约 5000km$^2$，占榆林市面积 11.55%。地势高亢，梁塬宽广，梁涧交错、土层深厚，水土侵蚀逐步得到治理。

3. 气候条件

榆林地区仅在 7、8 两个月平均温度能达到热舒适度要求（见图 3-1-2），而从 10 月份到来年的 3 月份这段时间温度均低于 10℃。气温长期处于较低状态，因此，在校园建筑设计中应注重围护结构的保温性能。

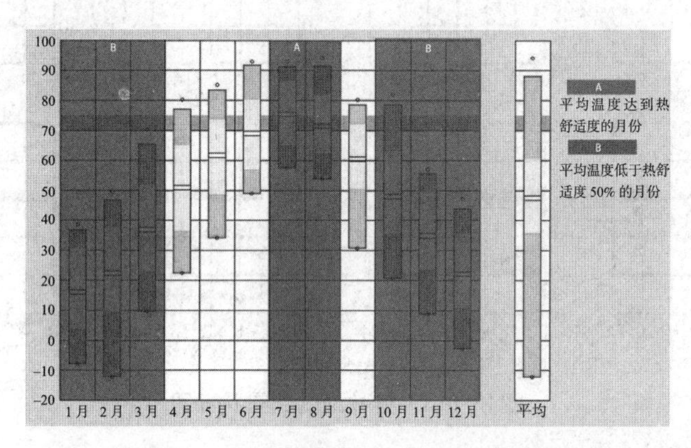


图 3-1-2　榆林地区全年温度变化图

榆林地区日照分布均匀（见图 3-1-3），全年日照总量富裕，年平均太阳能辐射量约为 1500kWh/m$^2$。仅次于青海、西藏、新疆南部等地区。因此，建筑设计中合理采用太阳能可以有效地减少日常学习、生活中常规能源的消耗。

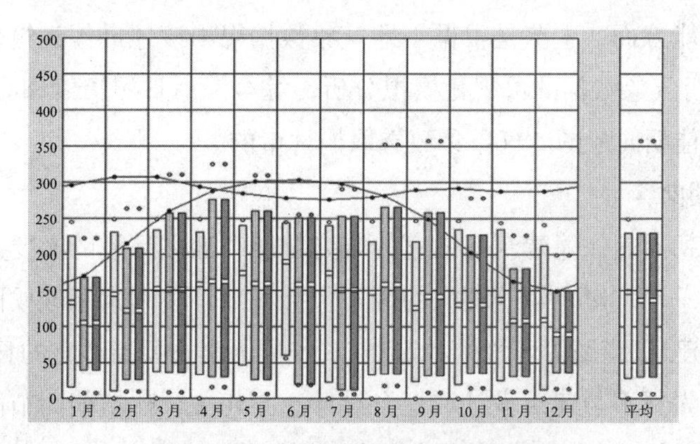


图 3-1-3　榆林地区全年日照变化图

由图 3-1-4 可知，榆林地区全年均易于结露，尤其在 10 月份到来年的 5 月份的这段时间内；需要采取保温形式的防潮处理，注重建筑设备的维护。

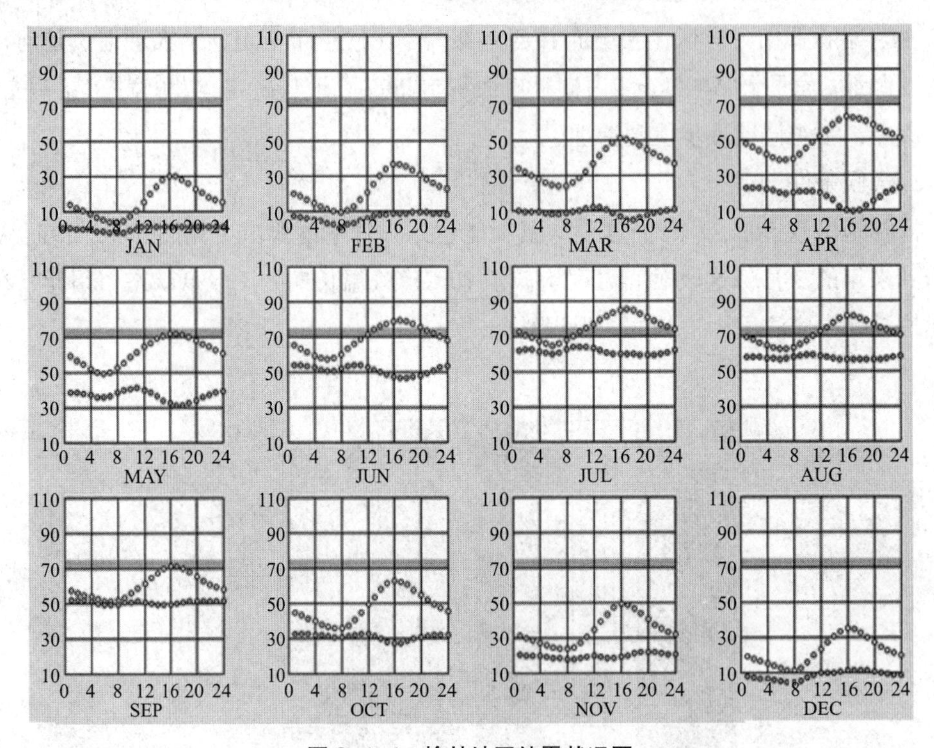


图 3-1-4 榆林地区结露状况图

## 二、方案生成

前期设计阶段的日照采光模拟分析采用 Ecotect 软件。一方面它可以针对自然采光和人工照明环境做出精确的模拟评估，能输出包括采光系数、照度和亮度在内的一系列控制参数；另一方面 Ecotect 支持多种格式模型，与三维建模软件数据交换便捷。

建筑朝向节能方面，主要是根据当地气象数据得出该地最佳建筑朝向，较多应用 Weather Tool 进行气象数据的可视化模拟分析，综合考虑日照辐射和当地风力、风向，得到当地建筑最佳朝向范围。气象参数选取榆林市的。

### （一）最佳朝向

良好的建筑朝向是保障建筑有适宜的阳光日照和通风环境的必要条件，是建筑节能设计中重要的一环。影响建筑朝向的因素包括场地环境因素和气候因素。场地因素主要是指与周围建筑、道路等环境的和谐对应，气候因素主要指适宜的日照和通风条件。其中场地环境因素更多与建筑设计和理念设计意图相关，建筑朝向节能设计更多考虑气候因素的影响，包括太阳辐射和风力风向两个因素。

根据图 3-1-5，考虑建筑冬季尽量增加获得太阳辐射、夏季尽量减少获得太阳辐射两方面因素，计算得出带形圆圈中指针 1 朝向为最佳朝向，即 157.5°（正上方为正北方向，记为 0°，以顺时针旋转），南偏东 22.5°。从图中可知，考虑日照辐射因素的建筑最佳朝向为 150° ~ 195°。

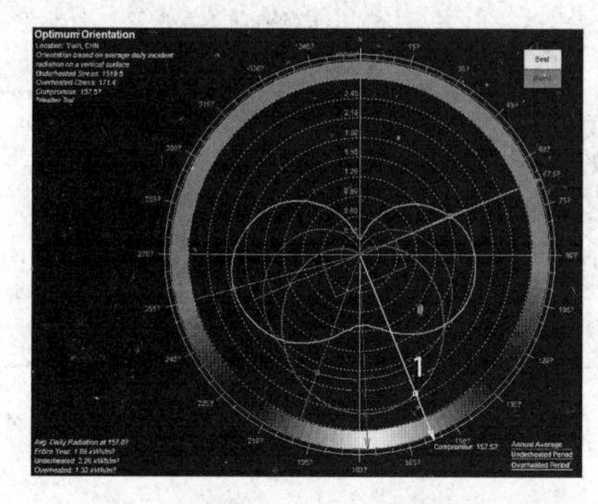


图 3-1-5 榆林地区日照辐射最佳朝向图

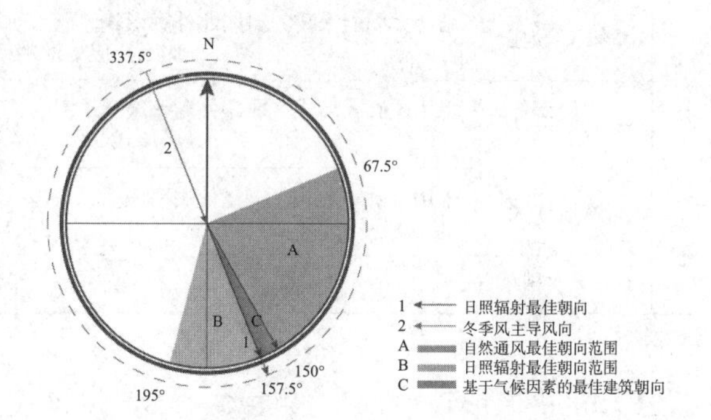


图 3-1-6 榆林地区结合气候的建筑朝向分析图

榆林市属于寒冷地区，冬季风大是其主要矛盾。根据《主要城市室外气象设计计算参数》，榆林地区冬季室外平均风速为 1.5m/s，冬季最多风向为 NNW。夏季室外平均风速为 2.3m/s，夏季最多风向为 SSE。建筑设计应对的主要策略是保温、防风，故尽量让山墙面与冬季来风方向垂直，与夏季来风方向平行。综合考虑可知，基于风环境的建筑最佳朝向为 67.5° ~ 157.5°。

太阳辐射和风力风向是影响建筑朝向的重要因素。但是，各因素对建筑朝向的要求不同，进行建筑设计时，应综合两个因素整体考虑，寻求最优的建筑朝向。其结果如图 3-1-6 所示，最佳朝向为 150° ~ 157.5°。榆林市属于寒冷区，模拟以冬季为主。

### （二）走廊形式

依据前面所做的关于西北农村中小学校教学楼在不同走廊式布局下能耗及舒适度的现状调查分析结果可知，在此基地最佳的走廊式布局为南北封闭双外廊。

西北农村中小学校教学楼走廊式不同平面布局能耗及舒适度现状调查分析结果：

| | 气候分区 | 走廊形式及节能效果 |
|---|---|---|
| 陕西 | 陕北地区 | 采用南北双廊形式，能量使用效率最高，室内最容易满足热舒适度的需求；采用中廊式次之；采用开敞南外廊更差；最应该避免使用平房形式 |
| | 关中地区 | 采用中廊形式，能量使用率最高，室内最容易满足热舒适度的需求；采用开敞南外廊以及平房形式的建筑用能效率较低，应尽量避免 |
| | 陕南地区 | 采用中廊形式，能量使用效率略高于采用开敞南外廊形式 |
| 甘肃 | 甘肃西部地区 | 采用中廊形式，能量使用率最高，室内最容易满足热舒适度的需求；采用开敞南外廊以及平房形式的建筑用能效率较低，应尽量避免 |

续表

| | 气候分区 | 走廊形式及节能效果 |
|---|---|---|
| 甘肃 | 甘肃中部地区 | 结合太阳能采暖的封闭北外廊形式，能量使用效率高，更容易达到室内舒适度的需求，中廊式次之，应尽量避免开敞南外廊及平房 |
| 宁夏 | 宁夏地区 | 结合太阳能采暖的封闭北外廊形式，能量使用效率高，更容易达到室内舒适度的需求，中廊式次之，应尽量避免开敞南外廊及平房形式 |
| 青海 | 海东东部地区 | 结合太阳能采暖的封闭北外廊形式，能量使用效率高，更容易达到室内舒适度的需求，中廊式次之，应尽量避免开敞南外廊及平房形式 |
| | 海东北部地区 | 采用中廊式形式，能量使用率最高，室内最容易满足热舒适度的需求；采用开敞南外廊以及平房形式的建筑用能效率较低，应尽量避免 |
| 新疆 | 吐鲁番地区 | 采用中廊式形式，能量使用率最高，室内最容易满足热舒适度的需求；采用开敞南外廊形式的建筑用能效率较低，应尽量避免 |
| | 乌鲁木齐地区 | 采用中廊式 |

## （三）平面形式

根据第二章的适应不同气候条件总平面形式的模拟分析结果可知：为最大限度地考虑防寒保温，宜采用回字形布局；考虑到室内采光，以及外部活动场地的冬季防风，“U”形和“L”形也可采用。

通过Ecotect软件对设计进行光环境和风环境模拟分析，由图3-1-7 ~图3-1-10可见，在夏季，教学楼北侧有一定的太阳光遮挡，可以作为主要的室外活动场地。而在冬季，教学楼南北两侧都可以作为室外活动场地。

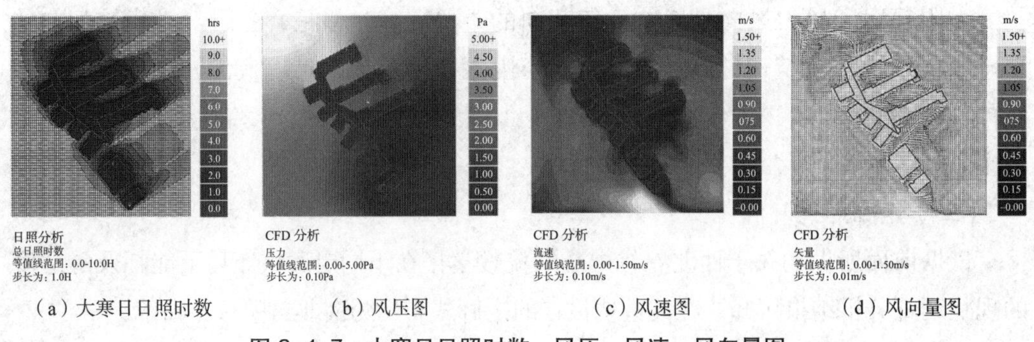

（a）大寒日日照时数　（b）风压图　（c）风速图　（d）风向量图

**图 3-1-7　大寒日日照时数、风压、风速、风向量图**

## （四）单体外围护结构

以教学楼节能设计计算为例进行详述。音乐教室、自然教室、专业教室、图书馆、行政楼、宿舍楼、食堂、风雨操场等节能设计计算略。

$n$—温差修正系数；$t_i$—室内计算温度；$t_B$—室外计算温度；$\Delta t$—室内空气与围护结构内表面之间的允许温差；$K$—光气候系数，榆林 $K$=0.9；$R_i$—围护结构内表面换热阻；$R_B$—围护结构外表面换热阻；$R_{0,\ \min}$—最小传热阻。

**教学楼体形系数计算表**

| 部位 | 面积（$m^2$） |
|---|---|
| 东表面积 | 238.76 |
| 西表面积 | 243.57（不计入体形系数） |
| 南表面积 | 1022.5 |
| 北表面积 | 1022.5 |
| 屋顶面积 | 990.0 |
| 其他表面积 | 0.0 |
| 体积 | 11583 |
| 体形系数 | （238.76+1022.5+1022.5+990.0+0.0）/11583＝0.28 |

1. 屋面保温

$t_i$=18℃，$t_B$=–16℃，$\Delta t$=4.5℃，$n$=1.0，$R_i$=0.115（m²·K）/ W。

最小传热阻$R_{0,\ min}=\dfrac{(t_i-t_B)\ n}{\Delta t}R_i=\dfrac{(18+16)}{4.5}\times 0.115$（m²·K）/W=0.87（m²·K）/W。

屋面保温选用 EPS 保温板。EPS 保温板导热系数 $\lambda_{eps}$=0.042W/（m·K）。

$R_{结构}=\dfrac{d}{\lambda_{结构}}=\dfrac{0.1}{1.74}=0.057$（m²·K）/W；$R_{水泥砂浆}=\dfrac{d}{\lambda_{水泥砂浆}}=\dfrac{0.03}{0.93}=0.033$（m²·K）/W。

其他部分热阻约为 $R_{其他}$=0.050（m²·K）/ W；$R_i$=0.115（m²·K）/W；$R_B$=0.043（m²·K）/W。

$R_{保温}=R_{0,\ min}-(R_{结构}+R_{水泥砂浆}+R_{其他}+R_i+R_B)=0.87-0.30=0.57$m²·K/W。

保温层厚度 $d_{保温层}\geqslant R_{保温}\lambda_{eps}=0.57\times 0.042=23.9$mm。

根据 2007 年其要求在 1980 年基础上节能 65%，即：

$R_{0,\ ES}=\dfrac{100}{100-65}R_{0,\ min}=2.86R_{0,\ min}=2.86\times 0.87=2.49$（m²·K）/W。

$R_{保温}=R_{0,\ ES}-(R_{结构}+R_{水泥砂浆}+R_{其他}+R_i+R_B)=2.49-0.30=2.19$（m²·K）/W。

保温层厚度 $d_{保温层}\geqslant R_{保温}\lambda_{eps}=2.19\times 0.042=92$mm。

根据《公共建筑节能标准GB50189—2005》表3.3.1-3，得屋面传热系数$K\leqslant$0.45W/（m²·K），因为$K=\dfrac{1}{R_{0,\ ES}}$=0.40W/（m²·K）<0.45W/（m²·K），满足要求，所以保温层厚度$d_{保温层}\geqslant$92mm。

若屋顶采用土壤层 150mm，黄土锯末 1 ∶ 1 混合的轻质种植屋面，
则土壤层密度大概为 1200kg/m³；导热系数 $\lambda_{土壤}$=0.47W/（m·K）；热阻

$R_{土壤}=\dfrac{d}{\lambda_{土壤}}=\dfrac{0.15}{0.47}=0.32$（m²·K）/W。

$R_{保温}=R_{0,\ ES}-(R_{结构}+R_{土壤}+R_{水泥砂浆}+R_{其他}+R_i+R_B)=2.49-0.62=1.87$（m²·K）/W。

保温层厚度 $d_{保温层}\geqslant R_{保温}\lambda_{eps}=1.87\times 0.042=78.5$mm。

综上所述，若采用轻质种植屋面，保温层厚度可减至 78.5mm，节省 13.5mm 厚保温材料。

2. 外墙保温

$t_i$=18℃，$t_B$=–16℃，Δ$t$=6℃，$n$=1.0，$R_i$=0.115（m²·K）/ W。

最小传热阻$R_{0,\ min}=\dfrac{(t_i-t_B)\,n}{\Delta t}R_i=\dfrac{(18+16)}{6}\times0.115$（m²·K）/W=0.65（m²·K）/W。

外墙保温选用 EPS 保温板，EPS 保温板导热系数 $\lambda_{eps}$=0.042W/（m·K），

$R_{结构}=\dfrac{d}{\lambda_{结构}}=\dfrac{0.24}{0.58}=0.41$（m²·K）/W，除保温层外的其他部分热阻可忽略不计；

$R_{保温}=R_{0,\ min}-(R_{结构}+R_i+R_B)$=0.65–0.568=0.082（m²·K）/W。

保温层厚度 $d_{保温层}\geqslant R_{保温}\lambda_{保温}$=0.082×0.042=3.4mm；

根据 2007 年其要求在 1980s 基础上节能 65%，即：

$R_{0,\ ES}=\dfrac{100}{100-N}R_{0,\ min}=2.86R_{0,\ min}$=2.86×0.65=1.859（m²·K）/W。

$R_{保温}=R_{0,\ ES}-(R_{结构}+R_i+R_B)$=1.859–0.568=1.29（m²·K）/W。

保温层厚度 $d_{保温层}\geqslant R_{保温}\lambda_{eps}$=1.29×0.042=54.2mm。

根据《公共建筑节能设计标准GB50189—2015》表3.3.1-3，得外墙传热系数$K\leqslant$0.50W/(m²·K)，$K=\dfrac{1}{R_{0,\ ES}}$=0.54W/（m²·K）>0.50W/（m²·K），因此$R_0\geqslant\dfrac{1}{K}$=2.0（m²·K）/W。

$R_{保温}=R_0-(R_{结构}+R_i+R_B)$=1.43（m²·K）/W，

保温层厚度 $d_{保温层}\geqslant R_{保温}\lambda_{eps}$=1.43×0.042=60.1mm。

3. 外窗保温

根据《民用建筑热工设计规范 GB50176》规定，建筑物的外窗当采用单层窗时，窗墙面积比不宜超过 0.30；若采用双层窗或单框双层玻璃，窗墙面积比不宜超过 0.40。

窗户面积 $s$，根据教室采光要求规定，窗地面积比值不小于 0.2$k$，即 $s/s_f\geqslant$ 0.18，则 $s\geqslant 0.18s_f$ 则窗墙比 $s/s_w\geqslant 0.18s_f/s_w$=0.256

综上所述，建筑物的外窗当采用单层窗时，窗墙面积比值 0.256 ~ 0.3；若采用双层窗或单框双层玻璃，窗墙面积比值 0.256 ~ 0.4。同时，建筑每个朝向的窗（包括透明幕墙）墙面积比值均不应大于 0.70。当窗（包括透明幕墙）墙面积比值小于 0.40 时，玻璃（或其他透明材料）的可见光透射比值不应小于 0.4。

查《公共建筑节能设计标准 GB50189——2015》表 3.3.1-3，得以下两表：

| 窗墙面积比值 | ≤0.20 | 0.2~0.3 | 0.3~0.4 | 0.4~0.5 | 0.5~0.6 | 0.6~0.7 | 0.7~0.8 | >0.8 |
|---|---|---|---|---|---|---|---|---|
| 外窗传热系数 $K$[W/（m²·K）] | ≤3.0 | ≤2.7 | ≤2.4 | ≤2.2 | ≤2.0 | ≤1.9 | ≤1.6 | ≤1.5 |

续表

| 窗框材料 | | 普通铝合金窗 | | 断桥铝合金窗 | | PVC塑料窗 | | 木窗 | |
|---|---|---|---|---|---|---|---|---|---|
| 窗框窗洞比值 | | 20 | 30 | 25 | 40 | 30 | 40 | 30 | 45 |
| 单层玻璃（mm） | 3 | 6.2 | 6.2 | 5.6 | 5.2 | 4.9 | 4.5 | 5.0 | 4.5 |
| 中空玻璃（mm） | 3+12+3 | 3.8 | 4.1 | 3.3 | 3.4 | 2.9 | 2.7 | 3.0 | 2.8 |
| 中空玻璃（mm） | 3+9+3 | 3.9 | 4.2 | 3.4 | 3.5 | 2.9 | 2.7 | 3.0 | 2.9 |
| Low-E中空玻璃窗（空气）（mm） | 5+12+3 | 2.8 | 3.2 | 2.3 | 2.6 | 1.8 | 1.9 | 2.0 | 2.1 |
| | 5+9+3 | 3.0 | 3.4 | 2.6 | 2.8 | 2.1 | 2.1 | 2.2 | 2.3 |
| | 5+6+3 | 3.5 | 4.2 | 3.0 | 3.1 | 2.4 | 2.6 | | |
| Low-E中空玻璃窗（氩气）（mm） | 5+12+3 | 2.6 | 3.5 | 2.1 | 2.5 | 2.4 | 1.8 | | |
| | 5+9+3 | 2.7 | 3.6 | 2.2 | 2.6 | 1.8 | 1.8 | | |
| | 5+6+3 | 3.2 | 3.9 | 2.7 | 3.5 | 2.2 | 0.96 | | |

外窗传热系数参照值$K$（W/（$m^2$ · K）。

4. 地面保温

根据《公共建筑节能标准 GB50189—2015》表 3.3.1-3，寒冷地区建筑周边地面热阻 $R \geqslant 0.6$（$m^2$ · K）/W。

由于内置一圈暖沟，故不采取其他措施。

## 三、方案分析

### （一）方案介绍

1. 方案概况

1）基地周边现状

图 3-1-8　基地周边现状示意

图 3-1-9　基地周边现状照片

2）总平面规划

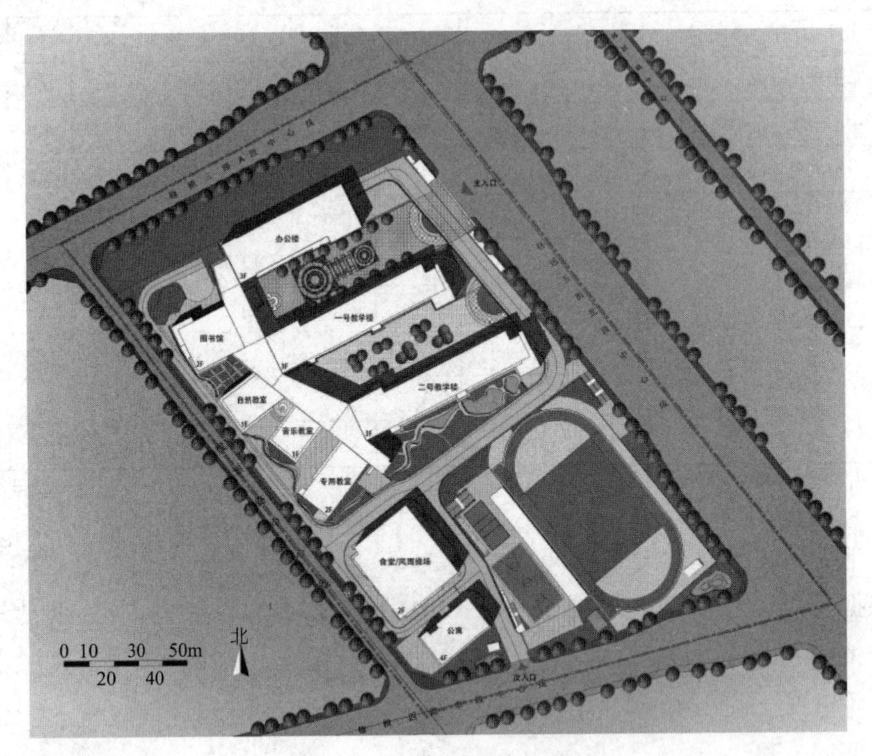


图 3-1-10 总平面规划图

2. 生态技术措施设计及应用

榆林地处毛乌素沙漠与黄土高原过渡地带，属温带干旱半干旱大陆性季风气候。气候特征是：冬季严寒风大气温低；夏季太阳辐射强，年日照时数 2593.5 ~ 2914.2h，年辐射总量 128.8 ~ 144.3kcal/cm$^2$，是我国的辐射高值区；全年平均降水量 316—513mm，是陕西省降水量最少的地区，且多集中在 7、8、9 三个月，约占全年降水量的三分之二；全年气候干燥。

因此在学校规划设计时主要应解决冬季防风寒供暖，夏季遮阳防晒增湿。并在雨水集中时段充分收集利用雨水和考虑各场地排水，还可考虑利用太阳能，将生态技术措施结合教学活动，营造良好的校园生态科技教育环境。

1）微气候调节——冬季防风保温，夏季遮阳防晒增湿（见文后彩图 3-1-11）

冬季防风措施主要有：一是在校园西北角利用自然高差形成土丘和下沉运动场；二是种植乔木、灌木，形成防风屏障；三是建筑组合采用围合式布局；四是单体建筑出入口设置防风门斗。

夏季遮阳防晒措施主要有：一是通过建筑构件遮阳；二是通过庭院种植落叶乔木及设置花架、屋面绿化、墙面绿化等进行绿化遮阳防晒。采取的增湿措施主要有：雨水花园、透水地面、绿化种植。

2）雨水收集利用（见文后彩图 3-1-12）

校园教学区建筑设置屋面、散水种植，直接利用雨水浇灌，多余的雨水由屋面与散水的雨水收集槽收集，一部分通过景观溪流和雨水收水槽汇集到生态调节池；一部分通过自然高差汇集到校园西北角的种植园里，利用雨水灌溉。校园生活区的雨水通过自然高差汇集到东南角的雨水花园。

生态调节池不仅具备最基本的引水排水功能，同时是一个天然调节水平衡的容器。当降雨量多时，生态调节池能储存一定量的水，并将多余的水排出；储存的水在降雨较少的季节就是天然的水资源。生态调节池还有一定的载流作用，池中的植物可以吸收水分，并且缓解雨水径流的压力，从而起到调节洪峰的作用。

生态过滤池及景观生态调节池：在东、西两边的生态过滤池池底放置砂砾，池中种植芦苇等植物，雨水通过砂砾、芦苇等自然过滤的方式沉淀过滤，最终汇入景观生态调节池内，为昆虫和鱼鸟营造良好的生态环境，形成生态景观系统。

透水砖：适量的使用透水砖，使步行路面、活动广场及庭院硬化地面不容易积水。同时，透水砖铺地的分布区域也与雨水排水沟形成紧密的联系，使地面的雨水最大化地进入雨水收集沟，从而形成了一套完整的雨水收集系统。

3）绿化系统（见文后彩图 3-1-13）

校园绿化系统包括种植园、屋面、墙面、散水绿化及集中绿地等。

种植园的设计与雨水收集系统紧密结合，雨水收集沟把收集来的雨水通过水渠进行植物灌溉，充分利用了当地的雨水资源。种植园不仅丰富了整个绿化系统的内容，形成了独特的生态环境。对学校而言，其更重要的作用则体现在生态环境教育实践上。种植示教能让孩子们主动探知植物生长的奥秘，通过亲自动手栽培植物的实践活动，激发他们对大自然的兴趣与关爱，是天然的实践与理论大课堂。

屋面、墙面及散水绿化既能兼顾建筑景观作用，改善生态环境，且节约用地，而且为外围护结构起到保温作用，减少能耗。

集中绿地：包括生态调节池在内的集中种植区，形成校园中心景观，起到隔离教学区和运动生活区的作用，并可调节校园微气候。

4）毗连阳光间供暖（见文后彩图 3-1-14）

采用毗连阳光间冬季供暖，既改善室内舒适度，又大幅度降低能耗。

5）自然空调系统（见文后彩图 3-1-15）

利用地道和烟囱效应，冬季加热室外冷空气给室内供暖，夏季给室外热空气降温送入室内，从而进行室内温度自然调节；无需通过电机空调调节室内温度，从而降低能耗。

6）自然采光系统（见文后彩图 3-1-16）

教室双侧设廊，影响教室自然采光，因此采用反光板调节室内照度，减少照明能耗。

上述这些生态技术措施在校园中的应用，不仅产生良好的节能减排效益，特别是对学生们从小树立生态环保意识，建立生态科技理念具有重要的环境教育意义和作用。

3. 校园特色设计（图 3-1-17）

1）结合合班教室的迷宫游戏场

低年级小学生延续了幼儿喜爱游戏的习性，因此在合班教室旁边的庭院里设置迷宫游戏场地，为他们的校园生活增添趣味。

2）结合自然教室的种植园

将自然教室和室外种植园毗邻设置，使理论学习和实践相结合。

3）结合音乐教室的露天表演场地

将音乐教室和室外露天表演场地毗邻设置，给学生提供一个自由聚会、表演的场所。

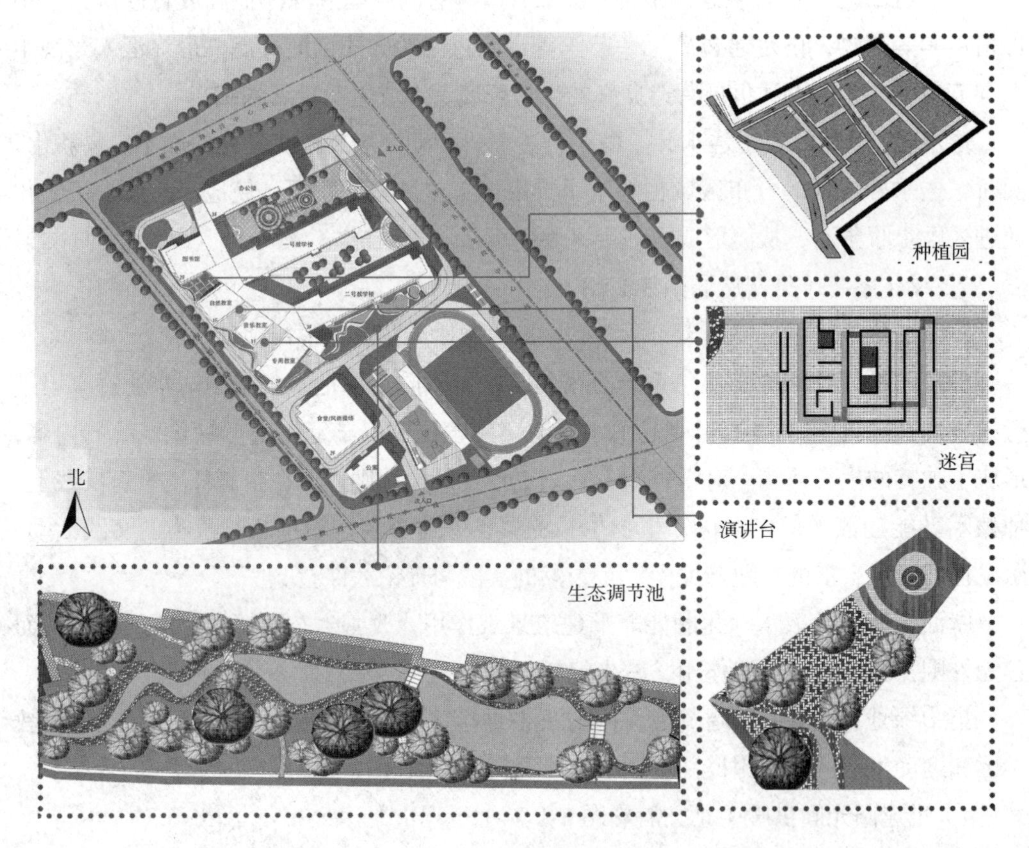


图 3-1-17　校园特色设计

## （二）教室光环境分析

1. 横山县第六小学教室

模拟 1m 高度采光系数如图 3-1-18，采光系数平均值为 9.42%，全部大于 3%。采光照度平均值为 2544.42lx，99.97% 的面积在 900lx 以上。

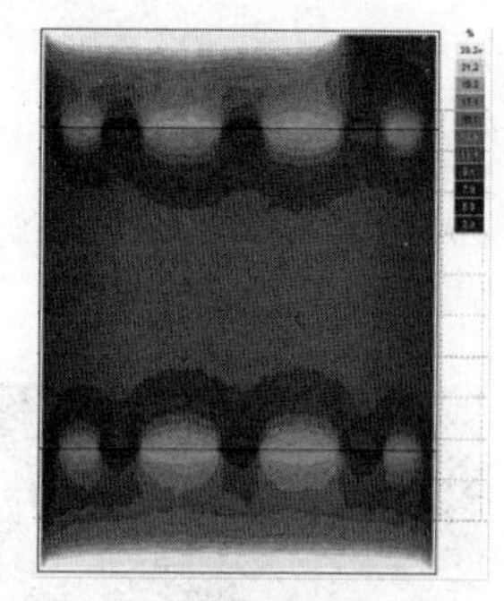
（a）采光系数

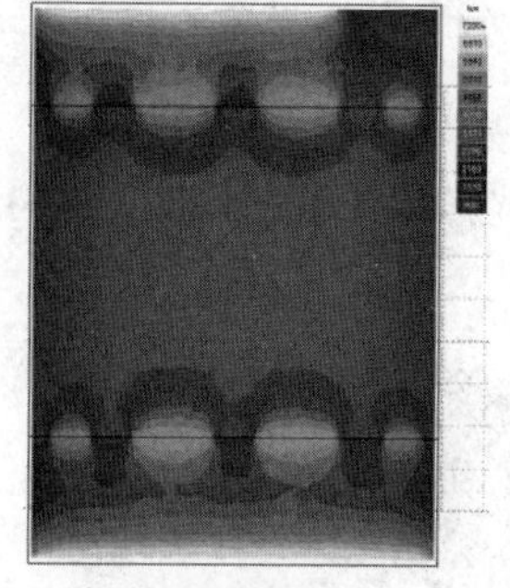
（b）照度

图 3-1-18　双廊教室的室内光环境模拟

**采光系数百分数分布表**

| 采光系数（%） | 范围内 | | 范围内及以上 | |
|---|---|---|---|---|
| | 点数 | （%） | 点数 | （%） |
| 3~5 | 1375 | 38.19 | 3600 | 100 |
| 5~7 | 517 | 14.36 | 2225 | 61.81 |
| 7~9 | 213 | 5.92 | 1708 | 47.44 |
| 9~11 | 260 | 7.22 | 1495 | 41.53 |
| 11~13 | 268 | 7.44 | 1235 | 34.31 |
| 13~15 | 266 | 7.39 | 967 | 26.86 |
| 15~17 | 219 | 6.08 | 701 | 19.47 |
| 17~19 | 166 | 4.61 | 482 | 13.39 |
| 19~21 | 59 | 1.64 | 316 | 8.78 |
| 21~23 | 64 | 1.78 | 257 | 7.14 |

**采光水平百分数分布表**

| 照度（lx） | 范围内 | | 范围内及以上 | |
|---|---|---|---|---|
| | 点数 | （%） | 点数 | （%） |
| 900~1530 | 1614 | 44.83 | 3599 | 99.97 |
| 1530~2160 | 408 | 11.33 | 1985 | 55.14 |
| 2160~2790 | 245 | 6.81 | 1577 | 43.81 |
| 2790~3420 | 316 | 8.78 | 1332 | 37 |
| 3420~4050 | 315 | 8.75 | 1016 | 28.22 |
| 4050~4680 | 233 | 6.47 | 701 | 19.47 |
| 4680~5310 | 176 | 4.89 | 468 | 13 |
| 5310~5940 | 88 | 2.44 | 292 | 8.11 |
| 5940~6570 | 32 | 0.89 | 204 | 5.67 |
| 6570~7200 | 83 | 2.31 | 172 | 4.78 |

2. 横山县第六小学专业教室

模拟 1m 高度采光系数如图 3-1-19，采光系数平均值为 9.26%，93.47 面积的采光系数大于 3%。采光照度平均值为 2499.13lx，99.97% 的面积在 450lx 以上。

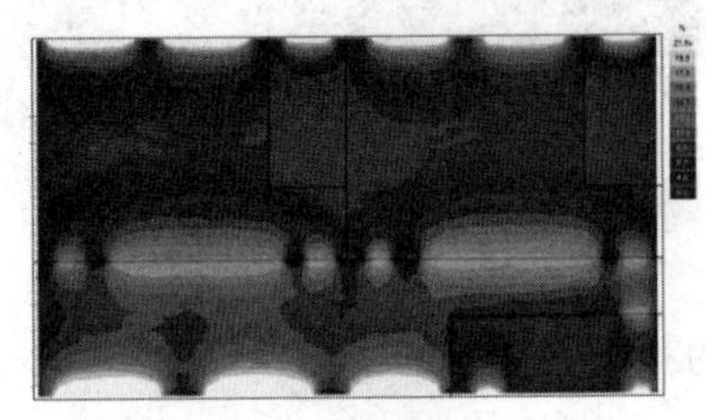
（a）采光系数

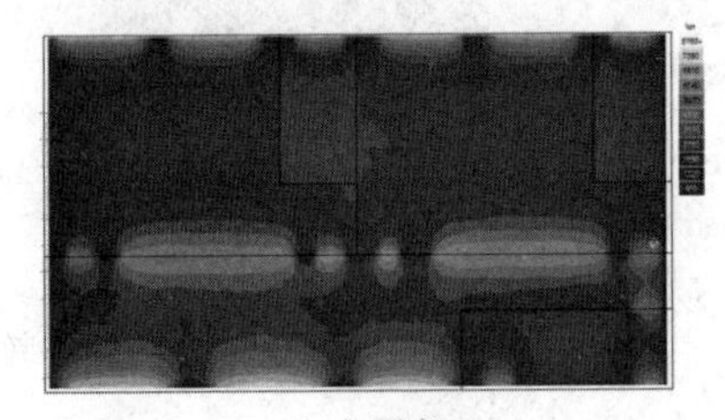
（b）照度

图 3-1-19　专业教室室内光环境模拟

采光系数百分数分布表

| 采光系数（%） | 范围内 | | 范围内及以上 | |
|---|---|---|---|---|
| | 点数 | （%） | 点数 | （%） |
| 3~5 | 460 | 12.78 | 3365 | 93.47 |
| 5~7 | 960 | 26.67 | 2905 | 80.69 |
| 7~9 | 412 | 11.44 | 1945 | 54.03 |
| 9~11 | 422 | 11.72 | 1533 | 42.58 |
| 11~13 | 357 | 9.92 | 1111 | 30.86 |
| 13~15 | 224 | 6.22 | 754 | 20.94 |
| 15~17 | 175 | 4.86 | 530 | 14.72 |
| 17~19 | 148 | 4.11 | 355 | 9.86 |
| 19~21 | 35 | 0.97 | 207 | 5.75 |
| 21~23 | 50 | 1.39 | 172 | 4.78 |

采光水平百分数分布表

| 照度（lx） | 范围内 | | 范围内及以上 | |
|---|---|---|---|---|
| | 点数 | （%） | 点数 | （%） |
| 450~1220 | 435 | 12.08 | 3599 | 99.97 |
| 1220~1990 | 1309 | 36.36 | 3164 | 87.89 |
| 1990~2760 | 592 | 16.44 | 1855 | 51.53 |
| 2760~3530 | 525 | 14.58 | 1263 | 35.08 |
| 3530~4300 | 287 | 7.97 | 738 | 20.5 |
| 4300~5070 | 235 | 6.53 | 451 | 12.53 |
| 5070~5840 | 58 | 1.61 | 216 | 6 |
| 5840~6610 | 63 | 1.75 | 158 | 4.39 |
| 6610~7380 | 64 | 1.78 | 95 | 2.64 |
| 7380~8150 | 31 | 0.86 | 31 | 0.86 |

3. 横山县第六小学宿舍（图 3-1-20）

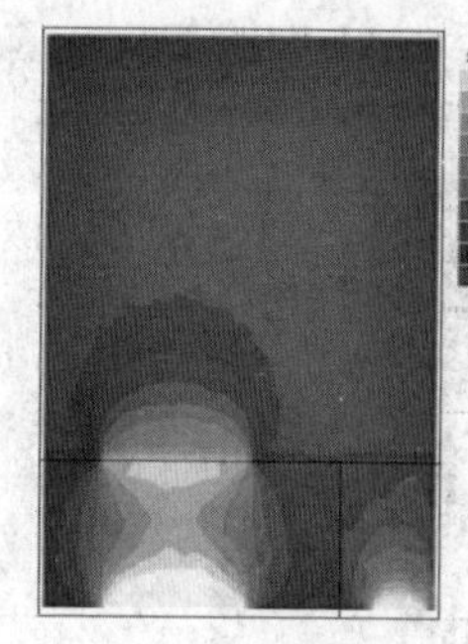

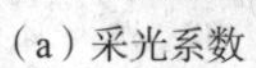

（a）采光系数

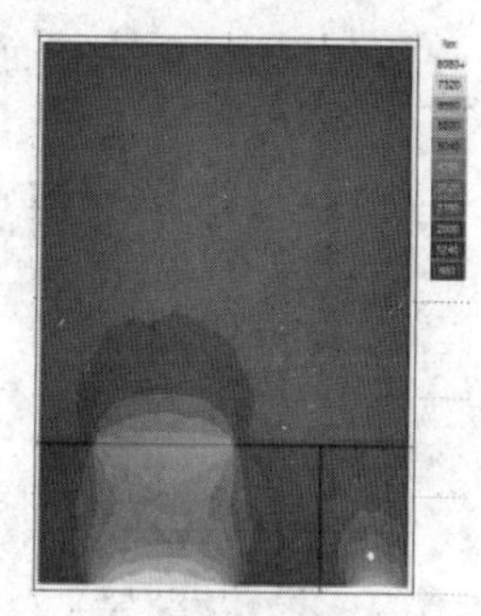

（b）照度

图 3-1-20 宿舍室内光环境模拟

**采光系数百分数分布表**

| 采光系数（%） | 范围内 | | 范围内及以上 | |
|---|---|---|---|---|
| | 点数 | （%） | 点数 | （%） |
| 1.8~3.8 | 975 | 60.94 | 1599 | 99.94 |
| 3.8~5.8 | 119 | 7.44 | 624 | 39 |
| 5.8~7.8 | 138 | 8.62 | 505 | 31.56 |
| 7.8~9.8 | 85 | 5.31 | 367 | 22.94 |
| 9.8~11.8 | 55 | 3.44 | 282 | 17.62 |
| 11.8~13.8 | 37 | 2.31 | 227 | 14.19 |
| 13.8~15.8 | 33 | 2.06 | 190 | 11.88 |
| 15.8~17.8 | 32 | 2 | 157 | 9.81 |
| 17.8~19.8 | 48 | 3 | 125 | 7.81 |
| 19.8~21.8 | 34 | 2.12 | 77 | 4.81 |

**采光水平百分数分布表**

| 照度（lx） | 范围内 | | 范围内及以上 | |
|---|---|---|---|---|
| | 点数 | （%） | 点数 | （%） |
| 480~1240 | 1017 | 63.56 | 1599 | 99.94 |
| 1240~2000 | 196 | 12.25 | 582 | 36.38 |
| 2000~2760 | 118 | 7.38 | 386 | 24.12 |
| 2760~3520 | 59 | 3.69 | 268 | 16.75 |
| 3520~4280 | 52 | 3.25 | 209 | 13.06 |
| 4280~5040 | 54 | 3.38 | 157 | 9.81 |
| 5040~5800 | 57 | 3.56 | 103 | 6.44 |
| 5800~6560 | 18 | 1.12 | 46 | 2.88 |
| 6560~7320 | 14 | 0.88 | 28 | 1.75 |
| 7320~8080 | 14 | 0.88 | 14 | 0.88 |

4. 横山县第六小学教师办公室（图 3-1-21）

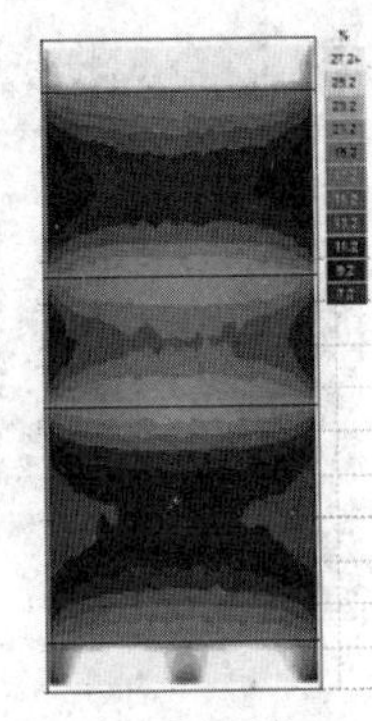

（a）采光系数

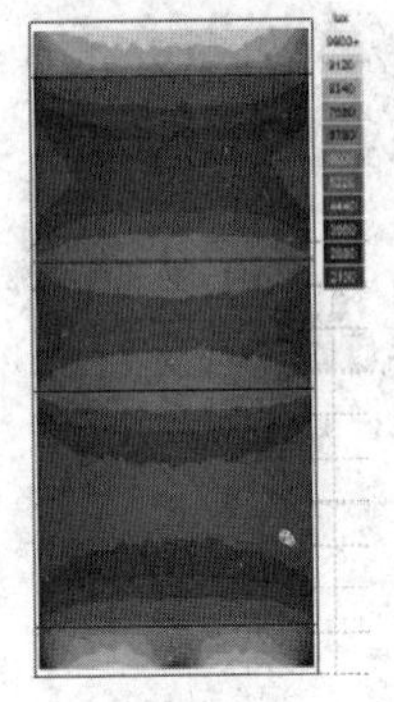

（b）照度

图 3-1-21　教师办公室室内光环境模拟

采光系数百分数分布表

| 采光系数（%） | 范围内 | | 范围内及以上 | |
|---|---|---|---|---|
| | 点数 | （%） | 点数 | （%） |
| 7.2~9.2 | 89 | 5.56 | 1600 | 100 |
| 9.2~11.2 | 272 | 17 | 1511 | 94.44 |
| 11.2~13.2 | 275 | 17.19 | 1239 | 77.44 |
| 13.2~15.2 | 243 | 15.19 | 964 | 60.25 |
| 15.2~17.2 | 223 | 13.94 | 721 | 45.06 |
| 17.2~19.2 | 270 | 16.88 | 498 | 31.12 |
| 19.2~21.2 | 7 | 0.44 | 228 | 14.25 |
| 21.2~23.2 | 9 | 0.56 | 221 | 13.81 |
| 23.2~25.2 | 15 | 0.94 | 212 | 13.25 |
| 25.2~27.2 | 13 | 0.81 | 197 | 12.31 |

采光水平百分数分布表

| 照度（lx） | 范围内 | | 范围内及以上 | |
|---|---|---|---|---|
| | 点数 | （%） | 点数 | （%） |
| 2100~2880 | 292 | 18.25 | 1598 | 99.88 |
| 2880~3660 | 379 | 23.69 | 1306 | 81.62 |
| 3660~4440 | 313 | 19.56 | 927 | 57.94 |
| 4440~5220 | 389 | 24.31 | 614 | 38.38 |
| 5220~6000 | 11 | 0.69 | 225 | 14.06 |
| 6000~6780 | 16 | 1 | 214 | 13.38 |
| 6780~7560 | 24 | 1.5 | 198 | 12.38 |
| 7560~8340 | 52 | 3.25 | 174 | 10.88 |
| 8340~9120 | 67 | 4.19 | 122 | 7.62 |
| 9120~9900 | 55 | 3.44 | 55 | 3.44 |

## （三）教室能耗及舒适度分析

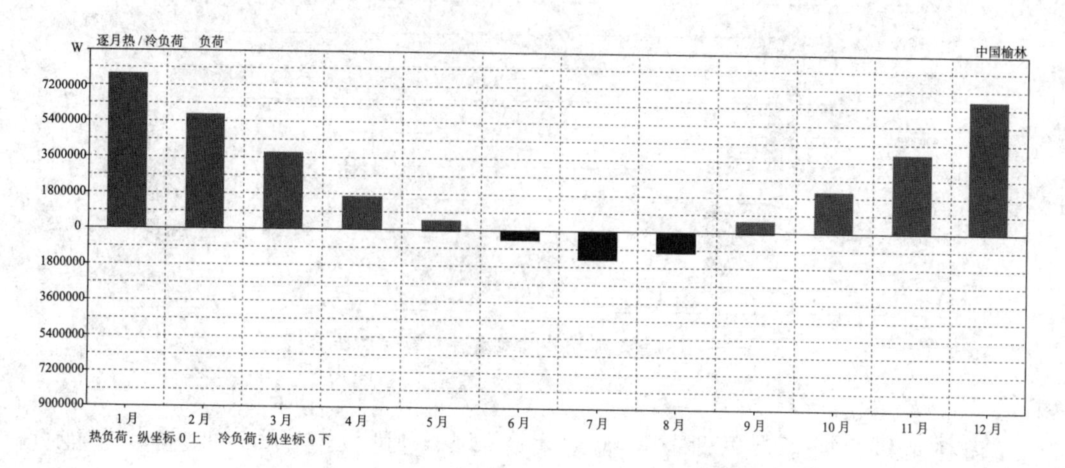


图 3-1-22　没有外廊的教室逐月得热分析

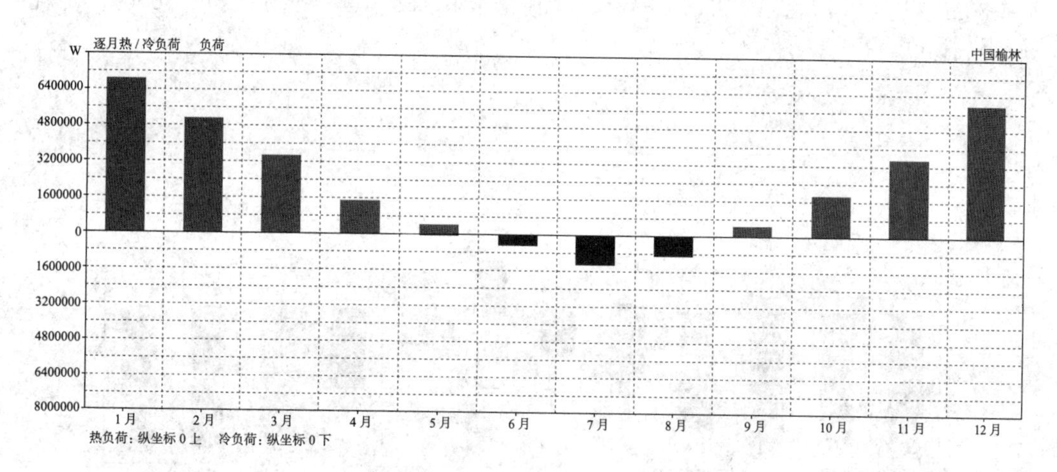


图 3-1-23　封闭外廊教室逐月得热分析

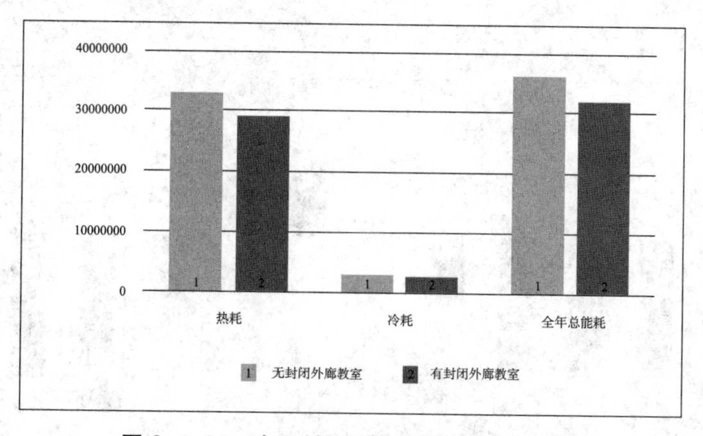


图 3-1-24　有无封闭外廊教室能耗对比分析

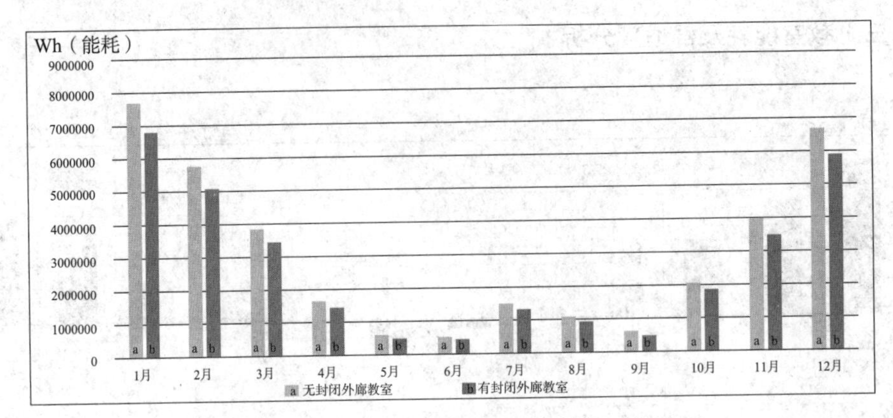


图 3-1-25　有无封闭外廊教室逐月能耗对比分析

榆林地区，属于严寒地区。无封闭外廊的一间教室（80m²），全年总能耗36174060Wh，其中热耗32906332Wh，冷耗3267737Wh；有南北封闭双廊的一间教室（80m²），全年总能耗32013378Wh，相比减少12%，其中热耗29142930Wh，冷耗2870448Wh。

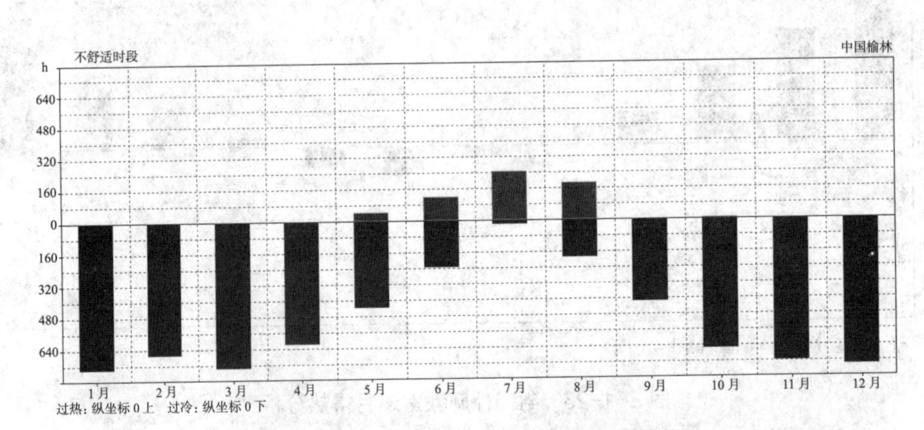


图 3-1-26　无封闭外廊逐月不舒适度分析

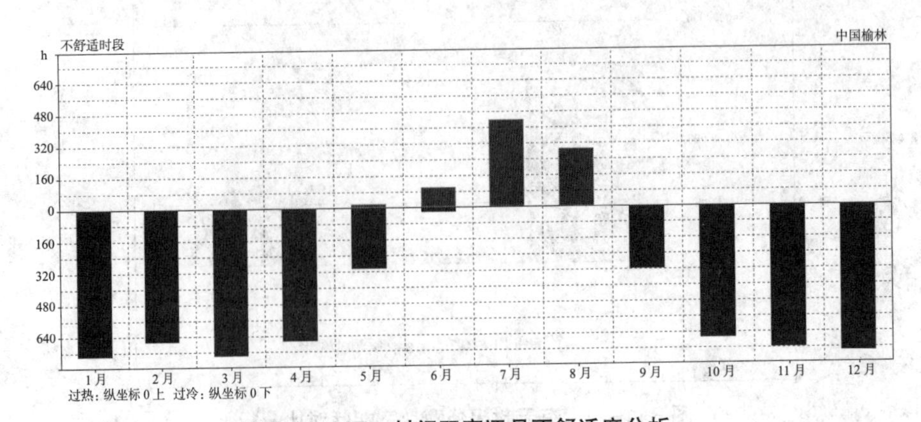


图 3-1-27　封闭双廊逐月不舒适度分析

无封闭外廊及封闭双廊逐月不舒适度分析表

| 月份 | 过热 | | 过冷 | | 合计 | |
|---|---|---|---|---|---|---|
| | 小时数 | | 小时数 | | 小时数 | |
| | 无封闭外廊 | 封闭双廊 | 无封闭外廊 | 封闭双廊 | 无封闭外廊 | 封闭双廊 |
| 1月 | 0 | 0 | 744 | 744 | 744 | 744 |
| 2月 | 0 | 0 | 672 | 672 | 672 | 672 |
| 3月 | 0 | 0 | 739 | 744 | 739 | 744 |
| 4月 | 0 | 0 | 622 | 670 | 622 | 670 |
| 5月 | 41 | 15 | 438 | 307 | 479 | 322 |
| 6月 | 118 | 103 | 238 | 27 | 356 | 130 |
| 7月 | 244 | 440 | 20 | 0 | 264 | 440 |
| 8月 | 185 | 291 | 190 | 4 | 375 | 295 |
| 9月 | 2 | 0 | 418 | 321 | 420 | 321 |
| 10月 | 3 | 0 | 660 | 672 | 663 | 672 |
| 11月 | 0 | 0 | 720 | 720 | 720 | 720 |
| 12月 | 0 | 0 | 744 | 744 | 744 | 744 |
| 合计 | 593 | 849 | 6205 | 5625 | 6798 | 6474 |

通过热舒适度模拟可知，封闭双廊教室相较于开敞教室，全年不舒适时间减少了324h。极大地改善了教室内的热环境舒适度。

# 第二节　改造项目——陕西省咸阳市渭城办中心幼儿园

## 一、项目简介

1. 项目概况

该项目任务为将咸阳市渭城区坡刘村原有的闲置小学改造为幼儿园，由咸阳市渭城区教育局组织开展。该项目总用地面积3323m²，总建筑面积1230m²。具体改造内容为：将原有教学楼加固改造，用作教学活动，在此基础上增建一栋综合楼，以满足办公以及幼儿园、后勤的需求（图3-2-1）。

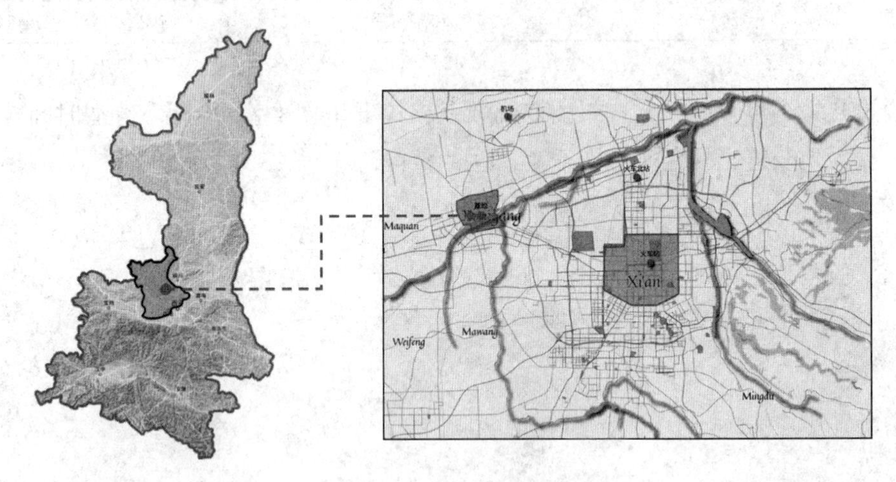


图3-2-1　区位分析

项目要求建筑物为框架结构，使用年限达到50年，耐火等级达到二级，屋面防水等级达到二级，建筑物抗震设防烈度达到8度。

2. 设计依据

该项目主要依据《托儿所、幼儿园建筑设计规范》、《民用建筑设计通则》等设计规范。

3. 基地现状

渭城办中心幼儿园位于陕西省咸阳市渭城区坡刘村，属于改造项目。基地地形较为平坦，北高南低，高差约半米，基地西边有约1.5m高台，基地北边为砖厂，低于基地标高。当地属于寒冷地区，冬季盛行东北风，有轻微风沙。

## 二、方案生成

该项目充分结合当地气候条件，利用多种生态节能技术，并配合软件的模拟，让该学校的改造更加科学合理。

前期设计阶段的日照采光模拟分析采用 Ecotect 软件。

建筑朝向节能方面，主要是根据当地气象数据得出该地最佳建筑朝向，较多应用 Weather Tool 进行气象数据的可视化模拟分析，综合考虑太阳辐射和当地风力、风向，得到当地建筑最佳朝向范围。Ecotect 中没有咸阳市具体的气候数据，选用其临近的城市西安气象参数作为模拟数据。

### （一）最佳朝向

影响建筑朝向的因素主要包括场地环境因素和气候因素。场地环境因素主要是指与周围建筑、道路等环境的和谐对应；气候因素主要指适宜的日照和通风条件。其中场地环境因素更多与建筑设计理念和设计意图相关。建筑朝向节能设计更多考虑气候因素的影响，包括太阳辐射和风力、风向两个因素（图 3-2-2）。

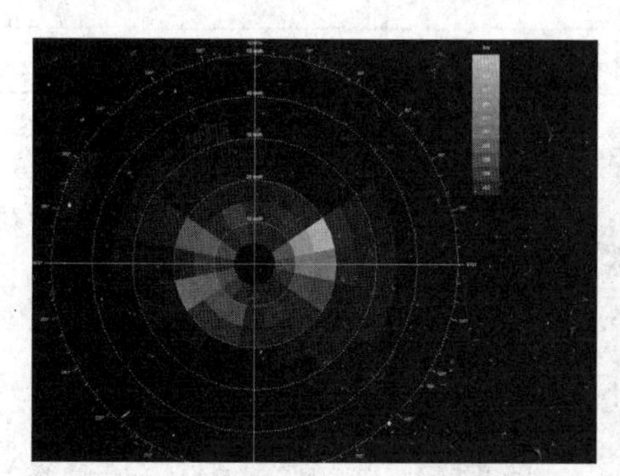
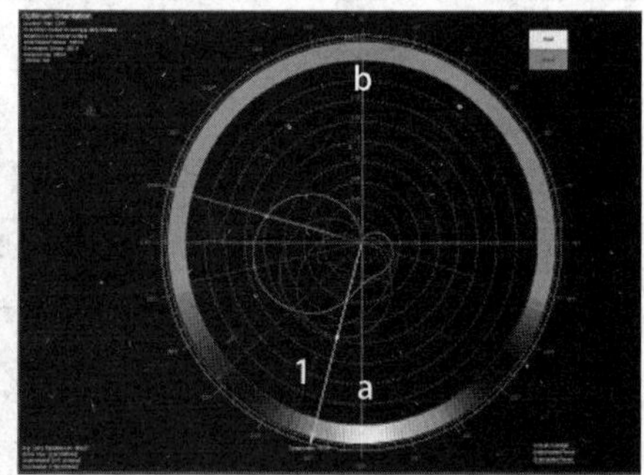


图 3-2-2　基于风力、风向和太阳辐射的适宜朝向

综合冬季增加太阳辐射和夏季减少太阳辐射两方面因素，计算得出带形圆圈中弧段 *a* 位置为最佳朝向。弧段 *b* 为最不利朝向，其中箭头 1 所指为最佳朝向角度 195°，即南偏西 15°。因此，基于日照的建筑最佳朝向为 135° ~ 210°。

咸阳市属于寒冷地区，人居环境的主要矛盾集中于冬季，模拟以冬季为主。其中，冬季风主要风频集中在 2.1% ~ 8.7% 区段，我们以风频率达到 8.7% 以上为最优朝向，可得咸阳在自然通风下的朝向结果，最优朝向为 105° ~ 195°。

太阳辐射和风力、风向是影响建筑朝向的重要因素，进行建筑设计时应综合这两个因素整体考虑设计，寻求最优的建筑朝向。其结果如图，最佳朝向为 135° ~ 195°（图 3-2-3）。

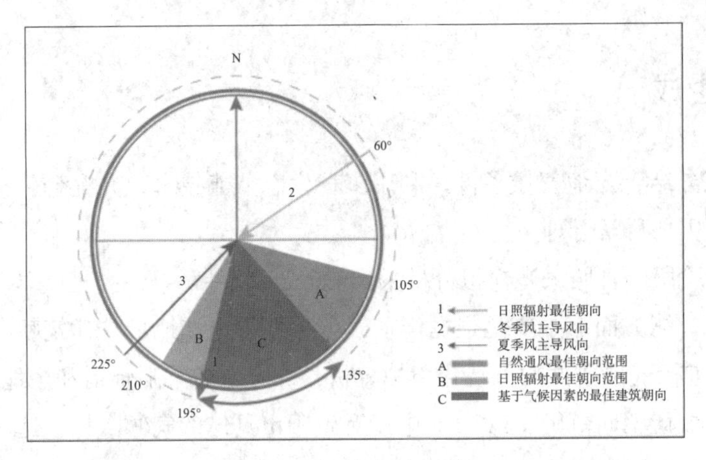


图 3-2-3　综合适宜朝向

### （二）走廊形式

依据前面所做的关于西北农村中小学教学楼不同走廊形式布局下能耗及舒适度的现状调查分析结果（下表），可知基地内最佳的走廊式布局为中廊式。因项目为改造，考虑现状，选择封闭式南外廊。

| | 气候分区 | 走廊形式及节能效果 |
|---|---|---|
| 陕西 | 陕北地区 | 采用南北双廊形式，用能效率最高，室内最容易满足热舒适度的需求；采用中廊式次之；采用开敞南外廊更差；最应该避免使用平房形式 |
| | 关中地区 | 采用中廊形式，能量使用率最高，室内最容易满足热舒适度的需求；采用开敞南外廊以及平房形式的建筑用能效率较低，应尽量避免 |
| | 陕南地区 | 采用中廊的平面形式，用能效率略高于采用开敞南外廊平面形式 |
| 甘肃 | 甘肃西部地区 | 采用中廊形式，能量使用率最高，室内最容易满足热舒适度的需求；采用开敞南外廊以及平房形式的建筑用能效率较低，应尽量避免 |
| | 甘肃中部地区 | 结合太阳能采暖的封闭北外廊形式，能量使用效率高，更容易达到室内舒适度的需求，中廊式次之，应尽量避免开敞南外廊及平房形式 |
| 宁夏 | 宁夏地区 | 结合太阳能采暖的封闭北外廊形式，能量使用效率高，更容易达到室内舒适度的需求，中廊式次之，应尽量避免开敞南外廊及平房形式 |
| 青海 | 海东东部地区 | 结合太阳能采暖的封闭北外廊平面形式下，能量使用效率高，更容易达到室内舒适度的需求，中廊式次之，应尽量避免开敞南外廊及平房的平面形式 |
| | 海东北部地区 | 采用中廊式形式，能量使用率最高，室内最容易满足热舒适度的需求；采用开敞南外廊以及平房形式的建筑用能效率较低，应尽量避免 |
| 新疆 | 吐鲁番地区 | 采用中廊式形式，能量使用率最高，室内最容易满足热舒适度的需求；采用开敞南外廊形式的建筑用能效率较低，应尽量避免 |
| | 乌鲁木齐地区 | 采用中廊式 |

### （三）建筑平面形式

根据第二章的适应不同气候条件平面形式的模拟分析结果可知：为最大限度地考

虑防寒保温，宜采用回字形布局；考虑到室内采光，以及外部活动场地的冬季防风，“U”形和“L”形也可采用。

因为该幼儿园为改造加建项目，加建建筑朝向应考虑原有建筑物朝向，原建筑为教学楼，需要通过引用生态技术方面的改造措施，以达到节能和舒适度的要求。该建筑为正南北朝向，需要在其南边空地上加建一个综合楼。考虑到室外活动场地的冬季防风，加建建筑宜与原建筑形成“U”形或“L”形；同时考虑到教学楼的采光问题，故决定采用“L”形，即在场地的东边加建一个东西朝向的综合楼。并利用一些辅助建筑布局形成一个围合性较强的空间，以利冬季防寒保温。

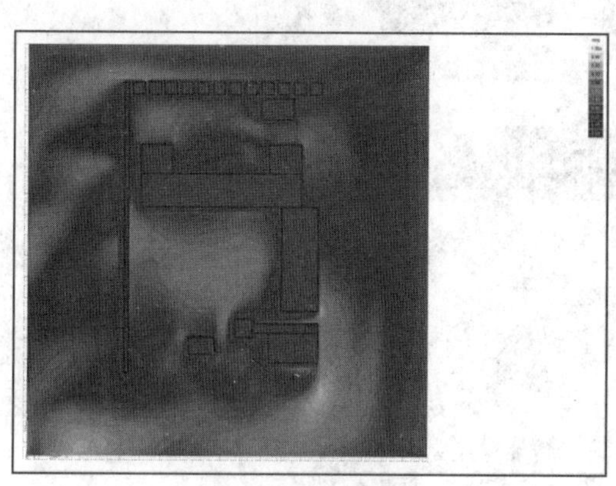
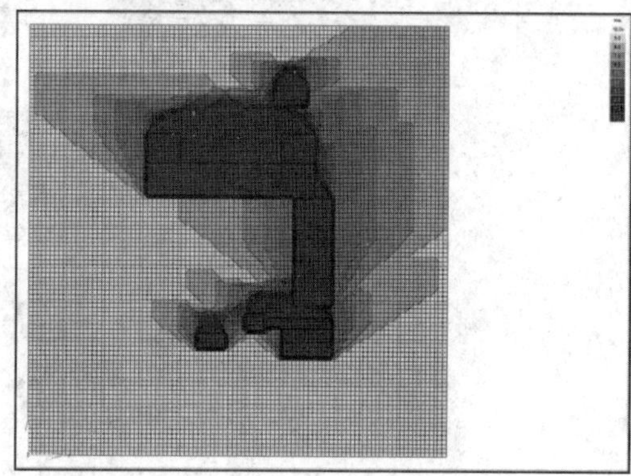
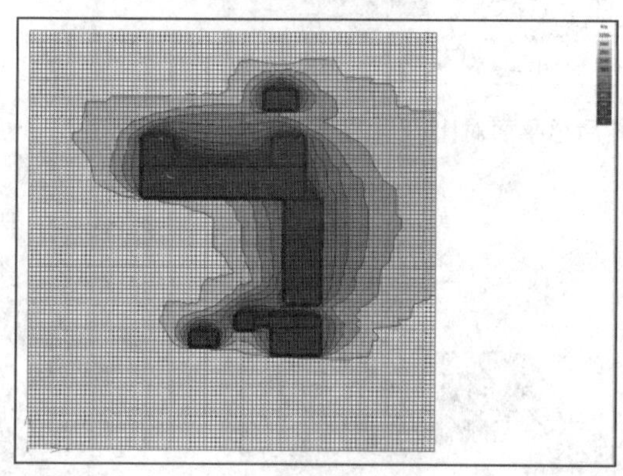
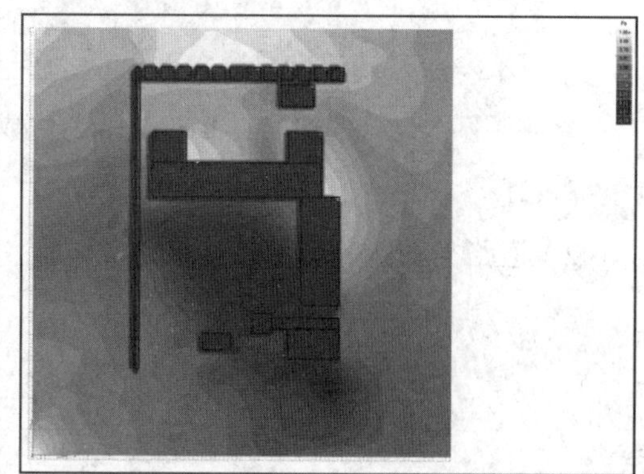

图 3-2-4 光环境、风环境模拟分析

通过运用 Ecotect 软件对设计进行光环境和风环境模拟分析可知（图 3-2-4），在夏季，教学楼北边有一定的太阳光遮挡，可以作为主要的室外活动场地。而在冬季，以教学楼南侧为主作为室外活动场地。

**（四）单体外围护结构节能设计计算**

节能设计计算方法与案例 1 榆林市横山六小相同，计算过程及结果略。

# 三、方案分析

## （一）方案介绍

1. 方案概况

1）改造前后总平面对比（图 3-2-5）

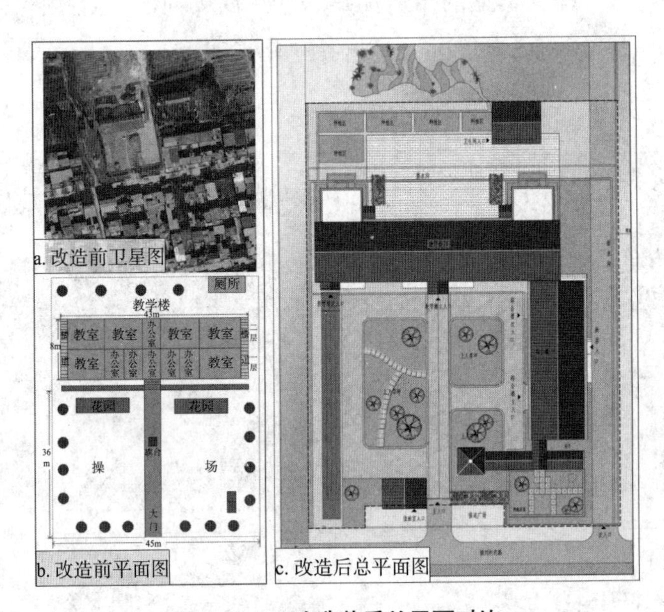


图 3-2-5　改造前后总平面对比

2）道路与功能分区分析（图 3-2-6）

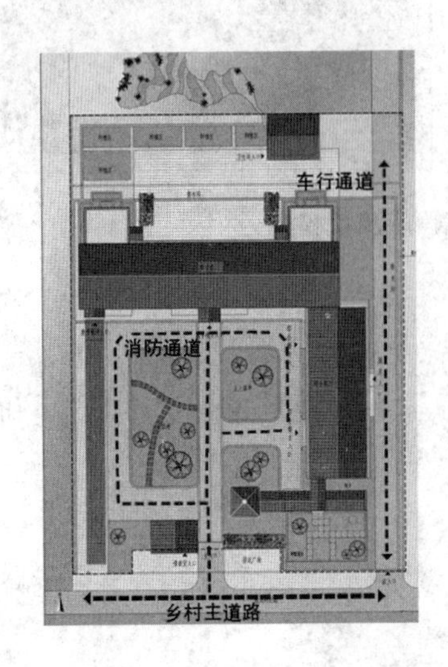


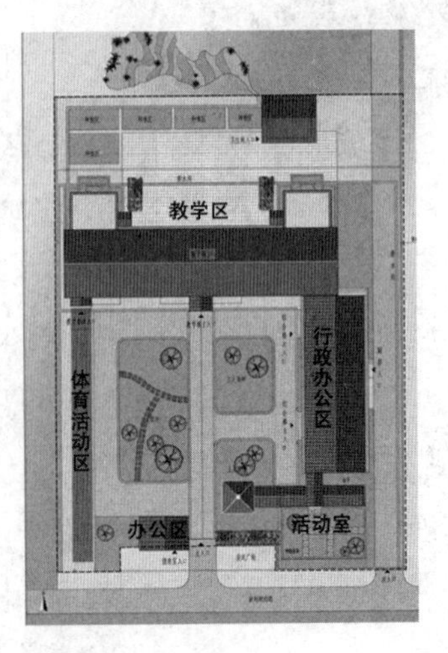


图 3-2-6　道路与功能分区分析

2. 生态技术措施设计及应用

1）绿化系统（见文后彩图 3-2-7）

校园绿化系统包括种植园、散水种植绿化、屋顶绿化及花架等。

种植园的设计与雨水收集系统紧密结合，雨水收集沟把收集来的雨水通过水渠进行植物灌溉，充分利用了当地的雨水资源。种植园还丰富了整个绿化系统的层次，形成了独特的生态环境。对学校而言，其更重要的作用则体现在教育实践上，种植示教能让孩子们主动探知植物生长的奥秘，通过亲自动手栽培植物的实践活动，激发他们对大自然的兴趣与关爱，是天然的实践与理论大课堂。

散水种植绿化不仅具有景观作用，同时还可以起到聚集净化屋面雨水，此外还可以为散水起到保温作用，减少能耗。

屋顶绿化既能兼顾建筑景观，改善生态环境，且节约用地，而且为屋顶起到保温作用，减少能耗。

2）雨水收集利用（见文后彩图 3-2-8）

屋面雨水顺着檐口排水沟排到散水种植，接入种植园浇灌绿化，多余雨水进入西北角的雨水花园。

适量的使用透水砖，使步行地面不容易积水，同时透水砖铺地的分布区域也与雨水排水沟形成紧密的联系，使地面的雨水最大化地进入雨水收集沟，从而形成了一套完整的雨水收集系统。

3）沼气系统

将厕所粪便、生活废渣聚集到沼气池，通过发酵产生沼气，用于幼儿园厨房的生活用能；沼渣可用于种植园的有机肥料。生态厕所减小了污染，防止细菌及蚊虫滋生。考虑到低年级小朋友的安全，在楼内专门设置有水厕（图 3-2-9）。

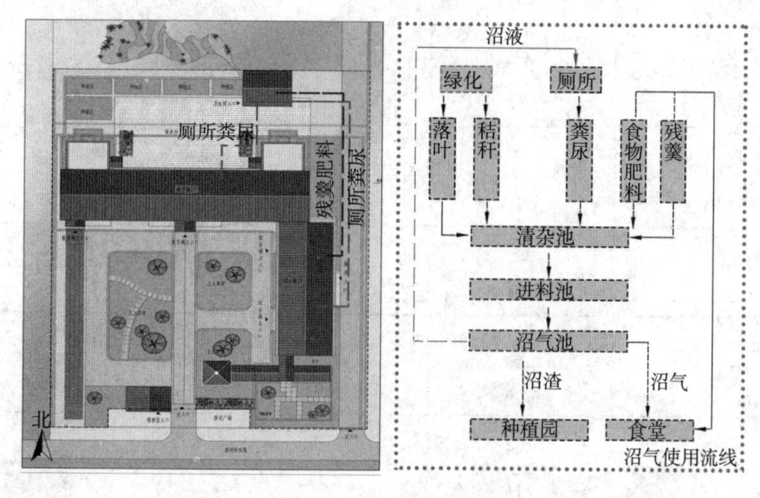


图 3-2-9　沼气系统

4）毗连阳光间供暖（见文后彩图 3-2-10）

将原来的开敞南廊改为毗连阳光间，不仅冬季可给活动室供暖，还可以给幼儿园小朋友提供冬季课间活动场地。

## （二）教室光环境分析

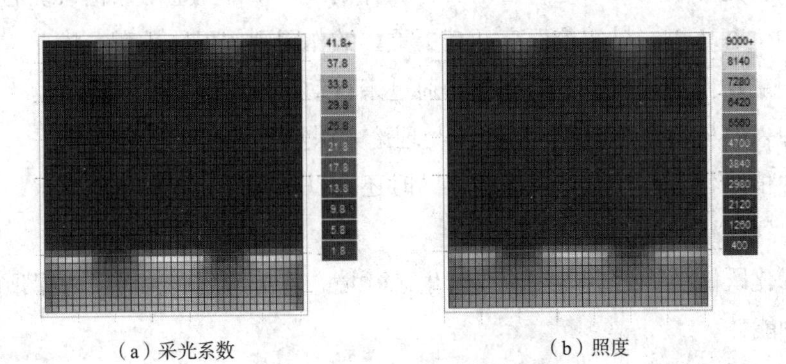


（a）采光系数　　（b）照度

图 3-2-11　教室内光环境分析

**采光系数百分数分布表**

| 采光系数（%） | 范围内 | | 范围内及以上 | |
|---|---|---|---|---|
| | 点数 | (%) | 点数 | (%) |
| 1.8 ~ 5.8 | 841 | 52.56 | 1600 | 100 |
| 5.8 ~ 9.8 | 326 | 20.38 | 759 | 47.44 |
| 9.8 ~ 13.8 | 46 | 2.88 | 433 | 27.06 |
| 13.8 ~ 17.8 | 21 | 1.31 | 387 | 24.19 |
| 17.8 ~ 21.8 | 24 | 1.5 | 366 | 22.88 |
| 21.8 ~ 25.8 | 48 | 3 | 342 | 21.38 |
| 25.8 ~ 29.8 | 96 | 6 | 294 | 18.38 |
| 29.8 ~ 33.8 | 152 | 9.5 | 198 | 12.38 |
| 33.8 ~ 37.8 | 35 | 2.19 | 46 | 2.88 |
| 37.8 ~ 41.8 | 11 | 0.69 | 11 | 0.69 |

**采光水平百分数分布表**

| 照度（lx） | 范围内 | | 范围内及以上 | |
|---|---|---|---|---|
| | 点数 | (%) | 点数 | (%) |
| 400 ~ 1260 | 749 | 46.81 | 1600 | 100 |
| 1260 ~ 2120 | 411 | 25.69 | 851 | 53.19 |

续表

| 照度（lx） | 范围内 | | 范围内及以上 | |
|---|---|---|---|---|
| | 点数 | (%) | 点数 | (%) |
| 2120 ~ 2980 | 45 | 2.81 | 440 | 27.5 |
| 2980 ~ 3840 | 20 | 1.25 | 395 | 24.69 |
| 3840 ~ 4700 | 21 | 1.31 | 375 | 23.44 |
| 4700 ~ 5560 | 35 | 2.19 | 354 | 22.12 |
| 5560 ~ 6420 | 61 | 3.81 | 319 | 19.94 |
| 6420 ~ 7280 | 122 | 7.62 | 258 | 16.12 |
| 7280 ~ 8140 | 109 | 6.81 | 136 | 8.5 |
| 8140 ~ 9000 | 22 | 1.38 | 27 | 1.69 |

## （三）教室能耗及舒适度分析

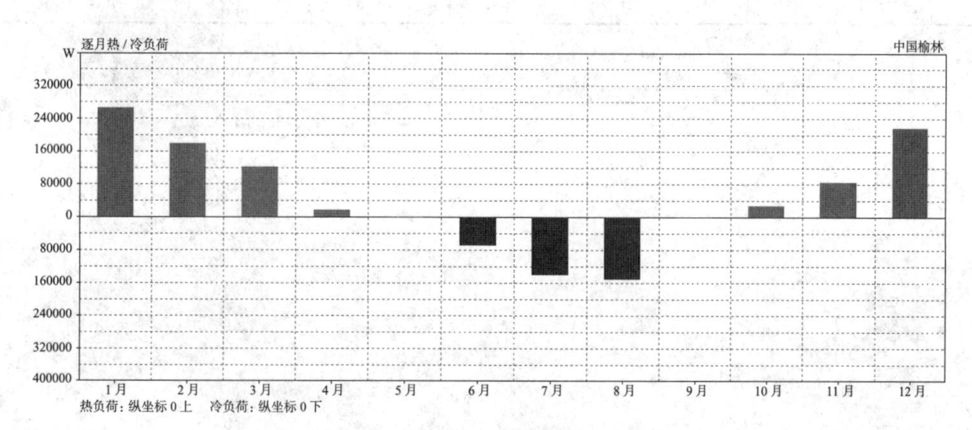


图 3-2-12　逐月冷热负荷分析

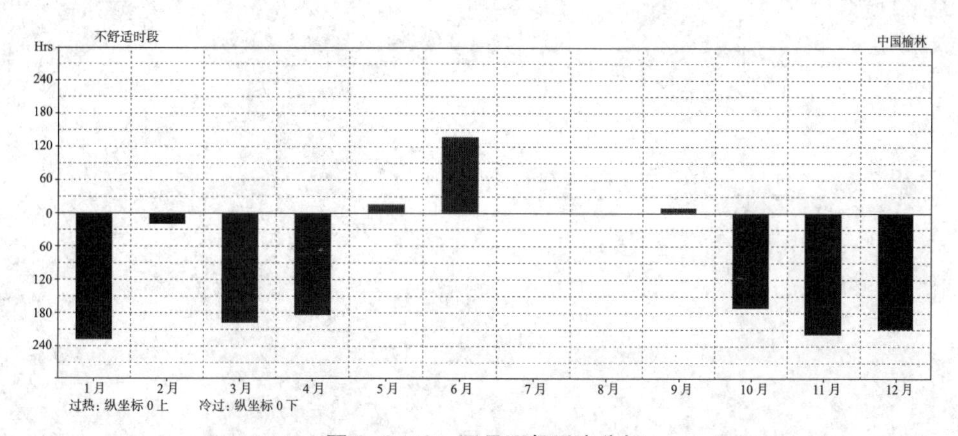


图 3-2-13　逐月不舒适度分析

**逐月不舒适度分析表**

| 月份 | 过热 | 过冷 | 合计 |
|---|---|---|---|
| | 小时数 | 小时数 | 小时数 |
| 月份 | 0 | 230 | 230 |
| 1月 | 0 | 20 | 20 |
| 2月 | 0 | 200 | 200 |
| 3月 | 0 | 185 | 185 |
| 4月 | 16 | 0 | 16 |
| 5月 | 137 | 0 | 137 |
| 6月 | 0 | 0 | 0 |
| 7月 | 0 | 0 | 0 |
| 8月 | 10 | 0 | 10 |
| 9月 | 0 | 172 | 172 |
| 10月 | 0 | 220 | 220 |
| 11月 | 0 | 210 | 210 |
| 12月 | 163 | 1237 | 1400 |

# 参考文献

## 生态可持续设计类


[1] 夏云，夏葵，陈洋 . 生态可持续建筑［M］. 中国建筑工业出版社，2013.

[2] 刘先觉 . 生态建筑学［M］. 中国建筑工业出版社，2009.


## 绿色节能设计类


[1] 杨丽．绿色建筑设计［M］．上海：同济大学出版社，2016.

[2] 马素贞．绿色建筑技术实施指南［M］．北京：中国建筑工业出版社，2016.

[3] 杨丽．绿色建筑设计——建筑风环境［M］．上海：同济大学出版社，2014.

[4] 王娜．建筑节能技术［M］．北京：中国建筑工业出版社，2013.

[5]《建筑节能应用技术》编写组．建筑节能应用技术［M］．上海：同济大学出版社，2011.

[6] 刘加平，董靓，孙世钧．绿色建筑概论［M］．北京：中国建筑工业出版社，2010.

[7] 张丽．中国终端能耗与建筑节能［M］．北京：中国建筑工业出版社，2007.

[8] 武涌，刘长斌等．中国建筑节能管理制度创新研究［M］．北京：中国建筑出版社，2007.

[9] 王立雄 . 建筑节能［M］. 中国建筑工业出版社，2004.

[10] 涂逢祥，王庆一．建筑节能［M］．北京：中国建筑工业出版社，2004.


## 中小学校设计类


[11] 株式会社建筑画报社．日本绿色校园［M］．韩兰灵，唐玉红，李丽译．大连：大连理工大学出版社，2005.

[1] 约翰·杜威．学校与社会:明日之学校［M］．赵祥麟，任钟印，吴志宏译．北京:人民教育出版社，2005.

[2]（美）迈克尔·J·克罗斯比着，卢的伟，贾茹，刘芳译．北美中小学建筑［M］. 大连理工大学出版社，2004.

[3] 罗伯特·鲍威尔．学校建筑——新一代校园［M］．翁鸿珍译．天津：天津大学出版社，2002.

[4] 张宗尧．托幼 中小学校建筑设计手册［M］．北京：中国建筑工业出版社，2000.

[5] 凤凰空间—上海．校园景观设计［M］．江苏：江苏人民出版社，2011.

## 教育理念类

[1] 王道俊，郭文安. 教育学（第七版）. 人民教育出版社，2016.

[2] 张蓉. 走进国外中小学教育：花朵是这样绽放的［M］. 天津：天津教育出版社，2006.

[3] 李久生. 环境教育论纲［M］. 江苏教育出版社，2005.

[4] 祝怀新. 环境教育论［M］. 北京：中国环境科学出版社，2002.

[5] 陈东. 开放教育［M］. 上海：上海教育出版社，2001.

[6] 吴立岗. 教学的原理、模式和活动［M］. 广西：广西教育出版社，1998.

## 规范类

[1] 建筑采光设计标准，GB/T 50033-2013［S］. 北京：中国建筑工业出版社，2013.

[2] 绿色建筑评价标准，GB/T 50378-2014［S］. 北京：中国建筑工业出版社，2014.

[3] 公共建筑节能规范，GB 50189-2015［S］. 北京：中国建筑工业出版社，2015.

[4] 中小学校设计规范，GB 50099-2011［S］. 北京：中国建筑工业出版社，2011.

[5] 中国建筑技术研究院. 绿色建筑技术导则［S］. 中国建设部，科学技术部，2005.

## 外文类

[1] Mirchandani, N. & S, Wright. Future Schools: Innovative Design for Existing and New Buildings［M］. RIBA Publishing，2015.

[2] Walden，R. Schools for the Future：Design Proposals from Architectural Psychology［M］.Springer，2015.

[3] Meuser，Natascha. School Buildings：Construction & Design Manual［M］. DOM Publishers，2014.

[4] Krauel，J. Schools Innovation &Design［M］. Links International，2014.

[5] Dudek，M. Spaces for Young Children：A practical guide to planning，designing and building the perfect space［M］. National Children's Bureau Enterprises Ltd；2nd Revised edition edition，2012.

[6] Ehmann，S. & S，Borges. Learn for Life：New Architecture for New Learning［M］. Die Gestalten Verlag，2012.

[7] Ford，A. Designing the Sustainable School［M］. Splitting Colour Studion Pty Ltd，Australia. 2007.

[8] Crosbie，M，J. Class Architecture［M］. Images Publishing，2001.

[9] Herrschell，T. Strategy Report：Sustainable Development of Metropolitan Regions of Milan［M］. The Metropolitan Region of Milan，1999.

[10] Venetoulis，J. Assessing the Ecological Impact od a University：The Ecological Footprint for the University of Redlands［M］. International Journal of Sustainability in Higher Education，1999.

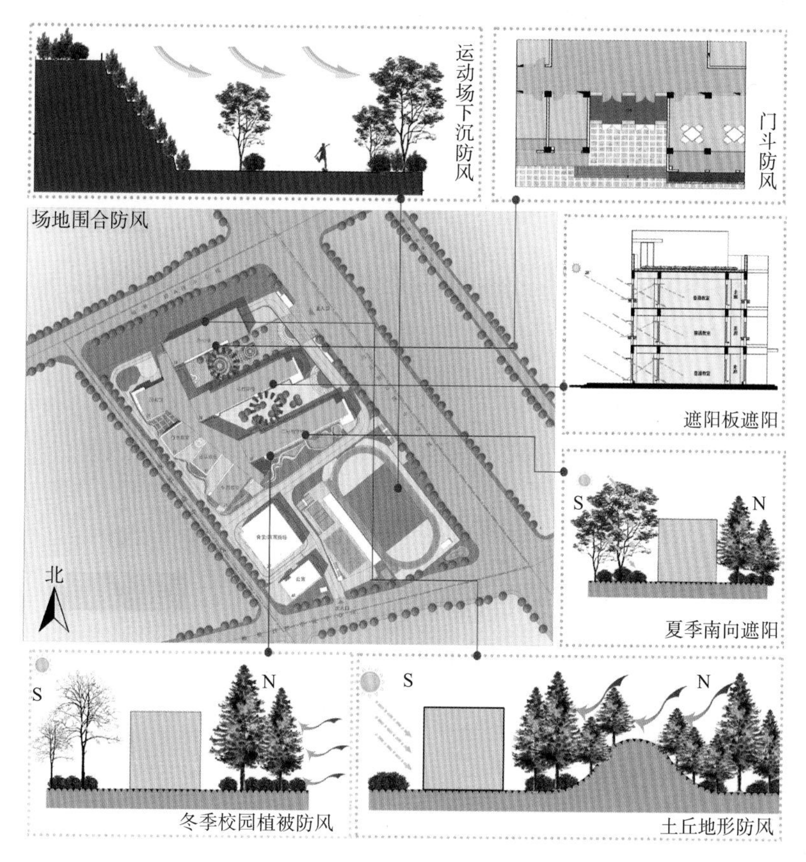


图 3-1-11　微气候调节

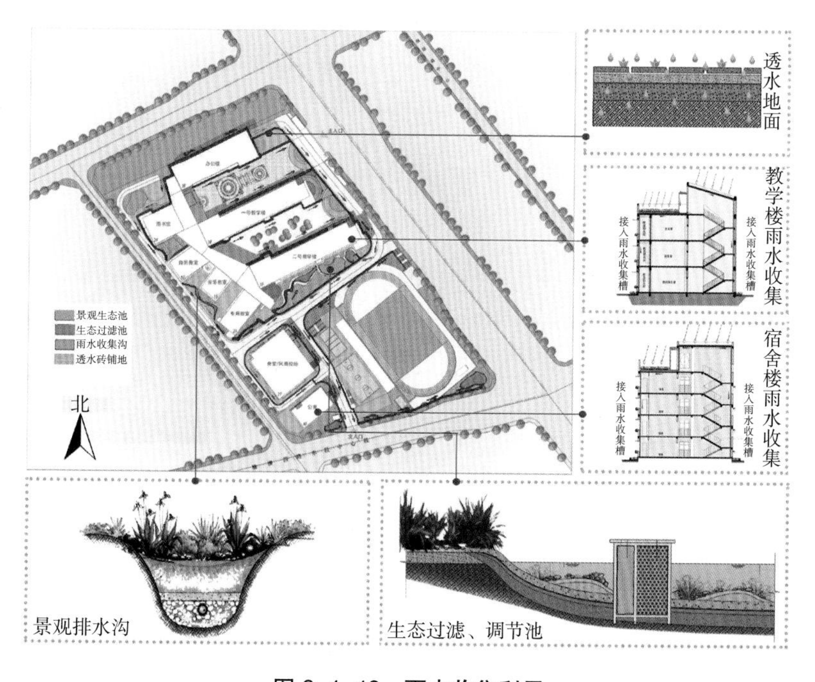


图 3-1-12　雨水收集利用

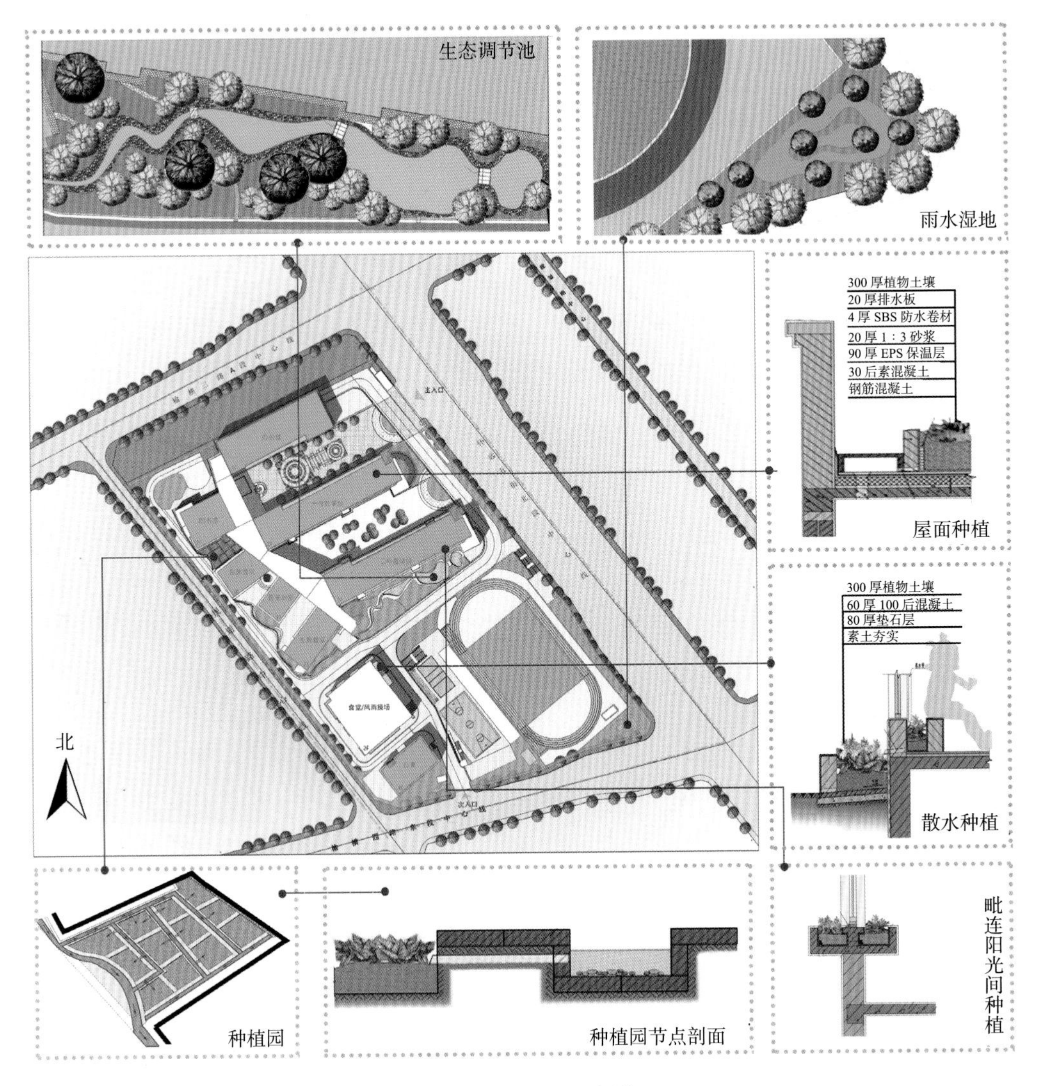


图 3-1-13　绿化系统

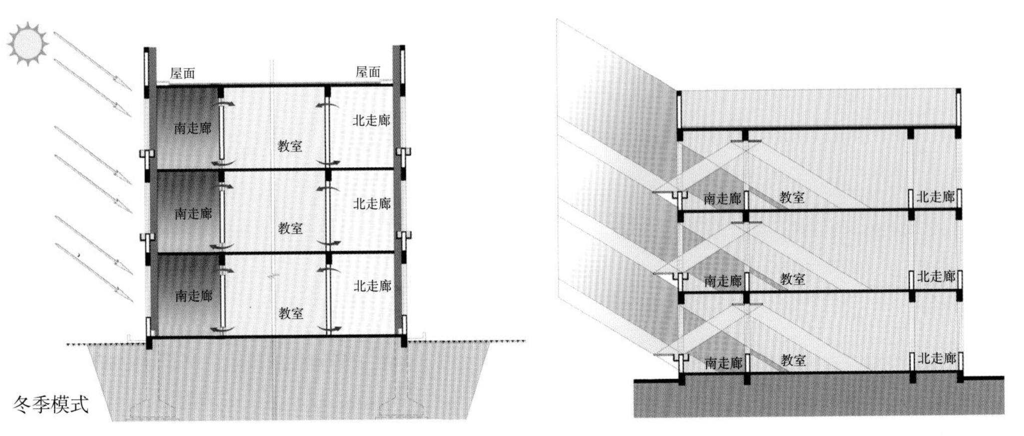


图 3-1-14　冬季毗连阳光间供暖

图 3-1-16　自然采光系统

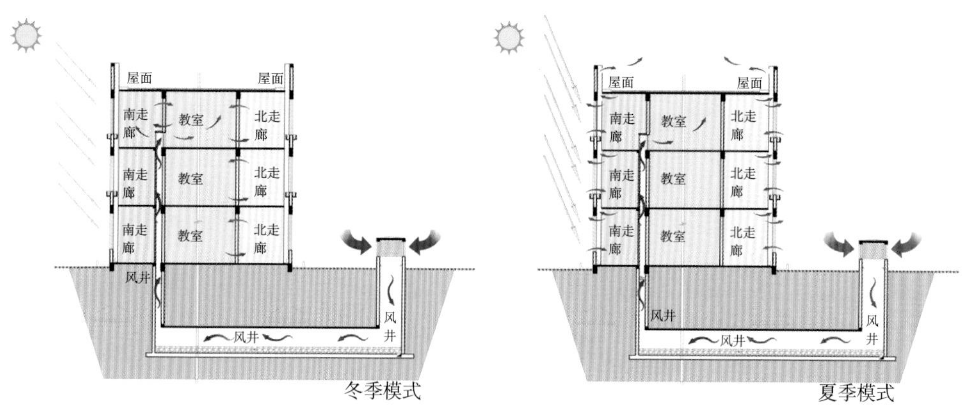


图 3-1-15　自然空调系统

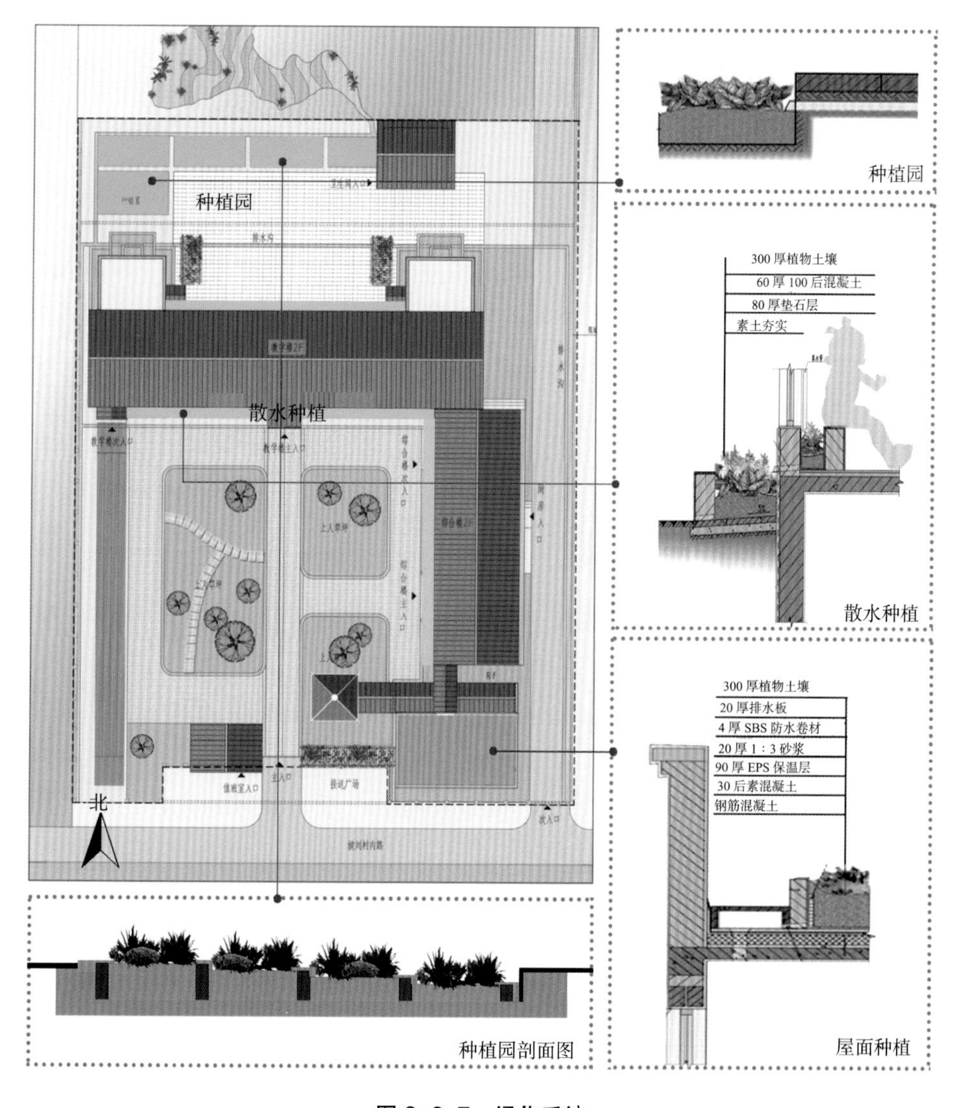


图 3-2-7　绿化系统

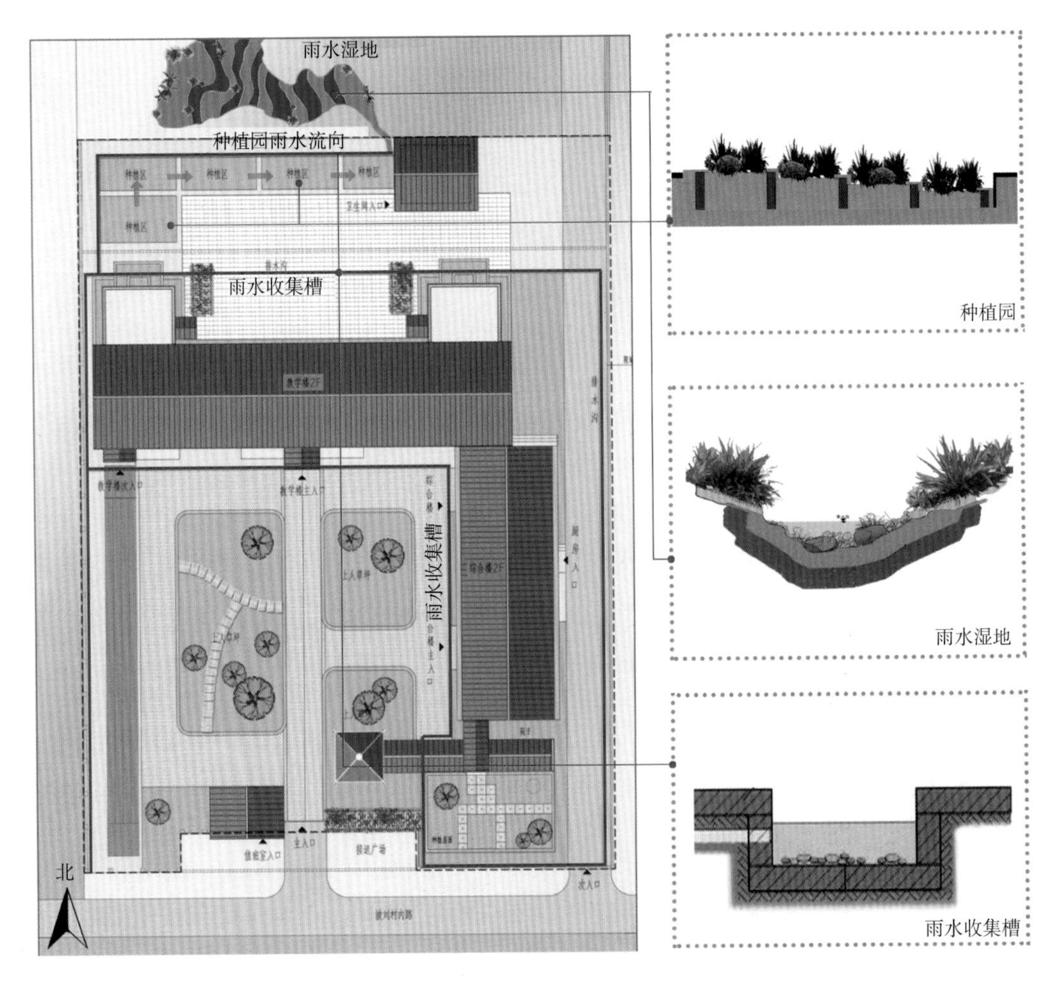


图 3-2-8　雨水收集利用

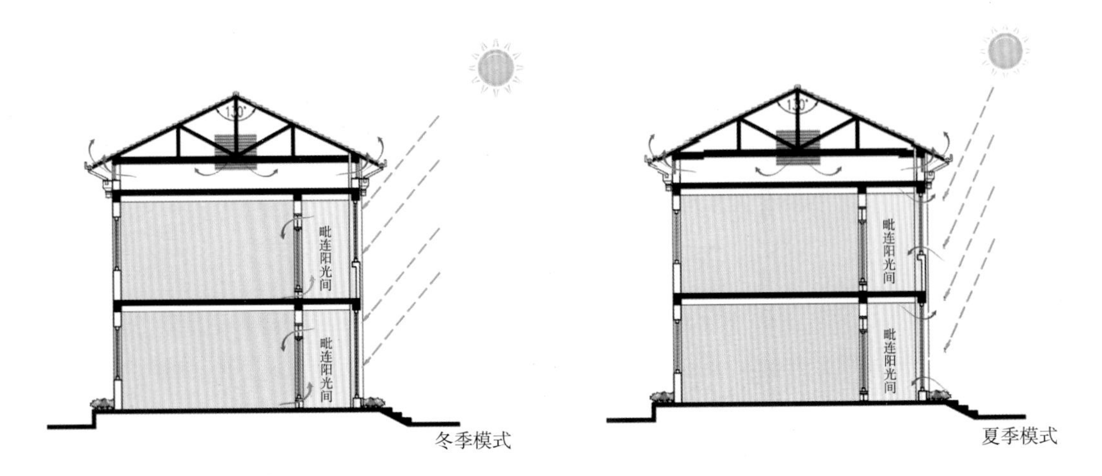


图 3-2-10　毗连阳光间供暖